# 土壤修复工程管理与实务

程功弼　主编

科学技术文献出版社
SCIENTIFIC AND TECHNICAL DOCUMENTATION PRESS
·北京·

**图书在版编目（CIP）数据**

土壤修复工程管理与实务 / 程功弼主编. —北京：科学技术文献出版社，2019.3（2023.1
重印）

ISBN 978-7-5189-5282-3

Ⅰ.①土… Ⅱ.①程… Ⅲ.①土壤改良—研究 Ⅳ.① S156

中国版本图书馆 CIP 数据核字（2019）第 040112 号

## 土壤修复工程管理与实务

策划编辑：张 丹 责任编辑：张 红 责任校对：文 浩 责任出版：张志平

| | | |
|---|---|---|
| 出 版 者 | 科学技术文献出版社 | |
| 地 址 | 北京市复兴路15号 邮编 100038 | |
| 编 务 部 | (010) 58882938，58882087（传真） | |
| 发 行 部 | (010) 58882868，58882870（传真） | |
| 邮 购 部 | (010) 58882873 | |
| 官 方 网 址 | www.stdp.com.cn | |
| 发 行 者 | 科学技术文献出版社发行 全国各地新华书店经销 | |
| 印 刷 者 | 北京虎彩文化传播有限公司 | |
| 版 次 | 2019 年 3 月第 1 版 2023 年 1 月第 5 次印刷 | |
| 开 本 | 787×1092 1/16 | |
| 字 数 | 421千 | |
| 印 张 | 17.5 | |
| 书 号 | ISBN 978-7-5189-5282-3 | |
| 定 价 | 168.00元 | |

# 《土壤修复工程管理与实务》

# 编 写 组

主　　编：程功弼

副 主 编：王殿二　　陈　矗

编写人员：（按姓氏笔画排序）

王　钰　王晓康　冯　蒙　刘庆珊

许孟一　孙睿婕　杜　健　张　殷

陈昊文　陈晓芬　周　锴　赵宝正

梁广秋

# 前　　言

随着中国社会经济的不断发展、工业企业的持续增长，环境污染问题日益严重。继水、气、噪声、固废之后，近年来，一系列标准与政策的出台使得污染场地的调查与修复工作也备受关注。按照理论联系实际的方针，结合近几年新颁布的法律法规、新施行的标准规范，由江苏盖亚环境科技股份有限公司技术团队牵头，结合工程项目实践经验，编写了《土壤修复工程管理与实务》一书。

江苏盖亚环境科技股份有限公司是由中组部国家"千人计划"专家程功弼创办的专业从事土壤修复自主研发技术与装备的科技创新企业。作为国内环境修复行业的技术领跑者，江苏盖亚环境科技股份有限公司自 2012 年诞生之日起，就秉承"留给子孙一片净土"的初心，坚持"自主研发、科技创新及自有技术开发"的理念，坚守"开拓、创新、合作、共赢"的宗旨，致力于真正解决土壤修复的难题，提供集场地调查、方案制定、修复工程实施和管理为一体的全方位、一站式解决方案。作为土壤修复行业的一分子，我们觉得有责任也有义务同行业内的从业伙伴一起为中国土壤修复市场的发展贡献一分力量，成为中国土壤的守护神。因此，我们创作并出版了这本《土壤修复工程管理与实务》，目的是通过梳理我们从业以来所积累的经验和案例，整理出一套相对全面的从前端调查到后端修复的管理和实操资料，希望能为土地所有者、政府管理部门、调查单位、施工单位，以及所有关心和关注中国土壤修复的人员，提供一些参考和借鉴。

《土壤修复工程管理与实务》在综述了污染场地调查和土壤修复技术及装备的基础上，结合现场实践经验，阐述了土壤修复工程全过程的管理工作。本书分为 6 章。第 1 章为土壤修复概述，包括土壤修复工程的背景、概述及技术分类 3 方面内容，侧重于对土壤修复的基本了解。第 2 章为土壤修复法律、法规与标准，以最新法律法规和标准规范为依据，汇总了土壤修复工程涉及的各项条文，侧重于对法律法规的梳理。第 3 章为场地调查工程技术与装备，对一般场地调查、在产企业自查、重点行业详查进行了详细阐述，并对场地调查过程中使用的软件进行分类整理，侧重于场地调查的实操性。第 4 章为土壤修复工程技术与装备，对目前常见的修复技术进行了详细介绍，侧重于基础知识及专用装备的介绍。第5章为土壤修复工程设计，从土壤修复工程中的环保设计和市政设计两个角度，简要阐述了土壤修复工程设计的概念和方法。第6章为土壤修复工程管理，从施工组织、进度、质量、安全、招标投标、造价与成本、合同、施工现场与验收等多个方面对施工管理进行解析。

本书具有较强的知识性、系统性和实用性，可作为土壤修复工程项目经理和管理人员的培训教材，也可作为环境相关专业学生的教材或参考用书。

虽经长时间准备和多次研讨、审查与修改，书中仍难免存在疏漏与不足，恳请广大读者提出宝贵意见，以便完善。

# 目　　录

# 第1章　土壤修复概述

## 1.1　背景

　　土壤是人类生存发展不可或缺的物质基础，是人类及其他生物赖以生存的场所，她孕育了生命万物，是人类文明发展的基石，是一切生产和一切存在的源泉。就像 2015 年《维也纳土壤宣言》中提到的那样：

　　土壤是环境的基石，也是微生物、植物和动物等生命的基础；

　　土壤是生物多样性和抗生素的大宝库，可为人类健康和基因储备服务；

　　土壤过滤水，是提供饮用水和其他水资源的关键；

　　土壤储存为植物所利用的水分，可作为防止水分快速流失的缓冲器；

　　土壤存储和释放植物营养，能够转化许多化合物，包括污染物；

　　土壤是全球性生产的大多数食品的基础；

　　土壤是生产生物质，如木材、纤维和能源作物所必需的；

　　土壤捕获碳，可以帮助减缓气候变化；

　　土壤是一种有限的资源，在人类世代的时间尺度上基本是不可再生的。

　　对于生活在土壤之上的人类来说，我们每一个人都习惯了土壤的存在，但并不是每个人都能认识到土壤对于我们的意义和价值。几千年来，土壤已经得到富有成效的利用，但同时常常遭受人类带来的不利影响，过度的索取和人为的破坏，已经让这块孕育人类文明的基石变得千疮百孔，岌岌可危。随着人类工业化和现代化进程的加快，大量人为排放的污染物进入土壤，造成环境危害日益加重，不堪回首的"美国拉夫河谷事件""日本米糠油事件"等土壤污染事件给我们敲响了一次又一次的警钟：保护土壤，迫在眉睫，刻不容缓！

　　20 世纪 80 年代以来，欧美发达国家率先提出并推进污染土壤修复工作，美国在 1980 年颁布了《综合环境反应、赔偿与责任法》（又称《超级基金法》），加拿大在 1989 年、2005 年先后出台了《国家污染场地修复计划》和《联邦污染场地行动计划》，日本在 1970 年、2002 年先后出台了《农用地土壤污染防治法》和针对工业场地污染的《土壤污染对策法》，荷兰、英国等其他发达国家也先后制定并出台了相关法律以保护土壤，并在土壤修复方面积累了丰富的经验。

　　而在我国，在经济高速发展、人民生活水平不断提高的同时，对环境的破坏也日趋严重。土壤污染不仅对人体健康和生态环境构成威胁，也影响到土地资源开发、城镇建设规划、房地产交易、城市环境治理等方方面面，是需要全中国全社会共同关注的重大环境问题。实事求是地说，土壤修复在我国起步较晚，在污染场地环境风险管理和治理方面的经验比较少，与土壤修复相关的技术、设备、人才基础比较薄弱。但近年来，国家对环保问题已经越来越重视，习近平总书记更是在党的十九大报告中将污染防治列入"三大攻坚战"之一。

　　在"绿水青山就是金山银山"的大背景下，针对土壤修复行业，我国也陆续发布了一系列关于加强污染场地管理和治理的通知要求、指导意见和法律法规。2011 年 2 月，国务院批准了土壤修复方面第一个"十二五"规划——《重金属污染综合防治"十二五"规划》，并且将"土壤与场地污染治理与修复"列入了《"十二五"社会发展科技领域国家科技计划项目指南》。2011 年，《国务院关于加强环境保护重点工作的意见》中明确提出"被污染场地再次进行开发利用的，应进行环境评估和无害化治理""继续开展土壤环境调查，进行土壤污染治理与修复试点示范"。2012 年，环境保护部等四部委联合发布《关于保障工业企业场地再开发利用环境安全的通知》，明确对化工、金属冶炼、农药、电镀和危险化学品生产、储存、使用企业的场地进行场地环境调查和风险评估，掌握场地土壤和地下水污染的基本情况，排查被污染场地（包括潜在被污染场地），管理信息系统并共享信息。2013 年，国务院办公厅下发《关于印发近期土壤环境保护和综合治理工作安排的通知》，要求确定土壤环境保护优先区域，建立相关数据库。2014 年，环境保护部颁布了《关于加强工业企业关停、搬迁及原址场地再开发利用过程中污染防治工作的通知》，要求充分认识加强工业企业关停、搬迁及原址场地再开发利用过程中污染防治工作的重要性。同时，环境保护部也于 2014 年 2 月制定并颁布了《污染场地术语》（HJ 682—2014）、《场地环境调查技术导则》（HJ 25.1—2014）、《场地环境监测技术导则》、《污染场地风险评估技术导则》和《污染场地土壤修复技术导则》等技术标准，有力地支撑了我国场地调查、监测、评估和修复工作的开展。2016 年 5 月 28 日，国务院印发了《土壤污染防治行动计划》（又称"土十条"），成为全国土壤污染防治工作的行动纲领，可以说，随着"土十条"的颁布，2016 年也成为中国土壤修复市场及中国土壤污染防治工作进入系统化、正规化管理的元年。2018 年 8 月 31 日，第十三届全国人大常委会第五次会议表决通过了《土壤污染防治法》，这是我国首部专门规范防治土壤污染的法律。《土壤污染防治法》出台后，各地方政府迅速做出反应，陆续出台"土壤污染防治攻坚三年作战方案（2018—2020 年）"或"土壤污染防治 2018 年工作方案"，提出具体治理目标及实施方案。2018 年 8 月 1 日，生态环境部发布的《工矿用地土壤环境管理办法（试行）》《土壤环境质量　农用地土壤污染风险管控标准（试行）》《土壤环境质量　建设用地土壤污染风险管控标准（试行）》实施。此外，生态环境部还发布了《环境影响评价技术导则　土壤环境（试行）》《建设项目竣工环境保护验收技术指南　污染影响类》《生态环境损害鉴定评估技术指南　土壤与地下水》等技术指导文件。中国的土壤污染防治攻坚战正式打响！

　　土壤修复是一个泛化的概念，严格意义上讲，土壤修复是指利用物理、化学和生物的方法转移、吸收、降解和转化土壤中的污染物，使其浓度降低到可接受水平，或将有毒有害的污染物转化为无害的物质，进而使遭受污染的土壤恢复正常功能的技术措施。由于土壤修复行业在我国发展时间尚短，相关的政策、法规、标准也是刚刚颁布或尚在试行阶段，技术、装备、人才等各方面基础也比较薄弱，再加上我国幅员辽阔，各地土壤性质存在较大差别，这一系列因素导致我国各个地区在开展污染土壤防治工作时，在场地调查、方案制定、招投标、修复工程实施及管理、工程监理及验收等各个方面尚未形成一套全国通行甚至是省内通行的标准流程，个别地区的从业人员对土壤污染防治的概念还比较模糊。但随着国家相关法律、法规、政策、标准的相继出台，随着主管部门管理力度的不断加强，随着土壤修复行业在工程经验和技术、设备、人才储备方面的不断增强，随着全社会的环保意识和对环境问题关注度的不管提高，我们相信中国的土壤污染防治工作将在最短的时间内走上正轨，中国的土壤污染问题将在国家的长期规划下得到根本上的解决。

# 1.2　土壤修复工程概述

　　土壤修复工程属于建设工程中的一种，但又不同于传统的建筑工程、土木工程和机电工程等建设工程。土壤修复工程是指通过工程技术手段，利用物理、化学或生物的原理，转移、吸收、降解、转化或控制污染土壤中的污染物，使污染场地达到人体健康风险可接受水平，能够用于后期开发利用。广义上的土壤修复工程，不只是针对污染土壤的修复，通常还包括受污染的地下水的修复，甚至可以涵盖场地内的地表水、建筑物、固体废弃物等环境污染的治理和处置。

　　土壤修复工程根据修复土地类型的不同，可以分为工业场地土壤修复工程、农业用地土壤修复工程、矿山土壤修复工程、垃圾填埋场土壤修复工程。

　　目前，我国常见的土壤修复工程多为工业场地土壤修复工程。工业污染场地主要包括冶金、石化、化工、农药等工业行业的污染物排放导致的土壤污染。在工业化进程推进、城市用地调整过程中，大量工厂迁出城市，形成了城市中较大规模受污染的遗留场地。我国对这一污染的关注开始较晚，直到 2004 年原国家环保总局才要求对工业搬迁遗留的城市污染场地进行监测和修复。目前这部分土壤污染形成了城市地区对土壤修复的主要需求。

　　城市快速扩张带来了大量的城市工业污染场地修复和垃圾填埋场修复需求，也带来了相对充足的资金，因此，工业污染场地修复和垃圾填埋场修复常常采用物理化学等费用较高的修复方式，以便于快速、彻底地完成修复，使土地能够尽早再开发利用。

　　农业用地土壤修复工程和矿山用地土壤修复工程，一般具有污染面积大、污染程度相对较轻、无充足资金来源等特点，因此，通常采用成本较低的生物修复方式来进行修复，或是采用工程控制或制度控制的方式，通过"防"和"控"，来实现土壤的安全利用。

# 1.3 土壤修复技术的分类

## 1.3.1 按修复位置分类

土壤修复技术根据修复位置的不同，可以分为原位土壤修复技术和异位土壤修复技术。原位土壤修复技术是指在不开挖土壤的条件下，进行土壤修复；异位土壤修复技术是指开挖土壤后，对开挖的污染土壤进行修复。原位及异位修复技术的优缺点比较见表1-1。异位土壤修复技术又可进一步分为原地异位和异地异位，原地异位是指在原污染场地内进行异位土壤修复，异地异位是指开挖土壤后，将污染土壤转运至其他场地进行修复。

表1-1  原位与异位修复技术对比分析

| 特点 | 对比分析 |
|---|---|
| 处理对象 | 原位修复通常可以同时处理土壤与地下水，而异位一般只针对土壤或地下水 |
| 处理效果 | 原位修复工程的处理效果受场地本身水文地质特点，尤其是土壤质地的影响较大，不确定性较高，因此，对于同样原理的处理技术，一般异位处理效果相对较好，修复达标可预测性高 |
| 二次污染风险 | 异位修复工程需要开挖转移污染土壤，因此，土壤、大气、水的二次污染风险相对较大，但是对于采用药剂修复的原位修复工程，药剂本身可能对非污染土壤和地下水造成二次污染 |
| 修复成本 | 异位修复工程需要大量的场地建设和土方工程施工成本，因此，对于同样原理的修复工程，一般异位修复成本更高，但某些修复工程受设备成本和能耗成本的影响更大，如原位热脱附工程，其每方土修复成本一般高于异位热脱附工程 |
| 其他 | 原位修复工程不需开挖土壤，所需的施工空间和区域小，因此，可以适用于施工空间有限的土壤修复工程 |

## 1.3.2 按修复原理分类

土壤修复工程根据修复原理的不同，可以分为物理法、化学法和生物法。常见的物理修复技术包括固化/稳定化、气/多相抽提、热脱附、淋洗、电动修复、阻隔填埋等；化学修复技术包括化学氧化/还原、水泥窑协同处置、溶剂萃取等；生物修复技术包括植物修复、生物通风、生物堆等。

然而，在工程实践中，土壤修复的原理是十分复杂的，物理、化学和生物作用往往有一定的相关性，一般不能将某一土壤修复技术完全定义为物理法、化学法或生物法，只能根据其主要原理来进行分类。

### 1.3.3　按修复方式分类

按修复方式可分为源处理技术、工程控制和制度控制。大多数修复技术都是将污染物从土壤中彻底去除的源处理技术。工程控制是指切断污染物的迁移途径，从而降低风险的技术，主要包括固化/稳定化技术和阻隔填埋等。制度控制是指切断受体的暴露途径，即通过控制人的活动来降低风险，从严格意义上讲，制度控制不能属于修复技术。

## 1.4　常见修复技术的对比分析

2014 年，原环境保护部发布了《污染场地修复技术目录（第一批）》，其中列举了15 项常见的修复技术。表 1-2 列举了包括这 15 项修复技术在内的 16 项常见的修复技术，并从技术分类、原理、适用性等多个方面进行了对比分析。

表 1-2　常见的修复技术对比分析

| 序号 | 技术名称 | 技术分类 | | | 技术简介 | 适用性分析 |
|---|---|---|---|---|---|---|
| | | 按位置 | 主要原理 | 按方式 | | |
| 1 | 气/多相抽提 | 原位 | 物理 | 源处理 | 气相抽提或多相抽提技术，其基本原理都是通过提取手段，抽取地下污染区域的土壤气体或液体到地面进行相分离及处理。气相抽提主要通过真空抽提手段，抽取包气带污染土壤中的污染气体；多相抽提则是在气相抽提的基础上，通过真空抽提或者潜水泵抽提，抽取含水层的污染地下水或 NAPL（非水相液体） | 气/多相抽提技术适用于包气带及含水层的挥发性或半挥发性污染物的处理，尤其是针对易挥发、易流动的 NAPL（如汽油、柴油、有机溶剂等）。气/多相抽提技术是属于施工成本相对较低但处理效率也相对较低的修复技术，因为通过气/多相抽提去除污染物的效率除了受污染物本身挥发性、溶解度和黏性等因素的影响，更受到水文地质条件的影响。渗透性越差、含水率越高或有机质含量越高的土壤，对污染物的吸附和截留作用越高，通过物理抽提的手段极难去除污染物。因此，气/多相抽提技术常与其他技术联用，或作为其他技术的配套技术 |

| 序号 | 技术名称 | 技术分类 | | | 技术简介 | 适用性分析 |
|---|---|---|---|---|---|---|
| | | 按位置 | 主要原理 | 按方式 | | |
| 2 | 原位固化/稳定化 | 原位 | 物理 | 工程控制/源处理 | 通过一定的机械力在原位向污染介质中添加固化剂/稳定化剂,在充分混合的基础上,使其与污染介质、污染物发生物理、化学作用,将污染土壤固封为结构完整的具有低渗透系数的固化体,或将污染物转化成化学性质不活泼形态,降低污染物在环境中的迁移和扩散 | 固化/稳定化技术既适用于处理无机污染物,也适用于处理某些性质稳定的有机污染物。许多无机物和重金属污染土壤,如无机氰化物(氢氰酸盐)、石棉、腐蚀性无机物,以及砷、镉、铬、铜、铅、汞、镍、硒、锑、铀和锌等重金属污染的土壤,均可采用固化/稳定化技术进行有效的治理和修复,而有机污染土壤中适用或可能适用的污染物类型包括有机氰化物(腈)、腐蚀性有机化合物、农药、石油烃(重油)、多环芳烃(PAHs)、多氯联苯(PCBs)、二噁英或呋喃等多种有机物,但是部分有机污染物对固化/稳定化处理后水泥类水硬性胶凝材料的固结化作用有干扰效应,因此,固化/稳定化技术更多地用作为无机污染物的源处理技术 |
| 3 | 异位固化/稳定化 | 异位 | 物理 | 工程控制/源处理 | 向污染土壤中添加固化剂/稳定化剂,经充分混合,使其与污染介质、污染物发生物理、化学作用,将污染土壤固封为结构完整的具有低渗透系数的固化体,或将污染物转化成化学性质不活泼形态,降低污染物在环境中的迁移和扩散 | |
| 4 | 异位淋洗 | 异位 | 物理/化学 | 源处理 | 采用物理分离或增效淋洗等手段,通过添加水或合适的增效剂,分离重污染土壤组分或使污染物从土壤相转移到液相,并有效地减少污染土壤的处理量,实现减量化。淋洗系统废水应处理去除污染物后回用或达标排放 | 异位淋洗技术适用于处理重金属、半挥发性有机污染物、难挥发性有机污染物污染的土壤。异位淋洗技术的基本原理是将污染物从土壤相转移至液相,因此,土壤对污染物的吸附性直接决定了该技术的处理效率。土壤对污染物的吸附作用十分复杂,包括土壤颗粒电荷作用、土壤有机质的物理吸附(范德华力)、土壤有机质的化学吸附及污染物在水—土壤有机质体系中的分配作用等,总体可以 |

| 序号 | 技术名称 | 技术分类 | | | 技术简介 | 适用性分析 |
|---|---|---|---|---|---|---|
| | | 按位置 | 主要原理 | 按方式 | | |
| | | | | | | 归结为：土壤颗粒越小，有机质含量越高，对污染物的吸附能力越强。因此，一般认为该技术不宜用于土壤黏/粉粒（粒径≤0.075 mm）含量高于25%的土壤 |
| 5 | 原位热脱附 | 原位 | 物理/化学 | 源处理 | 通过加热提高污染区域的温度，一方面，使土壤中污染物更容易转移至气相或液相中（包括高温提高污染物蒸气压、降低NAPL的黏度、降低污染物的土壤—水分配系数、减少土壤有机质含量等），再通过气/多相抽提技术，将污染物抽出至地面处理；另一方面，高温加速了污染物的水解、热解和氧化反应，促进污染物降解 | 原位热脱附技术是土壤修复技术中的"重武器"，也是常用土壤修复技术中，修复成本最高的技术。该技术可处理的污染物范围广、耗时短，并且是少有的对低渗透污染区及不均质污染区域也具有较强适用性的原位修复技术。加热系统根据加热方式的不同，常用有以下3种：热传导加热、电阻加热和蒸汽/热空气注入。根据处理的污染物性质和土质情况，选择合适的加热方式 |
| 6 | 异位热脱附 | 异位 | 物理/化学 | 源处理 | 通过直接或间接加热，将污染土壤加热至目标污染物的沸点以上，通过控制系统温度和物料停留时间有选择地促使污染物气化挥发，使目标污染物与土壤颗粒分离、去除 | 异位热脱附技术适用于处理挥发及半挥发性有机污染物（如石油烃、农药、多氯联苯、多环芳烃等）或汞污染的土壤。异位热脱附技术是土壤修复技术中的"重武器"，有着相对较高的处理效率，但同样也有着相对较高的处理单价。除了高温需要的能源消耗导致其处理成本较高外，设备费用也是导致其处理成本较高的主要因素之一 |

| 序号 | 技术名称 | 技术分类 | | | 技术简介 | 适用性分析 |
|---|---|---|---|---|---|---|
| | | 按位置 | 主要原理 | 按方式 | | |
| 7 | 水泥窑协同处置 | 异位 | 物理/化学 | 源处理/工程控制 | 利用水泥回转窑内的高温、气体长时间停留、热容量大、热稳定性好、碱性环境、无废渣排放等特点，在生产水泥熟料的同时，焚烧固化处理污染土壤 | 适用于污染土壤，可处理有机污染物及重金属。不宜用于汞、砷、铅等重金属污染较重的土壤，由于水泥生产对进料中氯、硫等元素的含量有限值要求，在使用该技术时需慎重确定污染土壤的添加量 |
| 8 | 原位化学氧化/还原 | 原位 | 化学 | 源处理/工程控制 | 通过向土壤或地下水的污染区域注入氧化剂或还原剂，通过氧化或还原作用，使土壤或地下水中的污染物转化为无毒或相对毒性较小的物质。常见的氧化剂包括高锰酸盐、过氧化氢、芬顿试剂、过硫酸盐和臭氧。常见的还原剂包括硫化氢、连二亚硫酸钠、亚硫酸氢钠、硫酸亚铁、多硫化钙、二价铁、零价铁等 | 异位化学氧化/还原技术用于处理污染土壤，原位化学氧化/还原技术则可以同时治理污染土壤和地下水。其中，化学氧化可处理石油烃、BTEX（苯、甲苯、乙苯、二甲苯）、酚类、MTBE（甲基叔丁基醚）、含氯有机溶剂、多环芳烃、农药等大部分有机物；化学还原可处理重金属类（如六价铬）和氯代有机物等。化学氧化/还原技术在土壤修复技术中属于处理效率较高的修复技术，其修复成本主要取决于药剂量。化学氧化/还原技术虽然处理效率较高，但其主要缺点是易造成二次污染。除了氧化药剂本身可能造成二次污染外，化学反应过程通常需要通过添加强酸强碱来活化氧化剂，使土壤和地下水的pH发生较大变化 |
| 9 | 异位化学氧化/还原 | 异位 | 化学 | 源处理/工程控制 | 向污染土壤添加氧化剂或还原剂，通过氧化或还原作用，使土壤中的污染物转化为无毒或相对毒性较小的物质。常见的氧化剂包括高锰酸盐、过氧化氢、芬顿试剂、过硫酸盐和臭氧。常见的还原剂包括连二亚硫酸钠、亚硫酸氢钠、硫酸亚铁、多硫化钙、二价铁、零价铁等 | |

续表

| 序号 | 技术名称 | 技术分类 | | | 技术简介 | 适用性分析 |
|------|----------|----------|------|--------|----------|------------|
| | | 按位置 | 主要原理 | 按方式 | | |
| 10 | 原位生物通风 | 原位 | 生物 | 源处理 | 又称土壤曝气，是一种强迫氧化的原位生物修复方式，即在受污染的土壤不饱和区中强制注入空气（或氧气），添加营养物（氮和磷酸盐）和接种特异工程菌，利用土壤中的微生物对土壤中的挥发性有机物、半挥发性有机物进行生物降解，从而达到修复土壤的目的 | 原位生物通风法由土壤气相抽提法发展而来，适用于地下水层上部透气性较好而被挥发性有机物污染土壤的修复，同时也适用于结构疏松多孔的土壤。生物通风技术可以修复的污染物范围广泛，修复成本相对低廉，尤其对修复成品油污染土壤非常有效，包括汽油、喷气式燃料油、煤油和柴油等的修复 |
| 11 | 植物修复 | 原位 | 生物 | 源处理 | 利用植物进行提取、根际滤除、挥发和固定等方式移除、转变和破坏土壤中的污染物质，使污染土壤恢复其正常功能 | 植物修复适用于已找到对应超富集植物的重金属（砷、镉、铅、镍、铜、锌、钴、锰、铬、汞等）和特定的有机污染物（石油烃、五氯酚、多环芳烃等）。同时，植物受气候、土壤等条件影响，本技术不适用于污染物浓度过高或土壤理化性质严重破坏、不适合修复植物生长的土壤 |
| 12 | 生物堆 | 异位 | 生物 | 源处理 | 将污染土壤集中堆置，同时结合多种强化措施，如补充适量水分、养分和氧气等，为堆体中微生物创造适宜生存的环境，进而提升污染物去除效率的一种异位生物修复方法 | 以微生物强化修复为核心的生物堆法，适用于受到石油烃、多环芳烃等易生物降解有机物污染的土壤和油泥中，而对于黏土类、重金属、难降解有机污染物污染土壤的修复效果较差 |

| 序号 | 技术名称 | 技术分类 | | | 技术简介 | 适用性分析 |
|---|---|---|---|---|---|---|
| | | 按位置 | 主要原理 | 按方式 | | |
| 13 | 阻隔填埋 | 原位/异位 | 物理 | 工程控制 | 将污染土壤或经过治理后的土壤置于防渗阻隔填埋场内，或通过敷设阻隔层阻断土壤中污染物迁移扩散的途径，使污染土壤与四周环境隔离，避免污染物与人体接触和随土壤水迁移，进而对人体和周围环境造成危害。原位阻隔覆盖是将污染区域通过在四周建设阻隔层，并在污染区域顶部覆盖隔离层。异位阻隔填埋是将污染土壤或经过治理后的土壤阻隔填埋在防渗阻隔材料组成的防渗阻隔填埋场里，使污染土壤与四周环境隔离 | 适用于重金属、有机物及重金属有机物复合污染土壤的阻隔填埋。<br>不宜用于污染物水溶性强或渗透率高的污染土壤，不适用于地质活动频繁和地下水水位较高的地区 |
| 14 | 地下水抽提处理 | 异位 | 物理 | 源处理 | 根据地下水污染范围，在污染场地布设一定数量的抽水井，通过水泵和水井将污染地下水抽取至地面进行处理 | 适用于污染地下水，可处理多种污染物。<br>不宜用于吸附能力较强的污染物，以及渗透性较差或存在NAPL（非水相液体）的含水层 |
| 15 | 可渗透反应墙 | 原位 | 物理/化学 | 源处理/工程控制 | 在地下安装透水的活性材料墙体拦截污染物羽状体，当污染羽状体通过反应墙时，污染物在可渗透反应墙内发生沉淀、吸附、氧化还原、生物降解等作用得以去除或转化，从而实现地下水净化的目的 | 适用于污染地下水，可处理BTEX（苯、甲苯、乙苯、二甲苯）、石油烃、氯代烃、金属、非金属和放射性物质等。<br>不适用于承压含水层，不宜用于含水层深度超过 10 m 的非承压含水层，对反应墙中沉淀和反应介质的更换、维护、监测要求较高 |

续表

| 序号 | 技术名称 | 技术分类 | | | 技术简介 | 适用性分析 |
|---|---|---|---|---|---|---|
| | | 按位置 | 主要原理 | 按方式 | | |
| 16 | 地下水监控自然衰减 | 原位 | 化学/生物 | 源处理/工程控制 | 通过实施有计划的监控策略，依据场地自然发生的物理、化学及生物作用，包含生物降解、扩散、吸附、稀释、挥发、放射性衰减，以及化学性或生物性稳定等，使得地下水和土壤中污染物的数量、毒性、移动性降低到风险可接受水平 | 适用于污染地下水，可处理BTEX（苯、甲苯、乙苯、二甲苯）、石油烃、多环芳烃、MTBE（甲基叔丁基醚）、氯代烃、硝基芳香烃、重金属类、非金属类（砷、硒）、含氧阴离子（如硝酸盐、过氯酸）等。在证明具备适当环境条件时才能使用，不适用于对修复时间要求较短的情况，对自然衰减过程中的长期监测、管理要求高 |

# 第2章 土壤修复法律、法规与标准

## 2.1 概述

2004 年，北京市环境保护科学研究院编著《场地环境评价指南》一书，首次在国内提出污染场地概念，引入风险评估方法及风险管理理念。

2009 年，北京市质量技术监督局发布《场地环境评价技术导则》（DB11/T 656—2009）。2011 年，发布《场地土壤环境风险评价筛选值》（DB11/T 811—2011），这是国内第一套污染场地评估导则和筛选值，规定了场地风险评价方法，修复目标确定程序及场地土壤筛选值。

2012 年，中国科学院南京土壤研究所陈梦舫团队研发了我国首套场地健康与环境风险评估软件 HERA，并根据生态环境部颁布的《污染场地风险评估技术导则》，于 2014 年进行了优化。

2016 年 5 月 28 日，《土壤污染防治行动计划》（简称"土十条"）由国务院印发，自 2016 年 5 月 28 日起实施，带动土壤修复市场快速发展。"土十条"是为了切实加强土壤污染防治，逐步改善土壤环境质量而制定的法规。

2016 年 12 月，原环境保护部颁布《污染地块土壤环境管理办法（试行）》，2017 年 7 月 1 日起实施。将拟收回、已收回土地使用权的有色金属冶炼、石油加工、化工、焦化、电镀、制革等行业企业用地，以及土地用途拟变更为居住和商业、学校、医疗、养老机构等公共设施的上述用地作为重点监管对象；对土地用途变更为上述公共设施的污染地块用地，重点开展人体健康风险评估和风险管控；对暂不开发的污染地块，开展以防治污染扩散为目的的环境风险评估和风险管控。

2017 年 9 月，原环境保护部、原农业部联合公布《农用地土壤环境管理办法（试行）》，从土壤污染防治、调查与监测、分类管理、监督管理等方面对农用地土壤环境做出具体规定。其中，提出由环保部同农业部等部门建立农用地土壤污染状况定期调查制度，建立全国土壤环境质量监测网络，并组织实施全国农用地土壤环境监测工作。该管理办法为农用地土壤环境管理工作提供依据，对农用地土壤环境管理、防控农用地土壤污染风险、保障农产品质量安全具有重要意义。

2018 年 4 月 12 日，《工矿用地土壤环境管理办法（试行）》由生态环境部部务会议审议通过，2018年5月3日公布，共四章二十一条，自2018年8月1日起施行，将为加强工矿用地土壤和地下水环境保护监督管理、防控工矿用地土壤和地下水污染提供依据。是继《污染地块土壤环境管理办法（试行）》《农用地土壤环境管理办法（试行）》后，又一个重要部门规章。3个规章共同构成了一个较为完整的体系，充分体现了土壤污染源头预防、风险管控全过程管理的工作思路，对于推动落实土壤污染防治各项任务，打好净土保卫战具有重要意义。

此外，发展改革委和国土资源部联合发布《全国土地整治规划（2016—2020年）》（国土资发〔2017〕2号），提出了"十三五"时期土地整治的目标任务：确保建成4亿亩高标准农田，力争建成6亿亩，全国基本农田整治率达到60%；补充耕地2000万亩，改造中低等耕地2亿亩左右；整理农村建设用地600万亩；改造开发600万亩城镇低效用地。国家环境监测总站发布《2017年国家网土壤环境监测技术要求》，不仅给出了13 792个历史监测点位的分布情况，而且就工作方式给予了明确的阐述，明确要求国家网土壤环境监测工作为国家事权，中央保障经费。国家环境保护部发布《企业拆除活动污染防治工作技术规定》（2017年12月24日），为加强和规范企业拆除活动的污染防治工作，防范企业拆除活动环境污染提出了系统性的环境管理要求。以上一系列政府部门规划、指南的出台，从具体工作角度规范了土壤修复行业的发展。

2018年8月31日，十三届全国人大常委会第五次会议表决通过了《中华人民共和国土壤污染防治法》（以下简称《土壤法》）。这是我国首次制定专门的法律来规范防治土壤污染，法律于2019年1月1日起施行。在土壤污染预防和保护方面，法律要求设区的市级以上地方人民政府生态环境主管部门应当按照国务院生态环境主管部门的规定，根据有毒有害物质排放等情况，制定本行政区域土壤污染重点监管单位名录，向社会公开并适时更新。法律强化了农业投入品管理，减少农业面源污染，并加强对未污染土壤和未利用地的保护。

《土壤法》是我国首部专门规范防治土壤污染的法律。政策从法律责任和资金来源双管齐下，缓解商业模式困境，助力制度体系不断完善，将土壤污染防治和治理落到实处。《土壤法》主要有四大关注点：一是建立土壤污染责任人制度，明确政府责任；二是建立土壤污染风险管控和修复制度，关注地下水污染防护；三是建立土壤污染环评、监测制度；四是建立土壤污染防治基金制度，明确无法认定责任人地块的修复资金来源。

在我国的环境保护发展历程上，土壤污染问题实际上是和水污染、大气污染同时出现的，但由于一直得不到重视，我国土壤修复行业的起步和目前的成熟程度远落后于水、大气、固废治理行业。随着中国社会经济的不断发展、工业企业的陆续壮大，环境污染的问题也随着社会活动的增加而日益严重。继水、气、声、固废之后，近年来土壤污染问题也越来越多地受到人们的关注，一系列标准与政策的出台使得污染场地的调查与风险评估工作显得尤为重要。随着《土壤污染防治行动计划》及《土壤污染防治法》的颁布，有望在未来几年内陆续出台土壤修复相关法规政策，完善我国土壤修复法律体系，为我国场地污染修复行业提供更加详细的指导意见，推动我国污染场地修复行业的有序发展。

## 2.2 法律法规

### 2.2.1 法律

(1)《中华人民共和国大气污染防治法》，1988 年 6 月 1 日起施行；

(2)《中华人民共和国水污染防治法》，2008 年 6 月 1 日起施行；

(3)《中华人民共和国环境保护法》，2015 年 1 月 1 日起施行；

(4)《中华人民共和国土壤污染防治法》，2019 年 1 月 1 日起施行。

### 2.2.2 法规及部门规章

(1)《关于切实做好企业搬迁过程中环境污染防治工作的通知》（环办〔2004〕47 号）；

(2)《关于加强土壤污染防治工作的意见》（环发〔2008〕48 号）；

(3)《国务院关于加强环境保护重点工作的意见》（国发〔2011〕35 号）；

(4)《关于保障工业企业场地再开发利用环境安全的通知》（环发〔2012〕140 号）；

(5)《近期土壤环境保护和综合治理工作安排》（国发〔2013〕7 号）；

(6)《关于加强工业企业关停、搬迁及原址场地再开发利用过程中污染防治工作的通知》（环发〔2014〕66 号）；

(7)《土壤污染防治行动计划》（国发〔2016〕31 号）；

(8)《全国土地整治规划（2016—2020 年）》（国土资发〔2017〕2 号）；

(9)《污染地块土壤环境管理办法（试行）》，2017 年 7 月 1 日起施行；

(10)《农用地土壤环境管理办法（试行）》，2017 年 11 月 1 日起施行；

(11)《工矿用地土壤环境管理办法（试行）》，2018 年 8 月 1 日起施行。

## 2.3 环境保护标准

### 2.3.1 环境质量标准

#### 2.3.1.1 土壤环境质量标准

(1)《土壤环境质量　建设用地土壤污染风险管控标准（试行）》（GB 36600—2018）；

(2)《土壤环境质量　农用地土壤污染风险管控标准（试行）》（GB 15618—2018）。

#### 2.3.1.2 水环境质量标准

(1)《地表水环境质量标准》（GB 3838—2002）；

(2)《地下水质量标准》（GB/T 14848—2017）。

#### 2.3.1.3 声环境质量标准

(1)《声环境质量标准》（GB 3096—2008）；

(2)《声环境功能区划分技术规范》（GB/T 15190—2014）。

### 2.3.1.4　大气环境质量标准

（1）《环境空气质量功能区划分原则与技术方法》（HJ/T 14—1996）；

（2）《环境空气质量标准》（GB 3095—2012）。

## 2.3.2　污染物排放标准

### 2.3.2.1　污水排放标准

（1）《污水综合排放标准》（GB 8978—1996）；

（2）《污水排入城镇下水道水质标准》（GB/T 31962—2015）。

### 2.3.2.2　固体废物控制标准

（1）《一般工业固体废物贮存、处置场污染控制标准》（GB 18599—2001）；

（2）《危险废物填埋污染控制标准》（GB 18598—2001）；

（3）《危险废物贮存污染控制标准》（GB 18597—2001）；

（4）《危险废物焚烧污染控制标准》（GB 18484—2001）；

（5）《生活垃圾填埋场污染控制标准》（GB 16889—2008）；

（6）《生活垃圾焚烧污染控制标准》（GB 18485—2014）；

（7）《危险废物鉴别技术规范》（HJ/T 298—2007）；

（8）《危险废物鉴别标准　通则》（GB 5085.7—2007）；

（9）《固体废物鉴别标准　通则》（GB 34330—2017）。

### 2.3.2.3　大气污染物排放标准

《大气污染物综合排放标准》（GB 16297—1996）。

注：各地方均有建筑工地扬尘防治标准。

### 2.3.2.4　噪声排放标准

（1）《工业企业厂界环境噪声排放标准》（GB 12348—2008）；

（2）《建筑施工场界环境噪声排放标准》（GB 12523—2011）。

### 2.3.2.5　其他排放标准

《含多氯联苯废物污染控制标准》（GB 13015—2017）。

## 2.3.3　监测采样标准

### 2.3.3.1　土壤采样

（1）《土壤环境监测技术规范》（HJ/T 166—2004）；

（2）《农田土壤环境质量监测技术规范》（NY/T 395—2012）；

（3）《耕地质量监测技术规程》（NY/T 1119—2012）；

（4）《土壤质量　土壤样品长期和短期保存指南》（GB/T 32722—2016）；

（5）《土壤质量　野外土壤描述》（GB/T 32726—2016）；

（6）《土壤质量　土壤采样技术指南》（GB/T 36197—2018）；

（7）《土壤质量　土壤气体采样指南》（GB/T 36198—2018）；

（8）《土壤质量　土壤采样程序设计指南》（GB/T 36199—2018）；

（9）《土壤质量　城市及工业场地土壤污染调查方法指南》（GB/T 36200—2018）。

#### 2.3.3.2　水质采样

（1）《地表水和污水监测技术规范》（HJ/T 91—2002）；

（2）《地下水环境监测技术规范》（HJ/T 164—2004）；

（3）《水质样品的保存和管理技术规定》（HJ 493—2009）；

（4）《水质采样技术指导》（HJ 494—2009）；

（5）《水质采样方案设计技术规定》（HJ 495—2009）；

（6）《地下水监测井建设规范》（DZ/T 0270—2014）；

（7）《地下水巢式监测井建设规程》（DZ/T 0310—2017）。

#### 2.3.3.3　固体废物采样

《工业固体废物采样制样技术规范》（HJ/T 20—1998）。

#### 2.3.3.4　大气采样

（1）《环境空气质量监测规范（试行）》；

（2）《环境空气质量监测点位布设技术规范（试行）》（HJ 664—2013）。

#### 2.3.3.5　噪声采样

（1）《环境噪声监测技术规范　城市声环境常规监测》（HJ 640—2012）；

（2）《环境噪声监测技术规范　噪声测量值修正》（HJ 706—2014）；

（3）《环境噪声监测技术规范　结构传播固定设备室内噪声》（HJ 707—2014）。

#### 2.3.3.6　水文地质

（1）《岩土工程勘察规范》（GB 50021—2001）（2009 年版）；

（2）《水文水井地质钻探规程》（DZ/T 0148—2014）。

### 2.3.4　环境基础标准

（1）《土壤质量　词汇》（GB/T 18834—2002）；

（2）《环境工程　名词术语》（HJ 2016—2012）；

（3）《污染场地术语》（HJ 682—2014）。

## 2.4　场地调查及风险评估标准

（1）《场地环境调查技术导则》（HJ 25.1—2014）；

（2）《场地环境监测技术导则》（HJ 25.2—2014）；

（3）《污染场地风险评估技术导则》（HJ 25.3—2014）；

（4）《工业企业场地环境调查评估与修复工作指南（试行）》（环境保护部公告 2014 年第 78 号）；

（5）《农用地土壤环境风险评估技术规定》（环办土壤函〔2018〕1479）；

（6）《农用地土壤环境质量类别划分技术指南（试行）》；

（7）《农产品产地土壤重金属安全分级评价技术规定（征求意见稿）》；

（8）《污染场地土壤和地下水调查与风险评价规范》（DD 2014—06）；

（9）《地下水环境状况调查评价工作指南（试行）》；

（10）《地下水污染模拟预测评估工作指南（试行）》；

（11）《地下水污染健康风险评估工作指南（试行）》；

（12）《建设用地土壤环境调查评估技术指南》（环境保护部公告 2017 年第 72 号）。

## 2.5　相关技术及方案编制

### 2.5.1　修复技术指南

（1）《污染场地修复技术应用指南（征求意见稿）》；

（2）《铬污染地块风险管控技术指南（试行）（征求意见稿）》；

（3）《污染地块修复技术指南——固化/稳定化技术（试行）（征求意见稿）》；

（4）《污染地块风险管控技术指南——阻隔技术（试行）（征求意见稿）》；

（5）《水泥窑协同处置固体废物污染防治技术政策》（环保部公告 2016 年第 72 号）；

（6）《水泥窑协同处置工业废物设计规范》（GB 50634—2010）；

（7）《水泥窑协同处置污泥工程设计规划》（GB 50757—2012）；

（8）《水泥窑协同处置固体废物污染控制标准》（GB 30485—2013）；

（9）《水泥窑协同处置固体废物环境保护技术规范》（HJ 662—2014）；

（10）《水泥窑协同处置固体废物技术规范》（GB 30760—2014）；

（11）《地下水污染修复（防控）工作指南（试行）》；

（12）《建筑与市政工程地下水控制技术规范》（JHJ 111—2016）。

### 2.5.2　方案编制

（1）《污染场地土壤修复技术导则》（HJ 25.4—2014）；

（2）《污染场地地下水修复技术导则（征求意见稿）》；

（3）《污染地块土壤治理与修复项目实施方案编制指南（征求意见稿）》；

（4）《农用地土壤污染治理与修复项目实施方案编制指南（征求意见稿）》；

（5）《农用地污染土壤修复项目管理指南》（环办〔2014〕93 号）；

（6）《环境工程设计文件编制指南》（HJ 2050—2015）。

## 2.6　修复效果评估

（1）《土壤污染治理与修复成效技术评估指南（试行）》（环办土壤函〔2017〕1953 号）；

（2）《污染地块风险管控与土壤修复效果评估技术导则（试行）》（HJ 25.5—2018）；

（3）《耕地污染治理效果评价准则》（NYT 3343—2018）。

## 2.7 标准解读

### 2.7.1 "值"的解读

2.3 小节和 2.4 小节中所述标准中有风险控制值、风险筛选值、修复目标值、风险管制值等，理解这些值是我们做好修复工作的基础。

#### 2.7.1.1 "值"的定义

《污染场地风险评估技术导则》（HJ 25.3—2014）中"土壤和地下水风险控制值"定义为根据本标准规定的用地方式、暴露情景和可接受风险水平，采用本标准规定的风险评估方法和场地调查获得相关数据，计算获得的土壤污染物的含量限值和地下水中污染物的浓度限值。在风险表征的基础上，判断计算得到的风险值是否超过可接受风险水平。如污染场地风险评估结果未超过可接受风险水平，则结束风险评估工作；如污染场地风险评估结果超过可接受风险水平，则计算土壤、地下水中关注污染物的风险控制值；如调查结果表明，土壤中关注污染物可迁移进入地下水，则计算保护地下水的土壤风险控制值；根据计算结果，提出关注污染物的土壤和地下水风险控制值。

《污染场地土壤修复技术导则》（HJ 25.4—2014）中"场地修复目标"定义为由场地环境调查和风险评估确定的目标污染物对人体健康和生态受体不产生直接或潜在危害，或不具有环境风险的污染修复终点。分析比较按照 HJ 25.3 计算的土壤风险控制值和场地所在区域土壤中目标污染物的背景含量和国家有关标准中规定的限值，合理提出土壤目标污染物的修复目标值。

《土壤环境质量　建设用地土壤污染风险管控标准（试行）》（GB 36600—2018）中"建设用地土壤污染风险筛选值"定义为指在特定土地利用方式下，建设用地土壤中污染物含量等于或者低于该值的，对人体健康的风险可以忽略；超过该值的，对人体健康可能存在风险，应当开展进一步的详细调查和风险评估，确定具体污染范围和风险水平。其中，"建设用地土壤污染风险管制值"定义为指在特定土地利用方式下，建设用地土壤中污染物含量超过该值的，对人体健康通常存在不可接受风险，应当采取风险管控或修复措施；"土壤环境背景值"定义为指基于土壤环境背景含量的统计值。通常以土壤环境背景含量的某一分位值表示。其中土壤环境背景含量是指在一定时间条件下，仅受地球化学过程和非点源输入影响的土壤中元素或化合物的含量。

《土壤环境质量　农用地土壤环境质量标准（试行）》（GB 15618—2018）中"农用地土壤污染风险筛选值"定义为农用地土壤中污染物含量等于或者低于该值的，对农产品质量安全、农作物生长或土壤生态环境的风险低，一般情况下可以忽略；超过该值的，对农产品质量安全、农作物生长或土壤生态环境可能存在风险，应当加强土壤环境监测和农产品协同监测，原则上应当采取安全利用措施。其中，"农用地土壤污染风险管制值"定义为农用地土壤中污染物含量超过该值的，食用农产品不符合质量安全标准等农用地土壤污染风险高，原则上应当采取严格管控措施。

#### 2.7.1.2 "值"的关系

了解了"值"的定义之后，我们可以知道风险管制值可作为修复目标值的参考，但并不一定是最终确定的目标值。风险筛选值则是一种类似指示剂作用的值，通过和该值的比对，来判定这块场地是否需要进行场地调查和风险评估。

（1）《土壤环境质量　建设用地土壤污染风险管控标准（试行）》中各值的关系

①污染物含量≤风险筛选值，建设用地土壤污染风险一般情况下可以忽略。

②通过初步调查确定建设用地土壤中污染物含量＞风险筛选值，应当依据 HJ 25.1、HJ 25.2 等标准及相关技术要求，开展详细调查。

③通过详细调查确定建设用地土壤中污染物含量≤风险管制值，应当依据 HJ 25.3 等标准及相关技术要求，开展风险评估，确定风险水平，判断是否需要采取风险管控或修复措施。

④通过详细调查确定建设用地土壤中污染物含量＞风险管制值，对人体健康通常存在不可接受风险，应当采取风险管控或修复措施，具体见图 2-1。

**图 2-1　《土壤环境质量　建设用地土壤污染风险管控标准（试行）》中各值的关系**

（2）《土壤环境质量　农用地土壤环境质量标准（试行）》中各值的关系

①农用地土壤中污染物含量等于或者低于风险筛选值的，对农产品质量安全、农作物生长或土壤生态环境的风险低，一般情况下可以忽略。对此类农用地，应切实加大保护力度。

②农用地土壤中污染物含量超过风险管制值的，食用农产品不符合质量安全标准等农用地土壤污染风险高，且难以通过安全利用措施降低农用地土壤污染风险。对此类农用地，原则上应当采取禁止种植食用农产品、退耕还林等严格管控措施。

③农用地土壤污染物含量介于筛选值和管制值之间的，可能存在食用农产品不符合质量安全标准等风险。对此类农用地，原则上应当采取农艺调控、替代种植等安全利用措施，降低农产品超标风险，具体见图 2-2。

若各标准值存在冲突，根据《中华人民共和国标准化法》规定，地方标准由省、自治区、直辖市标准化行政主管部门制定，并报国务院标准化行政主管部门和国务院有关行政主管部门备案。通常，在规定要求不同时以严格的为准，若地方规范所要求的标准严于国家规范，一般在当地以地方规范为准。

### 2.7.2　标准修订

2.3 小节、2.4 小节及 2.5 小节中提及的《场地环境调查技术导则》（HJ 25.1—2014）等 5 项国家环境保护标准目前正在修订。

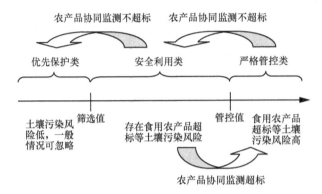

图 2-2 《土壤环境质量 农用地土壤环境质量标准（试行）》中各值的关系

为贯彻《中华人民共和国环境保护法》《中华人民共和国土壤污染防治法》《土壤污染防治行动计划》，根据《污染地块土壤环境管理办法（试行）》《工矿用地土壤环境管理办法（试行）》《土壤环境质量建设用地土壤污染风险管控标准（试行）》（GB 36600—2018），生态环境部决定对《场地环境调查技术导则》（HJ 25.1—2014）等 5 项国家环境保护标准进行修改，修改内容形成了征求意见稿，详见环办标征函〔2018〕63 号。

为贯彻落实《中华人民共和国水污染防治法》《中华人民共和国土壤污染防治法》《水污染防治行动计划》《土壤污染防治行动计划》，进一步完善污染场地环境保护标准体系，在生态环境部土壤生态环境司、水生态环境司和法规与标准司组织指导下，编制了《污染场地地下水修复技术导则（征求意见稿）》，目前，生态环境部办公厅公开征求意见。《污染场地地下水修复技术导则（征求意见稿）》是我国污染场地环境保护系列标准之一，是《场地环境调查技术导则》（HJ 25.1）、《场地环境监测技术导则》（HJ 25.2）、《污染场地风险评估技术导则》（HJ 25.3）、《污染场地土壤修复技术导则》（HJ 25.4）系列导则的补充，详见环办标征函〔2018〕71 号。

## 2.8 其他

### 2.8.1 土壤环评导则

（1）《环境影响评价导则 地下水环境》（HJ 610—2016）；
（2）《环境影响评价导则 土壤环境（试行）》（HJ 964—2018）。

### 2.8.2 重点行业企业详查

（1）《重点行业企业用地调查信息采集技术规定（试行）》；
（2）《重点行业企业用地调查信息采集工作手册（试行）》；
（3）《重点行业企业用地调查样品采集保存和流转技术规定（试行）》；

（4）《重点行业企业用地调查质量保证与质量控制技术规定（试行）》；

（5）《关闭搬迁企业地块风险筛查与风险分级技术规定（试行）》；

（6）《在产企业地块风险筛查与风险分级技术规定（试行）》。

## 2.8.3　土壤污染隐患排查与防治

（1）《工业企业土壤污染隐患排查和整改指南》；

（2）《在产企业土壤及地下水自行监测技术指南》（征求意见稿）；

（3）《企业拆除活动污染防治技术规定（试行）》。

## 2.8.4　地方相关标准及指南

### 2.8.4.1　北京市相关标准及指南

（1）《场地环境评价导则》（DB 11/T656—2009）；

（2）《污染场地修复验收技术规范》（DB 11/T783—2011）；

（3）《场地土壤环境风险评价筛选值》（DB 11/T811—2011）；

（4）《重金属污染土壤填埋场建设与运行技术规范》（DB 11/T810—2011）；

（5）《污染场地修复技术方案编制导则》（DB 11/T 1280—2015）；

（6）《污染场地挥发性有机物调查与风险评估技术导则》（DB 11/T 1278—2015）；

（7）《污染场地勘察规范》（DB 11/T1311—2015）；

（8）《污染场地修复后土壤再利用环境评估导则》（DB 11/T1281—2015）

（9）《地块土壤环境调查和风险评估技术导则（征求意见稿）》；

（10）《污染场地修复工程竣工报告编制技术导则（征求意见稿）》。

### 2.8.4.2　上海市相关标准及指南

（1）《上海市土壤污染防治行动计划实施方案》（沪府发〔2016〕111 号）；

（2）《上海市场地环境监测技术规范（试行）》；

（3）《上海市场地环境调查技术规范（试行）》；

（4）《上海市工业用地全生命周期管理场地环境保护技术指南（试行）》；

（5）《上海市污染场地风险评估技术规范（试行）》；

（6）《上海市污染场地修复工程验收技术规范（试行）》；

（7）《建设场地污染土勘察规范》（GG TJ08—233—2017）；

（8）《污染地块治理修复方案及修复效果评估技术审核工作规程》（沪环保防〔2017〕351 号）；

（9）《上海市经营性用地全生命周期管理场地环境保护技术指南（试行）》；

（10）《上海市污染场地修复技术方案编制技术规范（试行）》；

（11）《污染地块治理修复方案及修复效果评估技术审核要点（试行）》。

### 2.8.4.3　重庆市相关标准及指南

（1）《场地环境调查与风险评估技术导则》（DB50/T 725—2016）；

（2）《污染场地治理修复环境监理技术导则》（DB50/T 722—2016）；

（3）《重庆市污染场地治理修复工程环境监理技术导则（试行）》；

（4）《污染场地治理修复验收评估技术导则》（DB50/T 724—2016）。

**2.8.4.4 天津市相关标准及指南**

（1）《天津市人民政府关于印发 天津市土壤污染防治工作方案的通知》（津政发〔2016〕27号）；

（2）《天津市土壤污染专项整治方案》；

（3）《建设用地土壤环境调查评估及治理修复文件编制大纲（试行）》。

**2.8.4.5 广东省相关标准及指南**

（1）《广东省污染地块修复后土壤再利用技术指南》；

（2）《广东省污染地块治理与修复工程环境监理技术指南》；

（3）《广东省污染地块治理与修复效果评估技术指南》；

（4）《深圳市建设用地土壤环境调查评估工作指引（试行）》；

（5）《广东省污染地块修复后土壤再利用技术指南（征求意见稿）》。

**2.8.4.6 江苏省相关标准及指南**

（1）《中共江苏省委江苏省人民政府关于加强生态环境保护和建设的意见》（苏发〔2003〕7号）；

（2）《江苏省土壤污染防治行动计划实施方案》（苏政发〔2016〕169号）。

**2.8.4.7 浙江省相关标准及指南**

（1）《浙江省场地环境调查技术手册（试行）》；

（2）《污染场地风险评估技术导则》（DB33/T 892—2013）；

（3）《关于印发浙江省污染地块开发利用监督管理暂行办法的通知》；

（4）《污染地块治理修复工程效果评估技术规范》（DB33/T 2128—2018）；

（5）《台州市重点行业企业用地土壤环境监督管理办法（试行）（二次征求意见稿）》。

**2.8.4.8 河北省相关标准及指南**

（1）《河北省污染地块土壤环境管理办法（试行）》（征求意见稿）；

（2）《河北省农田土壤重金属污染修复技术规范》（DB13/T 2206—2015）。

**2.8.4.9 河南省相关标准及指南**

（1）《关于印发河南省污染地块土壤环境管理办法（试行）的通知》；

（2）《河南省污染地块土壤环境管理办法（试行）》。

**2.8.4.10 江西省相关标准及指南**

《建设用地土壤环境调查评估及治理修复文件编制大纲（试行）》。

**2.8.4.11 辽宁省相关标准及指南**

（1）《污染土壤生态修复方案编制规范》（DB21/T 2273—2014）；

（2）《菱镁矿区粉尘污染土壤生态修复技术方案编制导则》（DB21/T 2649—2016）。

# 2.9　国外土壤治理相关政策

## 2.9.1　美国超级基金法案

美国大部分污染场地在修复过程中实施了制度控制，以美国康涅狄格州某垃圾填埋场为例。该场地于 2010 年开始修复，目标污染物是挥发性有机物（VOCs），实施制度控制的介质为土壤和地下水；主要通过法律（政府控制）和行政手段（契约通告）来实现制度控制的目的，包括禁止该地块用于未来的住宅和商业发展用地、禁止使用地下水、禁止实施破坏制度控制完整性的措施和禁止任何可能损害垃圾填埋气收集系统的行为等，旨在通过对土地和水资源的限制利用来保证修复工程的顺利完成和实现潜在污染暴露的最小化。污染场地实施制度控制是为了保护人群避免受到潜在污染物的危害，同时保障其他修复措施的顺利进行。在制定制度控制具体措施时应充分考虑以上两点，以保护公众健康为出发点，保证制度控制在修复工程实践中实际应用，达到预期目的。

美国超级基金法全称《综合环境反应补偿与责任法》。美国土壤污染管理采用逐级管理、分权管制的管理体系。土壤污染地块的管理由联邦政府、州政府、社区及非政府组织共同完成：环保局作为主导，颁布了《土壤筛选导则》，作为污染场地评估和修复的标准化指南，为场地管理提供了分层次的管理框架；联邦政府负责对突然污染地块进行评估、管理及开发；州政府制定详细的土壤污染地块治理标准，起监督作用；地方政府和社区是主要实施力量的管理者；非政府组织作为参与者，参与推进土壤污染的治理。

农地管理手段包括以下方面。①直接的农地保护，土壤污染发展迅猛的一个源头在于：城市扩张迅猛，一些原本质量高的优渥农业用地，被用于发展工业、商业。直接的农地保护主要采取各种措施限制农地转为他用和鼓励农地农用。通过税款优惠与减免方案的手段，奖励农地农用。②限制城市发展的间接保护，政府和民间组织购买农地发展权，保证土地的农业用途。明确划分农业用地、工业用地和其他用地。③制定土壤修复优先权，美国对污染场地的管理修复流程制定了优先权列表，保证了某些对土壤污染危害大、易扩散的污染物得到足够的关注与及时处理。

## 2.9.2　荷兰《土壤保护法》政策

荷兰是欧盟成员国中最早就土壤保护进行立法的国家之一，于 1970 年就着手起草了《土壤保护法》。荷兰政府先后制定了土壤环境管理法规和标准，此法规已经基本健全。

由政府设立了"土壤修复"目标值和干预值。这 2 个指标，在荷兰的国土上划分了 2 条红线。这两条红线，划分出 3 类不同质量的土地。分别为："健康的土地""亚健康土地""生病的土地"。目标值表示低于或处于这个水平的土壤具备人类、植物和动物生命所需的全部功能特征，土壤质量是可持续的。可以理解为处于"健康"状态的土地。处于目标值以上、干预值以下的土地，可以理解为处于"亚健康"的土地。这个水平的土壤某些功能可能已经受到损伤，但尚未对生物造成威胁。干预值表示超过这个水平的土壤，可以理解为处于"生病"状态的土地。其具备的人类、植物和动物生命所需的功能特征已经被严重破坏或受到严重威胁，必须接受强制干预。这2个值的意思等同于国内的"筛选值"和"管控值"。

对已经在使用的土地，监控2个值，加强对土壤环境污染的预防。同时兼顾土地开发问题，可以及时发现土壤污染的异常行为，从根源断绝土壤污染行为。

荷兰所有受污染的土壤中，90%的土壤纳入了可持续管理。为土壤建立使用历史档案，根据土地利用历史开展土壤污染调查，建立污染场地清单，建立数据库，进行风险评估，针对土壤污染场地风险的高低和土地利用的需求循序渐进地开展土壤治理。

在完成全国土壤调查后，共享土壤污染管理数据，为政府、行业、地方、企业等制定相关标准提供数据支持。

### 2.9.3 日本《土壤污染对策法》政策

20世纪70年代以来，日本颁布了一系列土壤防治的法律，并不断依照实际情况进行修改：①《农业用地土壤污染防治法》1970年颁布，1971年、1978年、1993年和1999年修订；②《土壤污染对策法》2002年5月29日颁布，2003年2月15日生效；③《土壤污染对策法实施细则》2002年12月26日颁布。

这些法律除了规定具体的规则措施外，还制定了一系列的保障措施。赋予行政机关进入检测等权利，各行政机关协调合作及国家和地方政府对土壤污染规制和援助。

1970年《农业用地土壤污染防治法》颁布后，以清洁土壤为主要手段的土壤修复工程得以开展。截至1997年，占全部受污染土地面积76%（7140公顷）的土壤修复工程已宣告完成。2003年《土壤污染对策法》生效后，基于该法而实施的土壤调查及修复的土地数量明显增加。

日本的土壤环境保护遵循以下模式：出现污染示例→制定标准、对策→依法监测→公布监测及治理结果→跟踪监测、趋势分析→制定防止对策。

### 2.9.4 德国《联邦土壤保护法》政策

在德国，土壤污染问题受到广泛关注。据统计，截至2002年，德国境内大约有362 000处场地被疑作受污染场地，面积约128 000公顷，严重阻碍了所在地区的经济发展，并增加了投资的环境风险性。目前，德国涉及土壤污染防治方面的法律法规主要有1999年3月实施的《联邦土壤保护法》《联邦土壤保护与污染地条例》和《建设条例》等。《联邦土壤保护法》提供了土壤污染清除计划和修复条例；《联邦土壤保护与污染地条例》是德国实施土壤保护法律方面的主要举措，《建设条例》则涵盖了土地开发，限制绿色地带（指未被污染、可开发利用的土地）开发方面的法规，并制定了土壤处理细则方面的基本指南。

### 2.9.5 俄罗斯《土地整理法》政策

当前，俄罗斯尚无专门的土壤污染防治立法，但仍可于其他相关法律中发现对土壤污染防治做出的规定，包括：《俄罗斯联邦环境保护法》《俄罗斯土地法》《俄罗斯联邦大气保护法》《俄罗斯联邦水法》《俄罗斯居民卫生安全防疫法》及《俄罗斯联邦关于安全使用化学杀虫除莠剂和农业化学制品法》等。

2001 年 6 月生效的俄罗斯联邦《土地整理法》中首次明确规定，对受污染土地必须进行治理，包括采取措施恢复及封存土地，复垦被毁土地，保护土地免遭侵蚀及泥石流、水淹、沼泽化、二次盐渍化、干涸、板结、生产和消费废弃物、放射性和化学物质污染等。

## 2.9.6　韩国《土壤环境保护法》政策

20 世纪 70 年代至 80 年代，韩国先后制定了空气、水、噪声等单项污染防治法，专门的土壤污染防治法则始于 1995 年，此后又经过多次修订，主要有：①《土壤环境保护法》1995 年 1 月 5 日颁布，1997—2004 年多次修订；②《土壤环境保护法实施细则》1999 年 12 月 29 日颁布，1998—2004 年多次修订。

《土壤环境保护法》的颁布，使韩国得以建立一个土壤污染防治的综合法律框架，对土壤环境保护产生了积极的影响。1996 年环境部建立了土壤污染监测网，以防止与矿山、精炼厂、军事基地、储油设施、垃圾处理场相邻地区的土壤污染。专门的土壤污染防治立法不仅强制实施土壤污染调查、土壤污染的制定和修复等制度，而且极大地促进了企业自愿进行土壤污染治理。例如，2003 年，韩国 5 个主要石油公司与政府达成协议，通过自愿实施的环境保护项目来保护土壤质量。石油公司将在 1 年之内调查加油站和储油罐地下土壤质量，并在随后的 10 年内，每 3 年进行 1 次类似的调查，并对任何达不到官方土壤质量标准的土地，在 1 年内恢复土壤质量。

# 第3章 场地调查工程技术与装备

## 3.1 退役场地调查工程

### 3.1.1 概述

调查技术路线：场地环境调查评估包括第一阶段调查（污染识别）、第二阶段场地调查（现场采样）、第三阶段调查（风险评估）3 个阶段。具体的技术路线如图 3-1 所示。

通常情况下，污染场地环境调查和风险评估中获取的土壤数据量较大、污染种类多，且土壤污染具有一定的隐蔽性和空间异质性，如何科学准确地表征土壤污染状况及污染物的扩散趋势、如何更好地处理并展示数据结果，是污染场地风险评估、修复方案设计及土壤与地下水污染防治等一系列相关工作的重要环节。因此，查明污染源、污染范围、污染物质及分析污染土的化学性质、物理力学特性等，对我国土地的合理利用和开发具有重要意义。然而土壤和地下水的污染往往是隐性的，不进行钻探取样，往往不易发现。在实际的污染场地勘察中，根据场地的条件和调查目的，选择合适的取样设备及工艺方法，获取真实且有代表性的样品具有重要意义。

第一阶段的目的是识别可能存在的污染源和污染物，初步排查场地是否存在污染可能性，必要情况下需要首先进行应急清理。

第二阶段场地调查分为初步调查和详细调查。初步调查是通过现场初步采样和实验室检测进行风险筛选。若确定场地已经受到污染或存在健康风险时，则需进行详细调查，进行补充采样分析，确认场地污染的程度与范围，并为风险评估提供数据支撑。

第三阶段为风险评估，明确场地风险的可接受程度。根据场地污染状况，场地环境调查评估可以终止于上述任一阶段。

场地调查按照环境保护的要求，采用科学、经济、安全、有效的措施进行综合设计，遵循以下原则。

针对性原则：根据场地的特征和潜在污染物特性，有针对性地进行污染物浓度和空间分布调查，为场地的再开发利用和环境管理提供依据。

规范性原则：采用程序化和系统化的方法规范场地环境调查的行为，保证调查过程的科学性和客观性。

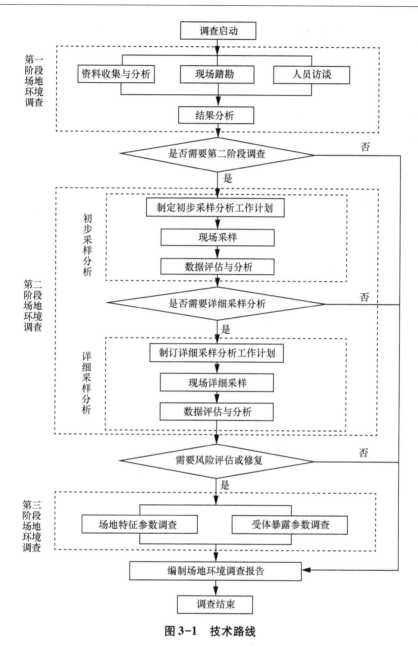

图 3-1 技术路线

可操作性原则：综合考虑场地复杂性、污染特点、环境条件等因素，结合当前科技发展和专业技术水平，制定可操作性的调查方案和采样计划，确保调查评估项目顺利进行。

### 3.1.2 第一阶段场地调查——污染识别

场地环境调查第一阶段是以资料收集、现场踏勘和人员访谈为主的污染识别阶段，原则上不进行现场采样分析。针对潜在污染场地判断的依据，出现下列情景（但不限于下列情景）进入第二阶段场地环境调查：发现污染痕迹；虽然没有发现污染痕迹，但生产中使用有毒有害化学品及石油产品或排放有毒有害物质的场地，如不能充分排除其对场地环境产生影响时，应作为潜在污染场地。

### 3.1.2.1　资料收集

通过收集分析文件、档案、影像资料等，反映场地污染历史情况。需要收集的资料包括以下方面。

①收集区域自然环境资料包括：地理位置、地形地貌、气象、水文地质、土壤等了解污染物迁移介质和暴露途径。

②收集社会环境资料包括：经济发展、土地利用规划、人口密度、潜在敏感目标、法规标准识别风险受体。

③收集场地环境信息包括：历史沿革、生产工艺、原辅材料、平面布置、管线分布、事故记录、环境管理文件判断场地内外污染源。

### 3.1.2.2　现场踏勘

通过现场踏勘核实资料，观测场地内污染痕迹（异常），管槽管线及异味异色等污染现状，了解场地周边关系。辅助判断工具：PID、XRF。通过现场快速仪辅助判断污染物所在区域。踏勘过程中需注意安全防护。

### 3.1.2.3　人员访谈

人员访谈针对前期疑问，补充信息，考证已有资料。

访谈对象：主管官员、技术主管、附近居民等；访谈方式：当面交流、邮件电话、调查表、座谈会等。

筛选整理所有信息，分析潜在污染物及潜在污染特征，建立初步场地概念模型，如图3-2所示，并对调查过程中的不确定性进行分析，判断的要点有以下两个方面。

①污染源：考虑大气沉降（PAHs），泄漏（BTEX），水文地质条件，污染物特性（PAH 疏水性、BTEX 易挥发易溶），污染物迁移及可能分布，PAHs 表面污染，不同土层的交界面，地下水下游污染羽。

②不确定性：是否污染到承压水、污染范围和污染程度、进一步数据需求、资料缺失、踏勘受限等，是否对排查场地污染现状造成潜在影响。

若第一阶段场地调查认为场地未受到污染，则场地调查结束，并编制第一阶段场地调查报告。若场地被认为存在潜在污染时，直接进入第二阶段调查。

## 3.1.3　第二阶段场地调查——现场采样

场地第二阶段调查主要以采样分析为主，确定场地的污染物种类、污染分布及污染程度。主要工作内容包括以下方面。

①收集地块及周边地区的水文地质资料，尽可能明确场地内土壤地质结构和地下水分布情况。

②土壤调查，对场地内区域进行土壤布点调查，采集场地内不同深度的土壤样品，检测土壤中可能存在的污染因子，并对数据结果进行分析，初步判断场地内土壤是否存在污

图 3-2 场地概念模型（随着场调进行不断更新）

染及主要污染因子。

③地下水调查，根据水文地质资料，对地块内的地下水进行调查，明确地下水是否存在污染情况。

④根据初步采样分析结果，判断是否需要进行加密布点的详细采样，并根据上述工作结果编制初步调查报告。

针对确认采样、详细采样和补充采样各阶段的目的不同，不同阶段对应不同程度的布点原则与方法。运用场地概念模型指导场地调查：在采样深度、采样间距的设置充分考虑土层结构与地下水状况、污染物的迁移特性等因素。

### 3.1.3.1 布点数量

布点是土壤环境调查的关键环节。布点不当可能发现不了污染，从而造成误判。布点数量应当综合考虑代表性和经济可行性原则。鉴于具体地块的差异性，布点的位置和数量应当主要基于专业的判断。原则上：

初步调查阶段，地块面积≤5000 m²，土壤采样点位数不少于 3 个；地块面积>5000 m²，土壤采样点位数不少于 6 个，并可根据实际情况酌情增加。

详细调查阶段，对于根据污染识别和初步调查筛选的涉嫌污染的区域，土壤采样点位数每 400 m² 不少于 1 个，其他区域每 1600 m² 不少于 1 个。地下水采样点位数每 6400 m² 不少于 1 个。

污染历史复杂或信息缺失严重的、水文地质条件复杂的等，可根据实际情况加密布点。

### 3.1.3.2 采样深度

应根据水文地质条件和污染物的迁移特性进行初步判断，并通过确认采样确定最终采样深度。无特殊情况时，污染确认采样宜为深层采样。当第一层含水层为非承压类型时，土壤钻孔或地下水监测井深度不应贯通含水层底板。

在采样过程中，应根据现在快速监测设施、感官判断，以及新的实验室分析数据分析，调整采样深度。

不同土质变层，至少应有1个采样点，当变层厚度大于5 m，应增设采样点；变层交界面，特别是弱透水层顶部应设置采样点；毛细管带区域应至少布设1个采样点。如果信息不充分，可以按照0.5～2 m等间距设置垂向采样间隔，再根据现场快速检测仪进行筛选，每个点位至少送检3个样品。

当隔水层相对较差或两层含水层之间存在水力联系、场地内存在透镜体、互层等地质条件时，可考虑设置组井并进行深层采样。

### 3.1.3.3 样品采集要求

土壤样品采集的具体要求：包括采样器、钻孔、岩芯箱、封孔、VOC采样方法。

地下水样品采集的具体要求：包括建井、洗井、各种记录单等。

场地特征参数和土工实验等要求：在详细采样阶段同时开展基本的土工试验，进一步了解场地的土壤及地下水特征，以便于进一步了解场地污染物迁移规律和改进概念模型，内容一般包括含水量、天然密度、饱和度、孔隙比、孔隙率、塑限、塑性指数、液性指数、实验室垂直渗透系数和水平渗透系数及粒径分布曲线等物理参数的测试。

## 3.1.4 第三阶段场地调查——风险评估

场地第三阶段调查的目的是通过风险评估，确定场地污染带来的健康风险是否可接受，依据场地初步修复目标值划定修复范围。主要工作内容包括以下方面。

①场地健康风险评估。

②确定修复目标和修复范围。

③编制第三阶段报告。

场地健康风险评估是在分析污染场地土壤和地下水中污染物通过不同暴露途径进入人体的基础上，定量估算致癌污染物对人体健康产生危害的概率，或非致癌污染物的危害水平与程度。主要内容为危害识别、暴露评估、毒性评估和风险表征，工作程序如图3-3所示。

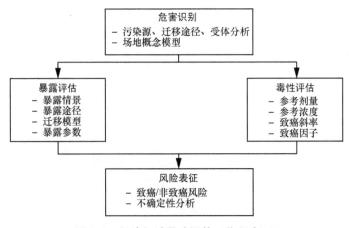

图3-3 污染场地风险评估工作程序

#### 3.1.4.1 危害识别

场地危害识别的主要任务是根据第一阶段和第二阶段的调查、采样和分析获取的资料，结合场地的规划用地性质，确定关注污染物及其空间分布，识别敏感受体类型，进一步完善场地概念模型，指导场地风险评价。

在场地风险评估中，如果污染源和受体之间未形成完整的"污染源—迁移途径—受体"暴露风险链条，则认为不存在风险，风险评估将停止进行。

#### 3.1.4.2 暴露评估

暴露评估是在危害识别的基础上，分析场地土壤和地下水中关注污染物进入并危害敏感受体的情景，确定场地土壤和地下水中的污染物对敏感人群的暴露途径，确定污染物在环境介质中的迁移模型和敏感人群的暴露模型，确定与场地污染状况、土壤性质、地下水特征、敏感人群和关注污染物性质等相关的模型参数值，计算敏感人群摄入来自土壤和地下水的污染物所对应的暴露量。

（1）暴露情景

暴露情景是指在特定土地利用方式下，场地污染物经由不同方式迁移并到达受体人群的情况。通过分析特定土地利用方式下的暴露情景，可确定风险评估的主要暴露途径及受体人群。根据不同土地利用方式下人群的活动模式，本标准规定了敏感性用地方式和非敏感性用地方式下的典型暴露情景。

在敏感性用地方式下，儿童和成人均可能会长时间暴露于场地污染而产生健康危害。对于致癌效应，考虑人群的终生暴露危害，一般根据儿童期和成人期的暴露来评估污染物的终生致癌风险；对于非致癌效应，儿童体重较轻、暴露量较高，一般根据儿童期暴露来评估污染物的非致癌危害效应。

敏感用地方式包括 GB 50137 规定的城市建设用地中的居住用地（R）、文化设施用地（A2）、中小学用地（A33）、社会福利设施用地（A6）中的孤儿院等。

在非敏感用地方式下，成人的暴露期长、暴露频率高，一般根据成人期的暴露来评估污染物的致癌风险和非致癌效应。

非敏感用地包括 GB 50137 规定的城市建设中的工业用地（M）、物流仓储用地（W）、商业服务业设施用地（B）、公共设施用地（U）等。

（2）暴露途径

场地污染土壤的暴露途径包括经口摄入污染土壤、皮肤直接接触污染土壤、吸入土壤颗粒物、吸入室外土壤挥发气体、吸入室内土壤挥发气体。场地污染地下水的途径包括吸入室外地下水挥发气体、吸入室内地下水挥发气体、饮用地下水。场地土壤和地下水中污染物的暴露途径汇总如图3-4所示。在风险评估时，应根据场地污染和未来受体具体情况进行选择和分析（图3-4）。

（3）迁移模型

场地污染源和暴露点不在同一位置时，应采用相关迁移模型确定暴露点污染物浓度。场地污染物迁移模型一般包括表层土壤中污染物挥发、表层土壤扬尘、深层土壤中污染物挥发至室外、深层土壤中污染物挥发至室内、地下水中污染物挥发至室外、地下水中污染

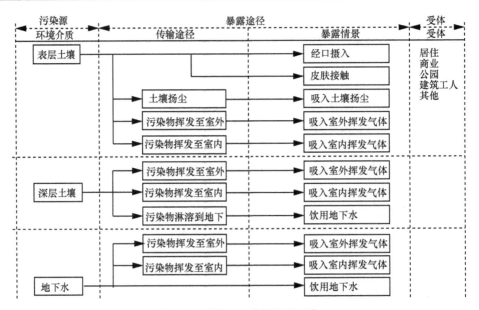

图 3-4 污染场地暴露途径示意

物挥发至室内、土壤中污染物淋溶到地下水。常用的迁移模型见《污染场地风险评估技术导则》（HJ 25.3—2014）。

（4）暴露参数

暴露参数包括暴露频率、暴露时间、土壤摄入量、人体相关参数等，推荐的暴露参数默认值见《污染场地风险评估技术导则》（HJ 25.3）和《场地环境评价导则》（DB11/T 656—2009）。各种暴露途径涉及的土壤和水文地质参数可根据现场调查获得。作为计算场地风险筛选值时，也可采用一定区域范围内的土壤和地质水文参数。

### 3.1.4.3 毒性评估

污染物毒性常用污染物质对人体产生的不良效应以剂量—反应关系表示。对于非致癌物质如具有神经毒性、免疫毒性和发育毒性等物质，通常认为存在阈值现象，即低于该值就不会产生可观察到的不良效应。对于致癌和致突变物质，一般认为无阈值现象，即任意剂量的暴露均可能产生负面健康效应。污染物毒性参数包括计算非致癌危害熵的慢性参考剂量（非挥发性有机物）和参考浓度（挥发性有机物）；计算致癌风险的致癌斜率（非挥发性有机物）和单位致癌系数（挥发性有机物）。常见的污染物毒性参数见《污染场地风险评估技术导则》（HJ 25.3）。污染物毒性参数也可根据国际上认可的毒性数据库适时进行更新。

### 3.1.4.4 风险表征

风险表征的主要工作内容包括单一污染物的致癌和非致癌风险计算、所有关注污染物的致癌和非致癌风险计算、不确定性分析和风险的空间表征。

（1）风险计算

风险表征是以场地危害识别、暴露评估和毒性评估的结果为依据，把风险发生概率和/或危害程度以一定的量化指标表示出来，从而确定人群暴露的危害度。主要工作内容包括计算单一污染物某种暴露途径的致癌和非致癌危害熵、单一污染物所有暴露途径的致癌和非致癌危害熵、所有关注污染物的累积致癌和非致癌危害熵计算。

（2）不确定性分析

对风险评估过程的不确定性因素进行综合分析评价，称为不确定性分析。场地风险评估结果的不确定性分析，主要是对场地风险评估过程中由输入参数误差和模型本身不确定性所引起的模型模拟结果的不确定性进行定性或定量分析，包括风险贡献率分析和参数敏感性分析等。

### 3.1.4.5　确定场地风险控制值和初步修复范围

（1）确定风险可接受水平

风险可接受水平是指一定条件下人们可以接受的健康风险水平。致癌风险水平以场地土壤、地下水中污染物可能引起的癌症发生概率来衡量，非致癌危害熵以场地土壤和地下水中污染物浓度超过污染容许接受浓度的倍数来衡量。

通常情况下，将单一污染物的致癌风险可接受水平设定为 $10^{-6}$、非致癌危害熵可接受水平设定为 1。风险可接受水平直接影响到污染场地的修复成本，在具体风险评估时，可以根据各地区社会与经济发展水平选择合适的风险水平。

（2）计算场地风险控制值

场地风险控制值也常称为初步修复目标值，是根据场地可接受污染水平、场地背景值或本底值、经济技术条件和修复方式（修复和工程控制）、当地社会经济发展水平等因素，综合确定的、场地土壤和地下水中的污染物修复后需要达到的限值。

计算修复目标值分为计算单个暴露途径土壤和地下水中污染物致癌风险和非致癌危害熵的修复目标值，以及计算所有暴露途径土壤和地下水中污染物致癌风险和非致癌危害熵的修复目标值 2 种情况。当场地污染物存在多种暴露途径时，一般采取第二种方法，即先计算所有暴露途径的累积风险，再计算修复目标值。HERA 软件或污染场地风险评估电子表格详见 3.4.6 节。

场地初步污染物修复目标值是基于风险评估模型的计算值，是确定污染场地修复目标的重要参考值。污染场地最终修复目标的确定，还应综合考虑修复后土壤的最终去向和使用方式、修复技术的选择、修复时间、修复成本及法律法规、社会经济等因素。

（3）确定初步修复范围

采用浓度插值等方法将第二阶段和第三阶段的采样检测分析结果用 GMS 或 Surfer 软件绘制成等值线图，与场地修复目标值相对照，可以初步确定出修复区域，详见 3.4.6 节。

若等值线图不能完全反映场地实际情况，可结合监测点位置、生产设施分布情况及污染物的迁移转化规律对修复范围进行修正。因土壤的异质性，修正的过程尤其重要。

修复范围应根据不同深度的污染程度分别划定。

第三阶段场地环境风险评估报告应至少包括以下内容：场地基本信息、场地污染识别与场地污染概念模型、现场采样与实验室分析、风险评估与修复目标和修复范围、需要环境无害化处理的生产设施和废物、场地环境评估的结论和建议。

# 3.2 在产企业自查

## 3.2.1 概述

土壤环境污染重点监管单位（以下简称重点单位）包括以下内容。

①有色金属冶炼、石油加工、化工、焦化、电镀、制革等行业中应当纳入排污许可重点管理的企业。

②有色金属矿采选、石油开采行业规模以上企业。

③其他根据有关规定纳入土壤环境污染重点监管单位名录的企事业单位。重点单位以外的企事业单位和其他生产经营者生产经营活动涉及有毒有害物质的，其用地土壤和地下水环境保护相关活动及相关环境保护监督管理，可以参照《工矿用地土壤环境管理办法（试行）》执行。

土壤环境重点监管企业应自行或委托第三方开展土壤及地下水监测工作，制定自行监测方案、建设并维护监测设施、开展自行监测、记录并保存监测数据、分析监测结果、编制自行监测年度报告并依法向社会公开监测信息。

## 3.2.2 资料搜集

搜集的资料主要包括企业基本信息、企业内各区域和设施信息、迁移途径信息、敏感受体信息、地块已有的环境调查与监测信息等。资料获取途径主要为企业，即委托方，较一般场地调查更易获取（表 3-1）。

表 3-1 应搜集的资料清单

| 分类 | 信息项目 | 目的 |
| --- | --- | --- |
| 企业基本信息 | 企业名称、法定代表人、地址、地理位置、企业类型、企业规模、营业期限、行业类别、行业代码、所属工业园区或集聚区；地块面积、现使用权属、地块利用历史等 | 确定企业位置、企业负责人、基本规模、所属行业、经营时间、地块权属、地块历史等信息 |
| 企业内各设施信息 | 企业总平面布置图及面积；生产区、储存区、废水治理区、固体废物贮存或处置区等平面布置图及面积；地上和地下罐槽清单；涉及有毒有害物质的管线平面图；工艺流程图；各厂房或设施的功能；使用、贮存、转运或产出的原辅材料、中间产品和最终产品清单；废气、废水、固体废物收集、排放及处理情况 | 确定企业内各设施的分布情况及占地面积；各设施涉及的工艺流程；原辅材料、中间产品和最终产品使用、贮存、转运或产出的情况；三废处理及排放情况。便于识别存在污染隐患的重点设施及相应关注污染物 |

| 分类 | 信息项目 | 目的 |
|---|---|---|
| 迁移途径信息 | 地层结构、土壤质地、地面覆盖、土壤分层情况；地下水埋深/分布/流向/渗透性等特性 | 确定企业水文地质情况，便于识别污染物迁移途径 |
| 敏感受体信息 | 人口数量、敏感目标分布、地块及地下水用途等 | 便于确定所在地土壤及地下水相关标准或风险评估筛选值 |
| 地块已有的环境调查与监测信息 | 土壤和地下水环境调查监测数据；其他调查评估数据 | 尽可能搜集相关辅助资料 |

### 3.2.3　现场踏勘

在了解企业内各设施信息的前提下开展踏勘工作。踏勘范围以自行监测企业内部为主。对照企业平面布置图，勘察地块上所有设施的分布情况，了解其内部构造、工艺流程及主要功能。观察各设施周边是否存在发生污染的可能性。

通过人员访谈，补充和确认待监测地块的信息，核查所搜集资料的有效性。访谈人员可包括企业负责人、熟悉企业生产活动的管理人员和职工、生态环境主管部门的官员、熟悉所在地情况的第三方等。

### 3.2.4　重点设施及重点区域

对调查结果进行分析、总结和评价。根据各设施信息、污染物迁移途径等，识别企业内部存在土壤或地下水污染隐患的重点设施。

存在土壤或地下水污染隐患的重点设施一般包括但不仅限于以下方面。

①涉及有毒有害物质的生产区或生产设施；

②涉及有毒有害物质的原辅材料、产品、固体废物等的贮存或堆放区；

③涉及有毒有害物质的原辅材料、产品、固体废物等的转运、传送或装卸区；

④贮存或运输有毒有害物质的各类罐槽或管线；

⑤三废（废气、废水、固体废物）处理处置或排放区。

将重点设施识别结果在企业平面布置图中标记，并填写重点设施信息记录表。

重点设施数量较多的自行监测企业可根据重点设施在企业内分布情况，将重点设施分布较为密集的区域识别为重点区域，在企业平面布置图中标记。

### 3.2.5　土壤/地下水布点

自行监测点/监测井应布设在重点设施周边并尽量接近重点设施。重点设施数量较多的企业可根据重点区域内部重点设施的分布情况，统筹规划重点区域内部自行监测点的布设，布设位置应尽量接近重点区域内污染隐患较大的重点设施。监测点的布设应遵循不影响企业正常生产且不造成安全隐患与二次污染的原则。

企业周边土壤及地下水的监测点位布设，参照 HJ 819 的要求进行。

### 3.2.5.1　土壤及地下水本底值

应在企业外部区域或企业内远离各重点设施处布设至少 1 个土壤及地下水对照点。

对照点应保证不受企业生产过程影响且可以代表企业所在区域的土壤及地下水本底值。地下水对照点应设置在企业地下水的上游区域。

### 3.2.5.2　土壤监测点

自行监测企业应设置土壤监测点，参照 HJ 25.1 中对于专业判断布点法的要求开展土壤一般监测工作，并遵循以下原则确定各监测点的数量、位置及深度。

（1）监测点数量及位置

每个重点设施周边布设 1～2 个土壤监测点，每个重点区域布设 2～3 个土壤监测点，具体数量可根据设施大小或区域内设施数量等实际情况进行适当调整。

（2）采样深度

土壤一般监测应以监测区域内表层土壤（0.2 m 处）为重点采样层，开展采样工作。在土壤气及地下水采样建井过程中钻探出的土壤样品，应作为地块初次采样时的土壤背景值进行分析测试并予以记录。

### 3.2.5.3　土壤气监测

自行监测企业可针对关注污染物包括挥发性有机物的重点设施或其所在重点区域，设置土壤气监测井开展土壤气监测工作，并遵循以下原则确定各监测井的数量、位置及深度。

（1）监测井数量及位置

每个关注污染物包括挥发性有机物的重点设施周边或重点区域应布设至少 1 个土壤气监测井，具体数量可根据设施大小或区域内设施数量等实际情况进行适当调整。

（2）采样深度

土壤气探头的埋设深度应结合地层特性及污染物埋深（仅限于已受到污染的区域）确定，应设置在但不仅限于以下位置。

①地面以下 1.5 m 处；

②钻探过程发现该区域已存在污染，且现场挥发性有机物便携检测设备读数较高的位置；

③埋藏于地下的设施附近，如涉及有毒有害污染物的地下罐槽、管线等周边；

④地下水最高水位面上，高于毛细带不小于 1 m。

### 3.2.5.4　地下水监测井

自行监测企业应设置地下水监测井开展地下水监测工作，并遵循以下原则确定各监测井的数量、位置及深度。

（1）监测井数量

每个存在地下水污染隐患的重点设施周边或重点区域应布设至少 1 个地下水监测井，具体数量可根据设施大小、区域内设施数量及污染物扩散途径等实际情况进行适当调整。

（2）监测井位置

地下水监测井应布设在污染物迁移途径的下游方向。

地下水的流向可能会随着季节、潮汐、河流和湖泊的水位波动等状况改变，此时应在污染物所有潜在迁移途径的下游方向布设监测井。

在同一企业内部，监测井的位置可根据各重点设施及重点区域的分布情况统筹规划，处于同一污染物迁移途径上的相邻设施或区域可合并监测井。

以下情况不适宜合并监测井：①处于同一污染物迁移途径上但相隔较远的重点设施或重点区域；②相邻但污染物迁移途径不同的重点设施或重点区域。

（3）采样深度

监测井在垂直方向的深度应根据污染物性质、含水层厚度及地层情况确定。

1）污染物性质

①当关注污染物为低密度污染物时，监测井进水口应穿过潜水面以保证能够采集到含水层顶部水样。

②当关注污染物为高密度污染物时，监测井进水口应设在隔水层之上，含水层的底部或者附近。

③如果低密度和高密度污染物同时存在，则设置监测井时应考虑在不同深度采样的需求。

2）含水层厚度

①厚度小于 6 m 的含水层，可不分层采样。

②厚度大于 6 m 的含水层，原则上应分上中下三层进行采样。

3）地层情况

地下水监测以调查第一含水层（潜水）为主。但在重点设施识别过程中认为有可能对多个含水层产生污染的情况下，应对所有可能受到污染的含水层进行监测。有可能对多个含水层产生污染的情况包括但不仅限于以下情况。

①第一含水层与下部含水层之间的隔水层厚度较薄或已被穿透；

②有埋藏深度达到了下部含水层的地下罐槽、管线等设施；

③第一含水层与下部含水层之间的隔水层不连续。

4）其他要求

地下水监测井的深度应充分考虑季节性的水位波动设置。地下水对照点监测井应与污染物监测井设置在同一含水层。

企业或邻近区域内现有的地下水监测井，也可以作为地下水对照点或污染物监测井。

## 3.2.6　监测内容

### 3.2.6.1　监测项目

企业应根据各重点设施涉及的关注污染物，自行选择确定各重点设施或重点区域对应的分析测试项目，各行业常见污染物类型及对应的分析测试项目（需测试每个重点设施或重点区域涉及的所有关注污染物，不同设施或区域的分析测试项目可以不同），如表 3-2 所示。

表 3-2  污染物类别

| 污染物类别 | 对应分析测试项目 |
|---|---|
| A1 类-重金属 8 种 | 镉、铅、铜、锌、镍、汞、砷 |
| A2 类-重金属与元素 8 种 | 锰、钴、硒、钒、锑、铊、铍、钼 |
| A3 类-无机物 2 种 | 氰化物、氟化物 |
| B1 类-挥发性有机物 16 种 | 二氯乙烯、二氯甲烷、二氯乙烷、氯仿、三氯乙烷、四氯化碳、二氯丙烷、三氯乙烯、三氯乙烷、四氯乙烯、四氯乙烷、二溴氯甲烷、溴仿、三氯丙烷、六氯丁二烯、六氯乙烷 |
| B2 类-挥发性有机物 9 种 | 苯、甲苯、氯苯、乙苯、二甲苯、苯乙烯、三甲苯、二氯苯、三氯苯 |
| B3 类-半挥发性有机物 1 种 | 硝基苯 |
| B4 类-半挥发性有机物 4 种 | 苯酚、硝基酚、二甲基酚、二氯酚 |
| C1 类-多环芳烃类 15 种 | 苊烯、苊、芴、菲、蒽、荧蒽、芘、苯并 [a] 蒽、䓛、苯并 [b] 荧蒽、苯并 [k] 荧蒽、苯并 [a] 芘、茚并 [1，2，3-c，d] 芘，二苯并 [a，h] 蒽、苯并 [g，h，i] 苝 |
| C2 类-农药和持久性有机物 | 滴滴涕、六六六、氯丹、灭蚁灵、六氯苯、七氯、三氯杀螨醇 |
| C3 类-石油烃 | C10-C40 总量 |
| C4 类-多氯联苯 12 种 | 2，3，3'，4，4'，5，5'-七氯联苯（PCB189）、2，3'，4，4'，5，5'-六氯联苯（PCB167）、2，3，3'，4，4'，5'-六氯联苯（PCB157）、2，3，3'，4，4'，5-六氯联苯（PCB156）、3，3'，4，4'，5，5'-六氯联苯（PCB169）、2'，3，4，4'，5-五氯联苯（PCB123）、2，3'，4，4'，5-五氯联苯（PCB118）、2，3，3'，4，4'-五氯联苯（PCB105）、2，3，4，4'，5-五氯联苯（PCB114）、3，3'，4，4'，5-五氯联苯（PCB126）、3，3'，4，4'-四氯联苯（PCB77）、3，4，4'，5-四氯联苯（PCB81） |
| C5 类-二噁英类 | 二噁英类（具有毒性当量组分）* |
| D1 类-土壤 pH | 土壤 pH |

\* 表示不含共平面多氯联苯。

对于以下分析测试项目，企业应在自行监测方案中说明选取或未选取的原因。

企业认为重点设施或重点区域中不存在因而不需监测的行业常见污染物，各行业常见污染物如表 3-3；本标准未提及企业所属行业，由企业自行选择分析测试的关注污染物。不能说明原因或理由不充分的，应对全部分析测试项目进行测试。

表 3-3　各行业常见污染物

| 大类 | 中类 | 常见污染物类别 |
|---|---|---|
| 07 石油和天然气开采业 | 071 石油开采 | A1 类、B2 类、C1 类、C3 类 |
| 08 黑色金属矿采选业 | 081 铁矿采选 | A1 类、A2 类、A3 类、D1 类 |
| | 082 锰矿、铬矿采选 | |
| | 089 其他黑色金属矿采选 | |
| 09 有色金属矿采选业 | 091 常用有色金属矿采选 | A1 类、A2 类、A3 类、D1 类 |
| | 092 贵金属矿采选 | |
| | 093 稀有稀土金属矿采选 | |
| 17 纺织业 | 171 棉纺织及印染精加工 | A1 类、B1 类、B2 类、B4 类、C3 类 |
| | 172 毛纺织及染整精加工 | |
| | 173 麻纺织及染整精加工 | |
| | 174 丝绢纺织及印染精加工 | |
| | 175 化纤制造及印染精加工 | |
| | 176 针织或钩针编织物及其制品制造 | |
| 19 皮革、毛皮、羽毛及其制品和制鞋业 | 191 皮革鞣制加工 | A1 类、A2 类、D1 类 |
| | 193 毛皮鞣制及制品加工 | |
| 22 造纸和纸制品业 | 221 纸浆制造 | A1 类、B1 类、C3 类 |
| 25 石油加工、炼焦和核燃料加工业 | 251 精炼石油产品制造 | A1 类、A2 类、A3 类、B2 类、B4 类、C1 类、C3 类 |
| | 252 炼焦 | |
| 26 化学原料和化学制品制造业 | 261 基础化学原料制造（无机、有机） | A1 类、A2 类、A3 类、C3 类（无机化学原料制造）<br>A1 类、A2 类、A3 类、B1 类、B2 类、B3 类、B4 类、C1 类、C3 类（有机化学原料制造） |
| | 263 农药制造 | A1 类、A2 类、A3 类、B1 类、B2 类、B3 类、B4 类、C1 类、C2 类、C3 类 |
| | 264 涂料、油墨、颜料及类似产品制造 | A1 类、A2 类、A3 类、B1 类、B2 类、B3 类、B4 类、C1 类、C3 类、C4 类 |
| | 265 合成材料制造 | A1 类、A2 类、A3 类、B1 类、B2 类、B3 类、B4 类、C1 类、C3 类 |
| | 266 专用化学品制造 | A1 类、A2 类、A3 类、B1 类、B2 类、B3 类、B4 类、C1 类、C3 类、C4 类 |
| | 267 炸药、火工及焰火产品制造 | A1 类、A3 类、B1 类、B2 类、B3 类、B4 类、C1 类、C3 类 |

| 大类 | 中类 | 常见污染物类别 |
|---|---|---|
| 27 医药制造业 | 271 化学药品原料药制造 | A1 类、A3 类、B1 类、B2 类、B3 类、B4 类、C1 类、C3 类 |
| 28 化学纤维制造业 | 281 纤维素纤维原料及纤维制造 | A1 类、B1 类、C5 类、D1 类 |
| | 282 合成纤维制造 | A1 类、A2 类、A3 类、B1 类、C1 类 |
| 31 黑色金属冶炼和压延加工业 | 311 炼铁 | A1 类、A2 类、C1 类、C3 类、C5 类、D1 类 |
| | 312 炼钢 | |
| | 313 铁合金冶炼 | |
| 32 有色金属冶炼和压延加工业 | 321 常用有色金属冶炼 | A1 类、A2 类、A3 类、C1 类、C3 类、C5 类、D1 类 |
| | 322 贵金属冶炼 | |
| | 323 稀有稀土金属冶炼 | |
| 33 金属制品业 | 336 金属表面处理及热处理加工 | A1 类、A2 类、D1 类 |
| 38 电气机械和器材制造业 | 384 电池制造 | A1 类、A2 类、A3 类、D1 类 |
| 59 仓储业 | 599 其他仓储业 | A1 类、B2 类、B3 类、B4 类、C3 类 |
| 77 生态保护和环境治理业 | 772 环境治理业（危废、医废处置） | A1 类、A2 类、C5 类 |
| 78 公共设施管理业 | 782 环境卫生管理（生活垃圾处置） | |

### 3.2.6.2 监测频次

自行监测的最低监测频次依据表 3-4 执行。

**表 3-4 自行监测的最低监测频次**

| 监测对象 | | 监测频次 |
|---|---|---|
| 土壤 | 土壤一般监测 | 1 次/年 |
| | 土壤气监测 | 1 次/年 |
| 地下水 | | 1 次/年 |

不适宜开展地下水监测的情况：

对于地下水埋藏条件不适宜开展地下水监测的企业，应依据本指南要求开展土壤自行监测工作，并判别重点设施或重点区域是否存在污染迹象。

针对在产企业的应急事故，对场地污染情况快速评估和应急清理，及时消除泄漏源或二次污染源，要比日后处理大面积的污染土壤和地下水节约修复费用。当现场勘查发现危险物质泄漏或其他继续加重场地污染的二次源时，应迅速对泄漏情况及危害程度进行快速评估，并确定是否需要立即采取措施清除泄漏源。

## 3.3　重点行业企业详查

### 3.3.1　概述

2016 年 12 月，环境保护部、财政部、国土资源部、农业部、国家卫计委五部委联合出台了《全国土壤污染状况详查总体方案》，以农用地和重点行业企业用地为重点。在 2018 年年底前查明农用地土壤污染的面积、分布及其对农产品质量的影响，2020 年年底前掌握重点行业企业用地中污染地块的分布及其环境风险。

重点行业企业用地调查分为基础信息收集、风险筛查、初步采样调查、污染地块风险分级 4 个阶段，工作流程如图 3-5 所示。

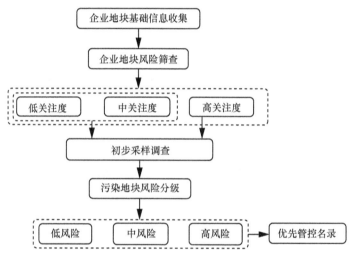

**图 3-5　重点行业企业用地调查工作流程**

### 3.3.2　信息采集与分析

重点行业企业用地信息采集工作分为工作准备、基本信息核实、资料收集、现场勘查、信息整理与填报五个阶段，工作流程如图 3-6 所示。

在工作准备阶段，开展人员与技术准备工作，和土地使用权人签署承诺书。在基本信息核实阶段，对土壤污染重点行业企业进行基本信息核实与修正。在资料收集阶段，在县级环保部门的辅助和企业的配合下，通过多渠道收集企业地块相关资料，进行初步整理分析。

在现场勘查阶段，通过现场踏勘和人员访谈的方式，对地块污染源、周边环境和敏感受体信息进行收集，并核实资料准确性。在信息整理与填报阶段，对前两个阶段收集的信息资料进行整理与分析，完成调查表填写与审核，上传至详查数据库。

重点行业企业用地信息采集工作包括：一是通过资料收集、现场踏勘和人员访谈的方式收集地块信息；二是核实、分析所收集的信息，填报重点行业企业地块信息调查表。

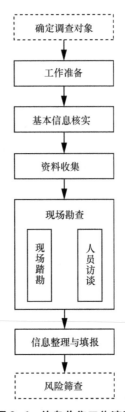

图 3-6 信息收集工作流程

为满足风险筛查与分级、初步采样调查、日常管理需求，需收集的地块信息主要包括企业基本信息、污染源信息、迁移途径信息、敏感受体信息、地块已有的环境调查与监测信息（表3-5）。

表 3-5 重点行业企业地块信息分类

| 分类 | 信息项目 |
| --- | --- |
| 企业基本信息 | 企业名称、法定代表人、地址、地理位置、企业类型、企业规模、营业期限、行业类别、行业代码、所属工业园区或集聚区、地块面积、现使用权属、地块利用历史、地块规划用途 |
| 污染源信息 | 生产区、储存区、废水治理区、固体废物贮存或处置区等重点区域平面布置、面积；主要产品和原辅材料；废气，废水、固体废物排放及处理；管理或地下设施泄漏；环境污染事故、污染痕迹 |
| 迁移途径信息 | 土壤质地、地面覆盖、土壤分层情况；地下水埋深、渗透性等特性；降雨量 |
| 敏感受体信息 | 人口数量、敏感目标分布、地下水用途 |
| 地块已有的环境调查与监测信息 | 土壤和地下水环境调查监测数据；调查评估数据 |

按照技术规定要求开展信息采集工作，对信息填报的真实性、完整性、规范性、准确性负责。

### 3.3.2.1　基础信息核实

通过资料查阅、现场勘查等方式对需调查的土壤污染重点行业企业基本信息进行核实与修正，需核实的企业基本信息包括企业名称、地理位置、在产或关闭搬迁状态、生产运营状态、是否位于工业园区/集聚区等。重点针对企业不存在、企业位置不准确或名称错误等情况进行处理，确认重点行业企业名单。

### 3.3.2.2　资料收集

对照如下资料清单收集地块内及周边区域环境与污染信息。优先保证基本资料收集，尽量收集辅助资料。若地块上曾发生过企业变更、行业变更、生产工艺或产品变更，需收集相关历史资料，如各时期平面布置图、产品及原辅材料清单等。通过信息检索、部门走访、电话咨询、现场及周边区域走访等方式进行资料收集。可首先收集环保部门掌握的企业环评报告、排污申报登记表及相关资料、责令改正违法行为决定书等资料，然后通过现场走访的方式从企业进一步收集地块资料；对于已收集信息不能满足调查表填写需求的企业地块，再通过其他部门收集地块资料。

（1）初步整理分析

对收集到的资料进行整理，分析、提取各种资料的有用信息，并将资料中重要信息内容拍照后上传，包括企业地块平面布置图、生产工艺流程图等重要图件资料，主要产品、主要原辅材料清单，危险化学品清单，废气、废水中主要污染物排放清单等资料。在全国土壤污染状况详查工作周期内保存收集到的环评报告、清洁生产审核报告、排污申报相关资料、工程地质勘查报告等主要资料，以备后期抽查、审核。

（2）现场踏勘

主要针对地块内及周边区域的环境、敏感受体、建构筑物及设施、现状及使用历史等进行现场踏勘，观察、记录地块污染痕迹。现场踏勘的重点区域包括地块内可疑污染源，污染痕迹，涉及有毒有害物质使用、处理、处置的场所或储存容器，建构筑物，污雨水管道管线，排水沟渠，回填土区域，河道，暗浜及地块周边相邻区域。逐一对上述重点踏勘目标进行察看，具体操作参照《工业企业场地环境调查评估与修复工作指南（试行）》（环境保护部公告 2014 年第 78 号）。根据现场踏勘情况，在遥感图像上勾画出地块边界，并标出生产车间、储罐、产品及原辅材料储存区、废水治理区、固体废物贮存或处置场等地块内重要区域和周边 1 km 范围内的学校、医院、居民区、幼儿园、集中式饮用水水源地、饮用水井、食用农产品产地、自然保护区、地表水体等敏感区域。若现场踏勘过程中发现有设备、管道泄漏等情况，应报相关部门尽快落实处置相关事宜。通过观察、异常气味辨识、使用 X 线荧光光谱仪（XRF）、光离子化检测仪（PID）等现场快速检测设备辨别现场环境状况及疑似污染痕迹。现场踏勘过程中发现的污染痕迹、地面裂缝、发生过泄漏的区域及其他怀疑存在污染的区域应拍照留存。

（3）人员访谈

访谈重点内容包括地块使用历史和规划、地块可疑污染源、污染物泄漏或环境污染事故、地块周边环境及敏感受体状况。参照人员访谈记录表格的内容进行访谈，并上传访谈记录。访谈对象包括：①熟悉地块历史及现在的生产和环境状况的人员；②地方政府管理机构工作人员；③环境保护主管部门工作人员；④熟悉地块的第三方，如地块相邻区域的工作人员和居民等。

（4）信息整理

对资料收集、现场踏勘和人员访谈等方式收集到的信息与文件资料进行整理、汇总与分析。分析企业产品、原辅材料、储存物质是否有危险化学品，产生的固体废物是否有危险废物；根据企业所属行业、产品、原辅材料、三废情况分析地块内的特征污染物；分析地块周边敏感受体、距地块重点区域的距离等；若已有调查数据，根据建设用地土壤污染风险筛选指导值或地下水水质标准分析是否存在污染物含量超标。

（5）信息填报

对信息整理分析后，完成调查表填写，并将调查数据和相关资料上传。专业机构对调查表进行审核后，上报至详查数据库，由地方环保部门进行审核。重点行业企业地块信息调查表填报的总体要求如下。

①每个企业地块均应填写一套表格，对于存在多个厂区的企业，每个厂区作为一个单独的地块填报一套表格；处于工业园区或集聚区的企业，每个企业地块分别填报一套表格。

②应完整填写调查表中各指标项目，不得漏填；若有特殊原因无法填写的项目，需说明原因。

③应根据相关证件、记录、文件资料、现场勘查实际情况如实填写调查表，并按照填表说明进行规范化填写；对于有多个来源的信息需多方核实甄别，使用时效性最好、来源最可靠的信息，并标明数据来源。

④每套地块调查表填写完成后，需经过自审和单位内审，重点审核标有"＊"的信息，相关审核人签字，确保调查表填写完整、规范、准确。

### 3.3.3　风险筛查

在企业地块基础信息调查的基础上，根据地块土壤和地下水污染源、污染物迁移途径和受体等基础信息资料，分析企业地块的相对风险水平，并根据多个地块的相对风险水平划分地块关注度，为确定需开展初步采样调查的地块提供依据。

依据《重点行业企业用地调查信息采集技术规定（试行）》收集在产企业地块相关信息，采用基于"源—途径—受体"风险三要素构建的风险筛查指标体系和评估方法，评估在产企业地块的相对风险水平，确定在产企业地块的关注度。

在风险筛查阶段，符合下列条件的在产企业地块可直接列为高度关注地块：地块上曾经有过炼焦（行业代码2520）、有机化学原料制造（行业代码2614）、化学农药制造（行业代码2631）、金属表面处理及热处理加工（行业代码3360）等行业且生产运营超过10年的企业。地方环境保护部门可根据地块土壤环境管理需要，补充直接列为高度关注度地块的条件。

对于已开展过采样调查的在产企业地块，如果调查方法满足本次疑似污染地块初步采样调查要求，无新增污染源且地块条件未发生明显改变时，可不进行风险筛查，利用已有数据直接进入风险分级阶段。

根据收集到的在产企业地块基础信息资料，分别对土壤和地下水的各项三级指标进行赋值，相应三级指标的分值之和，即为二级指标（企业环境风险管理水平、地块污染现状、污染物迁移途径和受体）的得分；相应二级指标的分值之和，即为一级指标（土壤和地下水）的得分；地块风险筛查的总得分可由土壤和地下水的一级指标得分计算得到。分数由"重点行业企业用地调查信息管理系统"计算得出。企业地块关注度的分级标准如表 3-6 所示。

**表 3-6　企业地块关注度的分级标准**

| 地块风险筛查总分 | 地块关注度分级 |
|---|---|
| $S \geqslant 70$ 分 | 高度关注地块 |
| 40 分 $\leqslant S <$ 70 分 | 中度关注地块 |
| $S <$ 40 分 | 低度关注地块 |

### 3.3.4　调查监测方案制定

疑似污染地块布点工作程序包括：识别疑似污染区域、筛选布点区域、制订布点计划、采样点现场确定、编制布点方案，工作程序如图 3-7 所示。

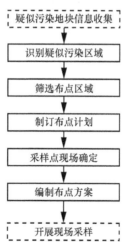

**图 3-7　疑似污染地块布点工作程序**

#### 3.3.4.1　识别疑似污染区域

基于重点行业企业用地信息采集阶段获取的相关信息，开展必要的踏勘工作，综合考虑污染源分布、污染物类型、污染物迁移途径等，识别疑似污染区域，并拍照记录。原则上可参考下列次序识别疑似污染区域及其疑似污染程度，也可根据地块实际情况进行确定。

①根据已有资料或前期调查表明可能存在污染的区域；

②曾发生泄漏或环境污染事故的区域；

③各类地下罐槽、管线、集水井、检查井等所在的区域；

④固体废物堆放或填埋的区域；

⑤原辅材料、产品、化学品、有毒有害物质及危险废物等生产、贮存、装卸、使用和处置的区域；

⑥其他存在明显污染痕迹或存在异味的区域。

对于在产企业，还应了解企业生产工艺、生产设施布局等，重点关注污染物排放点及污染防治设施区域，包括生产废水排放点、废液收集和处理系统、废水处理设施、固体废物堆放区域等，并记录疑似污染区域信息。

### 3.3.4.2　筛选布点区域

原则上每个疑似污染地块应筛选不少于2个布点区域。若各疑似污染区域的污染物类型相同，则依据疑似污染程度并结合实际情况筛选出布点区域。若各疑似污染区域的污染物类型不同，如分别为重金属、挥发性有机物、半挥发性有机物等，则每类污染物依据其疑似污染程度并结合实际情况，至少筛选出1个布点区域。可应用现场快速检测设备辅助筛选布点区域。

### 3.3.4.3　制定布点计划

（1）布点位置

1）土壤布点位置

对于关闭搬迁企业，土壤布点应优先选择布点区域内生产设施、罐槽、污染泄漏点等疑似污染源所在位置，并应在不造成安全隐患或二次污染的情况下确定（如钻探过程可能引起爆炸、坍塌、打穿管线或防渗层等）。

对于在产企业，土壤布点应尽可能接近疑似污染源，并应在不影响企业正常生产且不造成安全隐患或二次污染的情况下确定（如钻探过程可能引起爆炸、坍塌、打穿管线或防渗层等）。若上述选定的布点位置现场不具备采样条件，应在污染物迁移的下游方向就近选择布点位置。

2）地下水布点位置

符合下列任一条件应设置地下水采样点。

①疑似污染地块位于饮用水源地保护区、补给区等地下水敏感区域内及距离上述敏感区域1km范围内；

②疑似污染地块存在易迁移的污染物（六价铬、氯代烃、石油烃、苯系物等），且土层渗透性较好或地下水埋深较浅；

③根据其他情况判断可能存在地下水污染；

④地方环境保护部门认定应开展调查的地块。

疑似污染地块地下水采样点应设置在疑似污染源所在位置（如生产设施、罐槽、污染泄漏点等）及污染物迁移的下游方向。应优先选择污染源所在位置的土壤钻孔作为地下水采样点。

（2）布点数量

1）土壤采样点数量

每个布点区域原则上至少设置 2 个土壤采样点，可根据布点区域大小、污染物分布等实际情况进行适当调整。

2）地下水采样点数量

每个布点区域原则上至少设置 1 个地下水采样点，可根据布点区域大小、污染分布等实际情况进行适当调整。地块内设置 3 个以上地下水采样点的，应避免在同一直线上。

若疑似污染地块集中或连片分布时（如工业园区、化工园区等），应将多个疑似污染地块作为一个整体设置地下水采样点，原则上应至少设置 5 个地下水采样点，可根据调查区域大小、生产布局、水文地质条件等实际情况进行适当调整。

原则上可利用符合疑似污染地块调查布点和采样技术要求的现有监测井作为地下水采样点。

（3）钻探深度

1）土壤采样孔深度

土壤采样孔深度原则上应达到地下水初见水位；若地下水埋深大且土壤无明显污染特征，土壤采样孔深度原则上不超过 15 m。

2）地下水采样井深度

地下水采样井以调查潜水层为主。若地下水埋深大于 15 m 且上层土壤无明显污染特征，可不设置地下水采样井。

采样井深度应达到潜水层底板，但不应穿透潜水层底板；当潜水层厚度大于 3 m 时，采样井深度应至少达到地下水水位以下 3 m。

（4）样品采集

1）土壤样品采集

原则上每个采样点位至少在 3 个不同深度采集土壤样品，若地下水埋深较浅（<3 m），至少采集 2 个土壤样品。

采样深度原则上应包括表层 0～50 cm、存在污染痕迹或现场快速检测识别出的污染相对较重的位置；若钻探至地下水位时，原则上应在水位线附近 50 cm 范围内和地下水含水层中各采集一个土壤样品。

当土层特性垂向变异较大、地层厚度较大或存在明显杂填区域时，可适当增加土壤样品数量。

2）地下水样品采集

地下水采样深度应依据场地水文地质条件及调查获取的污染源特征进行确定。对可能含有低密度或高密度非水溶性有机污染物的地下水，应对应的采集上部或下部水样。其他情况下采样深度可在地下水水位线 0.5 m 以下。

（5）测试项目

疑似污染地块样品测试项目由专业人员根据基础信息调查有关结果选择确定，可参考《省级土壤污染状况详查实施方案编制指南》中"附表 1-4 重点行业企业用地调查分析测试项目"，一般情况下，测试项目包括《土壤环境质量　建设用地土壤污染风险管控标准（试行）》（GB 36600—2018）中的必测45项。

（6）化工园区周边农村地下水饮用水源水质调查

应对化工园区周边农村的地下水饮用水源开展地下水水质调查，选择化工园区周边1 km范围内东、西、南、北方向较近的农村地下水饮用水井、灌溉井等已有水井进行采样，原则上无须新建采样井，每个方向至少采集1个地下水样。

测试项目为《生活饮用水卫生标准》（GB 5749—2006）中表1水质常规指标包含的重金属和有机污染物，并根据化工园区污染源特征，从表3水质非常规指标中选测重金属和有机污染物，也可补充检测《生活饮用水卫生标准》未列出的其他可能造成地下水污染的特征指标。水质调查测试项目的检测方法应按照《生活饮用水标准检验方法》（GB/T 5750）的规定执行。

#### 3.3.4.4　采样点现场确定

采样点应避开地下构筑物以免钻探工作造成泄漏安全事故。采样点现场确定时应充分掌握采样点所在位置及周边地下设施、储罐和管线等的分布情况，必要时可采用探地雷达等物探手段辅助判断。

当现场条件受限无法实施采样时，如影响在产企业正常生产、受建筑或设施影响不能进入、采样点位置存在地下管线、钻探过程可能存在安全隐患等情况时，采样点位置可根据现场情况进行适当调整，点位调整应符合上述"布点位置"有关要求。

现场确定的采样位置需经地块使用权人签字认可。应对确定的采样位置用钉桩、旗帜等器材在现场进行标识，并测量坐标，记录确定的土壤和地下水点位相关信息并拍照。

#### 3.3.4.5　编制布点方案

疑似污染地块布点方案包括工作程序与组织实施、热点区域识别、布点区域筛选、布点计划（布点位置、布点数量、钻探深度、采样深度、测试项目）、采样点现场确定等内容及各相关环节照片，现场照片应具有代表性，能反映污染痕迹等情况，原则上每个疑似污染区域与布点区域2～4个。将布点方案和签字后的疑似污染地块布点信息记录表上传至详查数据库。

### 3.3.5　现场采样与勘察

#### 3.3.5.1　土壤钻探

采样利用专业钻探设备进行土壤样品采集。该设备配有混凝土破碎钻头，可对路面或厂房内等位于水泥路面的采样点进行混凝土破碎工作，然后再更换钻头进行钻孔取样作业。取样结束后，重新回填钻孔，并将桩恢复到原位置，系上带有颜色的醒目标志物，以示该点样品采集工作已完毕。

#### 3.3.5.2　监测井设立与洗井

现场调查过程中采用直推设井方式设立地下水监测井，开孔孔径为83 mm，监测井内径为50.80 mm，地下水监测井设井的具体步骤如下。

①定位，表面清理；

②钻杆安装并钻进,钻进过程中适时清理并收集溢出土壤,并适时连接新钻杆,直至达到预期深度;

③击落抛弃头,装入筛管等井管;

④提升并卸下钻杆,逐渐倒入石英砂至计算量;

⑤提升并卸下钻杆,同时倒入黏土或膨润土,至计算量;

⑥做好井标记。

监测井设立后,需要进行建井后的洗井作业,洗井主要是为了清除监测井内地下水中的浑浊物,疏通监测井与其周围同一含水层之间的水力联系,提高监测区的出水能力。常用的洗井方法包括贝勒管洗井和离心泵洗井。本次监测井洗井采用贝勒管进行,洗井水量为监测井管内水量的 3 倍。

## 3.3.6 采集保存与流转

重点行业企业用地样品采集、保存和流转工作包括采样方案设计、采样准备、土孔钻探、土壤样品采集、地下水采样井建设、地下水样品采集、样品保存和样品流转等内容,工作程序如图 3-8 所示。

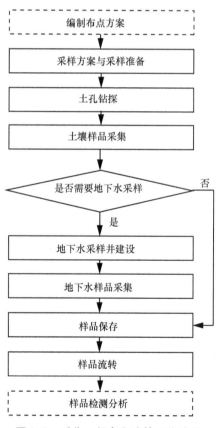

**图 3-8 采集、保存和流转工作流程**

#### 3.3.6.1　采样准备

依据采样方案，选择适合的钻探方法和设备，与钻探单位和检测单位进行技术交底，明确任务分工和要求。

①与土地使用权人沟通并确认采样计划，提出现场采样调查需协助配合的具体要求。

②由采样调查单位、土地使用权人和钻探单位组织进场前安全培训，培训内容包括设备的安全使用、现场人员安全防护及应急预案等。

③采样工具选用无扰动采样设备。

④根据地下水样品采集需要，优先考虑采用气囊泵或低流量潜水泵，或具有低流量调节阀的贝勒管。针对氯代有机污染物的地下水洗井和采样，避免使用氯乙烯或苯乙烯类共聚物材质的洗井及采样设备。

⑤根据土壤采样现场监测需要，准备 pH 计、溶解氧仪、电导率和氧化还原电位仪等现场快速检测设备和手持智能终端，检查设备运行状况，使用前进行校准。

⑥根据样品保存需要，准备冰柜、样品箱、样品瓶和蓝冰等样品保存工具，检查设备保温效果、样品瓶种类和数量、保护剂添加等情况。

⑦准备安全防护口罩、一次性防护手套、安全帽等人员防护用品。

⑧准备采样记录单、影像记录设备、防雨器具、现场通信工具等其他采样辅助物品。

#### 3.3.6.2　样品保存

土壤样品保存方法参照《土壤环境监测技术规范》（HJ/T 166—2004）和全国土壤污染状况详查相关技术规定执行，地下水样品保存方法参照《地下水环境监测技术规范》（HJ/T 164—2004）和《全国土壤污染状况详查地下水样品分析测试方法技术规定》执行。

样品保存包括现场暂存和流转保存两个主要环节，应遵循以下原则进行：根据不同检测项目要求，应在采样前向样品瓶中添加一定量的保护剂，在样品瓶标签上标注检测单位内控编号，并标注样品有效时间。

样品现场暂存。采样现场需配备样品保温箱，内置冰冻蓝冰。样品采集后应立即存放至保温箱内，样品采集当天不能寄送至实验室时，样品需用冷藏柜在 4 ℃温度下避光保存。

样品流转保存。样品应保存在有冰冻蓝冰的保温箱内寄送或运送到实验室，样品的有效保存时间为从样品采集完成到分析测试结束。

#### 3.3.6.3　样品流转

（1）装运前核对

样品管理员和质量检查员负责样品装运前的核对，要求样品与采样记录单进行逐个核对，检查无误后分类装箱，并填写"样品保存检查记录单"。如果核对结果发现异常，应及时查明原因，由样品管理员向组长进行报告并记录。

样品装运前，填写"样品运送单"，包括样品名称、采样时间、样品介质、检测指标、检测方法和样品寄送人等信息，样品运送单用防水袋保护，随样品箱一同送达样品检测单位。

样品装箱过程中，要用泡沫材料填充样品瓶和样品箱之间的空隙。样品箱用密封胶带打包。

（2）样品运输

样品运输应保证样品完好并低温保存，采用适当的减震隔离措施，严防样品瓶的破损、混淆或沾污，在保存时限内运送至样品检测单位。

样品运输应设置运输空白样品进行运输过程的质量控制，一个样品运送批次设置一个运输空白样品。

（3）样品接收

样品检测单位收到样品箱后，应立即检查样品箱是否有破损，按照样品运输单清点核实样品数量、样品瓶编号及破损情况。若出现样品瓶缺少、破损或样品瓶标签无法辨识等重大问题，样品检测单位的实验室负责人应在"样品运送单"的"特别说明"栏中进行标注，并及时沟通。

上述工作完成后，样品检测单位的实验室负责人在纸版样品运送单上签字确认并拍照发给采样单位。样品运送单应作为样品检测报告的附件。

样品检测单位收到样品后，按照样品运送单要求，立即安排样品保存和检测。

#### 3.3.6.4　手持智能终端系统的应用

按照《全国土壤污染状况详查总体方案》的有关要求，样品采集、保存和流转应使用手持智能终端系统进行信息收集和监控。本次详查样品采集人员使用手持智能终端系统进行现场点位、采样信息填写，并将采样方案等记录单上传至详查数据库。

### 3.3.7　风险分级

在企业地块基础信息调查和初步采样调查的基础上，根据地块土壤和地下水中污染物超标情况、污染物迁移途径和受体等信息，分析企业地块的相对风险水平，并根据多个地块的相对风险水平划分地块风险等级，为确定污染地块优先管控名录提供依据。

对全部的高度关注和部分中度、低度关注地块进行初步采样调查。依据在产企业地块初步采样调查结果与地块相关信息，采用基于"源—途径—受体"风险三要素构建的风险分级指标体系和评估方法，评估在产企业地块的相对风险水平，确定在产企业地块的风险等级。

## 3.4　场地调查技术与软件

### 3.4.1　水文地质基础知识

#### 3.4.1.1　土的分类

（1）土的定名依据

土质分类的标准可参照国家标准《土的工程分类标准》（GB/T 50145—2007）、《岩土工程勘察规范》（GB 50021—2001）（2009 年版）、《建筑地基基础设计规范》（GB 50007—2011）；也可参照江苏省标准《岩土工程勘察规范》（DGJ32/TJ208—2016）；还可参照行业标准《港口岩土工程勘察规范》（JTS 133—1—2010）、《公路土工试验规程》

（JTG E40—2007）、《铁路桥涵地基和基础设计规范》（ TB 10002.5—2005）、《土工试验规程》（SL 237—1999）。图 3-9、图 3-10 分别为美国制土壤分类标准、国际制土壤分类标准。

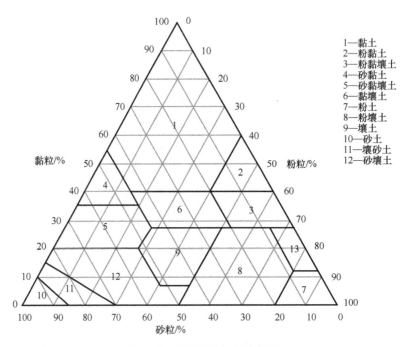

图 3-9　美国制土壤分类标准

（2）土的指标

液限（$w_L$）：土由可塑状态转到流动状态的界限含水量。

塑限（$w_P$）：土由可塑状态转到半固态状态的界限含水量。

缩限（$w_S$）：土由半固态不断蒸发水分，则体积继续逐渐缩小，直到体积不再收缩时，对应土的界限含水量。

界限含水量都是以百分数表示（以下省去%符号）。

含水量（$w$）：土中水的质量与土粒质量之比，公式为 $w = m_w/m_s$。

塑限指数（$I_P$）：$I_P = w_L - w_P$。

液限指数（$I_L$）：$I_L = (w - w_P) / (w_L - w_P)$。

有机质含量（$W_U$）：一般通过烧失量法确定。

（3）国家标准《岩土工程勘察规范》的分类

①按地质成因分类：可划分为残积土、坡积土、洪积土、冲积土、淤积土、冰积土和风积土等。

②按沉积时代分类：可划分为老沉积土、新近沉积土。

老沉积土：第四纪晚更新世及其以前沉积的土，一般具有较高的强度和较低的压缩性。

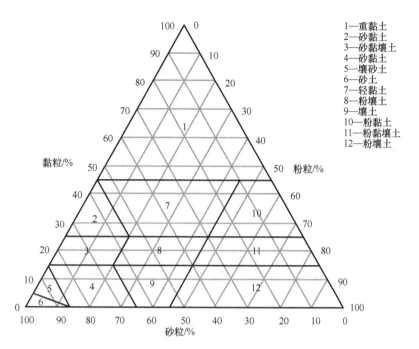

图 3-10　国际制土壤分类标准

新近沉积土：第四纪全新世中近期沉积的土，一般为欠固结的，且强度较低。

③按颗粒级配和塑性指数分类：可划分为碎石土、砂土、粉土等。

a. 碎石土（表 3-7）

表 3-7　碎石土分类

| 土的名称 | 颗粒形状 | 颗粒级配 |
|---|---|---|
| 漂石 | 圆形及亚圆形为主 | 粒径大于 200 mm 的颗粒质量超过总质量 50% |
| 块石 | 棱角形为主 | |
| 卵石 | 圆形及亚圆形为主 | 粒径大于 20 mm 的颗粒质量超过总质量 50% |
| 碎石 | 棱角形为主 | |
| 圆砾 | 圆形及亚圆形为主 | 粒径大于 2 mm 的颗粒质量超过总质量 50% |
| 角砾 | 棱角形为主 | |

注：定名时，根据颗粒级配由大到小以最先符合者确定。

b. 砂土（表 3-8）

表 3-8　砂土分类

| 土的名称 | 颗粒级配 |
|---|---|
| 砾砂 | 粒径大于 2 mm 的颗粒质量占总质量 25%～50% |

| 土的名称 | 颗粒级配 |
|---|---|
| 粗砂 | 粒径大于 0.5 mm 的颗粒质量超过总质量 50% |
| 中砂 | 粒径大于 0.25 mm 的颗粒质量超过总质量 50% |
| 细砂 | 粒径大于 0.075 mm 的颗粒质量超过总质量 85% |
| 粉砂 | 粒径大于 0.075 mm 的颗粒质量超过总质量 50% |

注：定名时，根据颗粒级配由大到小以最先符合者确定。

c. 粉土

粒径大于 0.075 mm 的颗粒质量不超过总质量 50%，且塑性指数等于或小于 10 的土。

按照江苏省标准《岩土工程勘察规范》（DGJ32/TJ208—2016），粉土可以进一步分成黏质粉土和砂质粉土（表 3-9）。

**表 3-9 粉土分类**

| 土的名称 | 颗粒级配 |
|---|---|
| 黏质粉土 | 粒径小于 0.005 mm 的颗粒质量超过总质量 10% |
| 砂质粉土 | 粒径小于 0.005 mm 的颗粒质量不超过总质量 10% |

d. 黏性土（表 3-10）

**表 3-10 黏性土分类**

| 土的名称 | 塑性指数 $I_p$ |
|---|---|
| 黏土 | $I_p > 17$ |
| 粉质黏土 | $10 < I_p \leqslant 17$ |

注：塑性指数应由相应于 76 g 圆锥仪沉入土中深度为 10 mm 时，测定的液限计算而得。

（4）按工程特性的分类

按工程特性分类，还可划分出特殊性土。

特殊性土是指具有一定分布区域或工程意义上具有特殊成分、状态和结构特征的土。

特殊性土的种类主要包括：填土、软土、膨胀土、盐渍土、红黏土、污染土、风化岩和残积土、混合土、湿陷性土、冻土。

①填土

根据其物质组成可分为素填土、杂填土。

根据其堆填方式可分为冲填土、压实填土、非压实填土、抛石填土。

素填土：天然土经受人类扰动和搬运堆积而成，由块石、碎石土、砂土、粉土和黏性土等一种或几种材料组成，不含杂物或仅含少量的杂物，不具天然土的结构。

杂填土：组成成分复杂，含有大量建筑垃圾、工业废料或生活垃圾等杂物。

冲填土：又称吹填土，是利用水力运移冲（吹）填泥沙形成的填土。

压实填土：一种特殊的素填土，通常指压实黏性土填土，为按一定标准要求控制材料成分、密度、含水量，经过人工分层压实或夯实的填土。

非压实填土：无质量控制要求，随意堆填而成。

抛石填土：按一定方量和高度要求，人工回填，分层夯实或碾压密实的填土。

②软土

软土是指天然孔隙比大于或等于 1.0，且天然含水率大于液限的细粒土。

按物理力学性质可分为淤泥、淤泥质土（表 3-11）。

表 3-11 软土分类（按物理力学）

| 指标 | 淤泥 | 淤泥质土 |
|---|---|---|
| 天然含水率 $\omega/\%$ | $\omega \geqslant \omega L$ | $\omega \geqslant \omega L$ |
| 天然孔隙比 $e$ | $e > 1.5$ | $1.0 \leqslant e \leqslant 1.5$ |

按有机质含量可分为无机质土、有机质土、泥炭质土、泥炭等（表 3-12）。

表 3-12 软土分类（按有机质含量）

| 分类名称 | 有机质含量 $Wu/\%$ | 说明 |
|---|---|---|
| 无机质土 | $Wu < 5\%$ | — |
| 有机质土 | $5\% \leqslant Wu \leqslant 10\%$ | 如现场能鉴别或有地区经验时，可不做有机质含量测定；当 $\omega > \omega L$，$1.0 \leqslant e < 1.5$ 时称淤泥质土；当 $\omega > \omega L$，$e \geqslant 1.5$ 时称淤泥 |
| 泥炭质土 | $10\% < Wu \leqslant 60\%$ | 可根据地区特点和需要按 $Wu$ 细分为：弱泥炭质土（$10\% < Wu \leqslant 25\%$）、中泥炭质土（$25\% < Wu \leqslant 40\%$）、强泥炭质土（$40\% < Wu \leqslant 60\%$） |
| 泥炭 | $Wu > 60\%$ | — |

③膨胀土

膨胀土是指含有大量亲水矿物，湿度变化时有较大体积变化，变形受约束时产生较大内应力的岩土。

④盐渍土

盐渍土是指土中易溶盐含量大于等于 0.3%，并具有溶陷、盐胀或腐蚀等。

⑤红黏土

红黏土是指母岩为碳酸盐岩系（包括间夹其间的非碳酸盐岩类岩石），经湿热条件下的红土化作用形成的特殊土类。

⑥污染土

污染土是指由于致污物质的侵入，使土的成分、结构、性质发生了显著变异的土。主要包括工业污染土、尾矿污染土、垃圾填埋场渗滤液污染土、核污染土等。

（5）其他规定

土的综合定名除按颗粒级配或塑性指数外，尚应符合下列规定。

①对特殊成因和年代的土类应结合其成因和年代特征定名。

②对特殊性土，应结合颗粒级配或塑性指数定名。

③对混合土应冠以主要含有的土类定名。

④对同一土层中相间呈韵律沉积，当薄层与厚层的厚度比大于 1/3 时，宜定为"互层"；厚度比为 1/10～1/3 时，宜定为"夹层"；厚度比小于 1/10 的土层，且多次出现时，宜定为"夹薄层"。

⑤当土层厚度大于 0.5 m 时，宜单独分层。

### 3.4.1.2 土的野外鉴别

（1）砂土的野外鉴别（表3-13）

表3-13 砂土的野外鉴别

| 鉴别特征 | 砾砂 | 粗砂 | 中砂 | 细砂 | 粉砂 |
|---|---|---|---|---|---|
| 观察颗粒粗细 | 约有 1/4 以上颗粒比荞麦或高粱粒（2 mm）大 | 约有一半以上颗粒比小米粒（0.5 mm）大 | 约有一半以上颗粒与砂糖或白菜籽（>0.25 mm）近似 | 大部分颗粒与粗玉米粉（>0.1 mm）近似 | 大部分颗粒与小米粉（<0.1 mm）近似 |
| 干燥时状态 | 颗粒完全分散 | 颗粒完全分散个别胶结 | 颗粒基本分散，部分胶结，胶结部分一碰就散 | 颗粒大部分分散，少量胶结，胶结部分稍加碰撞即散 | 颗粒少部分分散，大部分胶结（稍加压即能分散） |
| 湿润时用手拍后的状态 | 表面无变化 | 表面无变化 | 表面偶有水印 | 表面有水印（翻浆） | 表面有显著翻浆现象 |
| 黏着程度 | 无黏着感 | 无黏着感 | 无黏着感 | 偶有轻微黏着感 | 偶有轻微黏着感 |

（2）黏性土、粉土的野外鉴别（表3-14）

表3-14 黏性土、粉土的野外鉴别

| 鉴别方法 | 分类 | | |
|---|---|---|---|
| | 黏土 | 粉质黏土 | 粉土 |
| | 塑性指数 | | |
| | $I_P > 17$ | $10 < I_P \leqslant 17$ | $I_P \leqslant 10$ |
| 湿润时用刀切 | 切面非常光滑，刀刃有黏腻的阻力 | 稍有光滑面，切面规则 | 无光滑面，切面比较粗糙 |

### 3.4.1.3　地下水基本特性

地下水的分类如图 3-11 所示。

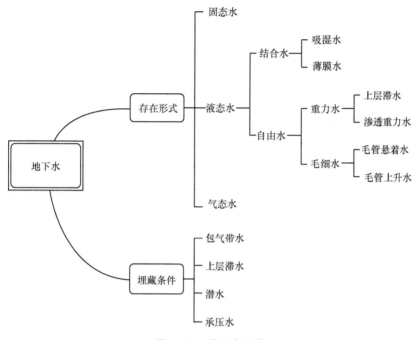

**图 3-11　地下水分类**

地下水中的介质迁移主要包括以下方面。

①对流。主要是溶解在水中的物质随水流一起运移的过程，其运移量和运移方向与地下水一致。对流和地下水之间的紧密联系可以通过水流系统的知识来理解。

②扩散。是由于分子的无规则运动引起的，由于分子之间的距离不同，描述分子扩散的系数也不相同，一般气体的分子扩散系数比液体大，液体的比固体大，多孔介质的扩散系数常常比不纯净的液体小，主要是因为固体颗粒形成的胶体阻止扩散的进行。

③弥散。是指在多孔介质液体流动中，成分不同的两种易混液体间的过渡带的发生和发展的现象。弥散理论是定性描述和定量评价各种易混液体在多孔介质中相互替代的习性的理论。

## 3.4.2　土壤取样

### 3.4.2.1　直推式钻探技术

（1）优点

①直推式压入的采样器具的外径相比传统方式尺寸大大缩小，对采样点位的扰动较小，减少了土壤样品的交叉污染。传统方式的采样器具大多在采样过程中需要旋转钻头下压，并在过程中加入水或泥浆以便降温和形成护壁，在上述过程中因为土壤的翻转和泥浆的注入导致样品受到严重干扰，并且容易造成二次污染。而直推式采样器具采用直接压入

的方式规避了上述问题，保证了样品的可靠性，且避免了二次污染。

②可以准确压入到指定的深度，采样器具连续的往下压入土壤，中间没有起拔的动作，避免了对土壤的扰动，保证了样品的可靠性。

③采样设备需从结构设计上减少样品扰动，采样操作过程中，采样内管需一直处于外管所形成的密闭空间内，只有当前的土壤压入采样内管中，处于采样内管中的土样挥发性有机物能够有效地保存下来，并且规避了外界环境对土样的干扰。

④效率越高，采样周期越短，越有利于样品的保存与送检，并且节约成本。

（2）缺点

①浅层土样压缩比较高，取芯率较低。

②受地层条件的限制。

### 3.4.2.2 探坑技术

采用人工挖掘（深度一般不宜超过 1.2 m，除非有足够安全的支护措施）或采用轮式/履带式的挖掘机（最大深度约为 4.5 m）。

（1）优点

①可从平面 $(x, y)$ 和深度 $(d)$ 三维的角度来描述地层条件。

②易于取得大试样。

③成效快且造价低。

④可采集未经扰动的试样。

⑤适用于多种地面条件。通过挖掘可以观察到土壤的新鲜面，记录颜色和岩性等基本信息，还可以给开挖出来的土样拍照，并记录照片信息。

（2）缺点

①挖掘深度会受挖掘机械规格的限制。

②污染物存在和运移的媒介暴露于空气中，会造成污染物变质及挥发性物质的挥发。

③不适合在地下水位以下取样。

④对场地的破坏程度较大，需要特别注意，防止挖掘出来的污染土壤再次污染周围区域的土壤，因此挖出的污染土壤需要进行处理，减少污染物质暴露带来的二次污染。

⑤与钻孔勘探方法相比，这种方法产生的弃土较多。

⑥污染物更易于传播到大气或水体当中，还需要回填清洁材料（以达到地面恢复目的）。

### 3.4.2.3 人工钻探技术

采用人工操作，最大钻进深度一般不超过 10 m。

（1）优点

①可用于地层校验和采集设计深度的土样。

②适用于松散的人工堆积层和第四纪沉积的粉土、黏性土地层，即不含大块碎石等障碍物的地层。

③对于难以进入的场地，本技术比较方便有效。

（2）缺点

①受地层的坚硬程度和人为因素影响较大，当有碎石等障碍物存在时，则很难继续

钻进。

②由于会有杂物掉进钻探孔中，可能导致土样交叉污染。

③只能获得体积较小的土样。

#### 3.4.2.4　钢索冲击钻探技术

（1）优点

①与探坑或手工钻探技术相比，本技术能够达到的钻进深度更深。

②可建成永久的取水样/水位监测井。

③可穿透多种地层。

④对健康安全和地面环境的负面影响较小。

⑤可以采集未经扰动的试样。

⑥可采集到完整的试样，包括污染物分析试样、岩土工程勘察试样、气体/地下水试样，还可用于地下水和地下气体监测井建井。

（2）缺点

①与探坑或手用螺旋钻探相比，本技术成本高，耗时长。

②不如探坑法获得地层的感性认识直观。

③需要处置从钻孔中钻探出来的废弃物。

④没有探坑法采集的试样体积大。

⑤本技术会扰动土样，并使污染物质流失。

#### 3.4.2.5　液压动力锤干式旋转冲击钻探技术

（1）优点

①本技术适用于多种岩性的地层，包括岩层。

②冲击与旋转钻进相结合可以减小土芯热效应的影响。

③可以获得长度大于 1 m 的原状岩芯样。

（2）缺点

①旋转钻进会产生土芯热效应。

②干式钻进对钻头的磨损比较大，由此产生的成本相对较高。

### 3.4.3　地下水取样

近年来，我国的地下水污染也引起了政府的高度重视，已经对地下水污染调查的方法开始进行研究。

在研制采样器时，首先要考虑容器自身材料对样品的污染和容器壁上的吸附作用，凡是直接与水有接触的部件，其材质不应对水样产生影响。其次是采样器应有足够的强度，且启动灵活、操作简单、密封性好、设计简单、表面光滑、容易清洗，一般一次取水量不应低于 1 L。

#### 3.4.3.1　Bailer 采样技术

这是一种最简单的采样器，制作材料可以是不锈钢或 Pvc-U 等。单阀 Bailer 采样器在底部有一个止回阀，使用时用绳索把采样器放入井中，入水时阀门打开，液体穿腔而过，到预定深度后，慢慢上提采样器，阀门关闭，提出预定深度的水样。Bailer 采样器制作简单，价格便宜，使用方便，基本不受深度和直径的限制，但在采取含有挥发性有机物地下水样品时，损失较大，也容易受到液面漂浮物污染。

### 3.4.3.2 惯性采样泵技术

惯性泵是最简单，也是最常用的一种采样泵。惯性泵也称为底阀泵，可以人工驱动，也可以机械驱动，人工驱动最大抽取深度可达到 30 m，机械驱动抽取深度最大可达到 90 m。

惯性泵结构示意如图 3-12 所示，在管线的底端安装一个止回阀，使用时通过往复上下运动抽出地下水。管线下降时，阀门打开，地下水进入管线中，管线上升时底阀关闭，连续上下运动，抽取地下水。

图 3-12　惯性泵结构示意

### 3.4.3.3 闭合定深采样技术

闭合定深采样器是一种能采集不同深度水样的采样器。这类采样器一般为排空式设计，由两端开口并带有开合盖子控制装置的管子或圆筒组成，如图 3-13 所示。到达预定深度启动机械或电控制装置，从而打开采样器两端的盖子，水进入采样器中，取到所需深度的样品，而后关闭采样器两端的盖子提出井口。这种采样器能够从漂浮的油及其他物质之下采取有代表性的地下水样品，可以在采样器设定的范围内采取任意深度的地下水样品。闭合定深采样器直径一般在 50~100 mm，采样容量在 1~5 L。

### 3.4.3.4 分层采样技术

分层抽水采样系统主要由充气封隔系统、抽水系统、压力传感系统组成。充气封隔系统由地面的高压氮气、压力调节器、充气管线、止水双封隔气囊（上封器为过电缆封隔器）组成（图 3-14）。抽水系统由地面供电系统，位于上、下封隔器气囊间的过滤器，专用水泵，电缆及出水管组成。压力传感系统由下封隔器气囊上部的自动记录传感器、水泵上的压力传感器及连接电缆、地面显示器及便携式计算机组成。

采取样品时，将上、下封隔器下入井中需要止水的位置，两封隔器间的井滤水段为采

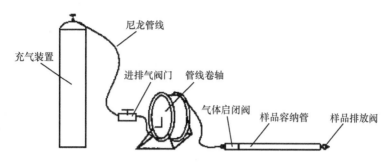

图 3-13 闭合定深采样器结构示意

样目的层段。由地表充气系统提供的高压气体经压力控制装置调节后，通过充气管线供给孔内的充气封隔器，在高压气体的作用下封隔器胶筒膨胀紧贴外井壁，使采样目的层段与其上、下的非目的层段隔离。由安装于上充气封隔器之上或安装于两封隔器间的潜水泵将采样目地层的地下水抽至地表采样。

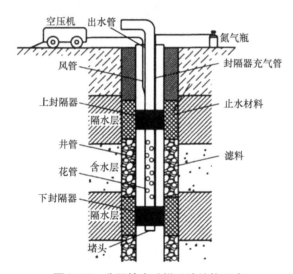

图 3-14 分层抽水采样系统结构示意

### 3.4.3.5 直推式地下水取样技术

采用直推方式提取地下水样品，取样后可立即恢复地表，可通过贝勒管或者低流量取样系统取样，实现精确快速的定深取样。借用直推土壤取芯的双套管系统，只需添加不锈钢筛管，便可实现定点定深及取土同一点位上的地下水采集，手动抽水，无须另接动力源。可用于一次性临时性取水。直推取水管结构示意如图 3-15 所示，直推取水操作示意如图 3-16 所示。

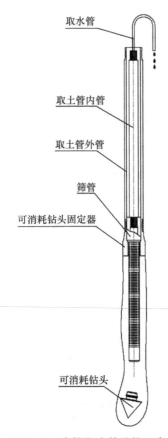

图 3-15　直推取水管结构示意

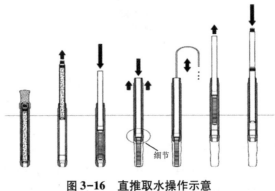

图 3-16　直推取水操作示意

## 3.4.4　土壤气取样

一般的土壤气采样井结构示意如图 3-17 所示，可根据水文地质条件进行调整。

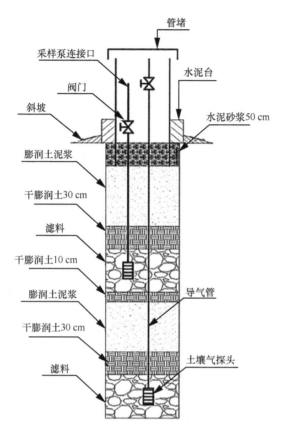

**图 3-17 土壤气采样井结构示意**

### 3.4.4.1 土壤气探头制作

土壤气探头可用割缝管或开孔管制作，探头长度不应大于 20 cm，直径可根据钻孔直径确定，建议不大于 5 cm，应由惰性材质组成。

### 3.4.4.2 滤料填充

一个土壤钻孔中仅埋设一个土壤气探头，土壤气探头周围应埋设一定厚度的石英砂滤料，滤料的直径应根据探头割缝宽度或开孔直径确定，滤料装填高度应高出探头上沿不小于 10 cm。滤料之上应填厚度不小于 30 cm 的干膨润土，干膨润土之上填膨润土泥浆。膨润土泥浆应填至距离地面 50 cm 处，待其干涸后继续填水泥砂浆至高出地面不小于 10 cm，高出地面部分应做成锥形坡向四周，锥形地面直径不小于 60 cm。

在同一个钻孔不同深度埋设多个土壤气探头，在埋设相对较浅的探头时，应在膨润土泥浆顶部先填一层厚度不小于 10 cm 的干膨润土，之后再埋设探头，装填石英砂滤料。

### 3.4.4.3 导气管埋设

填水泥砂浆的同时，应在水泥砂浆中埋设一节 PVC 套管，套管露出地面不小于 30 cm。导气管地上部分应置于套管内部，顶部用管堵盖住，采样时将管堵拧开后将采样泵与导气管连接并开始采样。

导气管接口处应连接阀门，非采样时间应将阀门关闭。土壤气导气管应由惰性材料制成，不应采用低密度聚氯乙烯管、硅胶管、聚乙烯管作为导气管，管内径建议不大于4 mm。

不同导气管连接的土壤气探头应用不易消退的记号笔做好相应深度标记。

土壤气探头、导气管、阀门的连接及导气管采样口与采样泵的连接均应采用无油快速密闭接头，不应采用含胶的黏合剂连接。

#### 3.4.4.4 钻探

应结合场地水文地质条件，选择适用的钻探设备和方法，常见的钻探设备有冲击式钻机、直压式钻机、复合式钻机等。

钻探过程中不应加入水或泥浆，如需同时采集土样，所选钻探技术还需满足挥发性有机物土壤采样对钻探技术的要求。

#### 3.4.4.5 探头埋设

埋设土壤气探头及各种填料的过程中，应及时测量深度，确保探头和相关填料埋设深度及厚度符合设计要求。

#### 3.4.4.6 成井

土壤气监测井成井过程需至少满足以下技术要求。

采用空气旋转冲击钻探或超声旋转冲击钻探等对土壤扰动相对较大的方式钻孔，监测井成井后应进行成井洗井。

采用其他钻探方式建设的土壤气监测井，成井后可不抽气洗井，但成井至正式采样前，需有足够的平衡时间。其中，采用直插式钻探方式建设的监测井，稳定时间应不少于2 h，手动及钢索冲击钻探方式建设的监测井平衡时间应不低于48 h。

成井洗井过程中，应在抽气泵的排气口连接便携式气体检测仪（如便携式挥发性气体检测仪、$O_2/CO_2/CH_4$ 便携式分析仪等），待连续 3 天的读数稳定后成井洗井结束。

#### 3.4.4.7 气密性测试

土壤气监测井建设完宜进行气密性测试。土壤气监测井气密性测试示意见图 3-18。

土壤气监测井气密性测试可按如下步骤开展：按图 3-18 连接好测试系统后，开启示踪气源调节阀，使示踪气体进入密闭罩。开启气压调节阀确保密闭罩与大气联通，每隔一段时间在气压调节阀处采集密闭罩内气样，分析惰性示踪气的浓度。选用氦气作为示踪气，密闭罩内氦气体积百分数应不低于 50%。采用其他示踪气，其浓度应高于对应气体现场便携式检测仪检出限至少 2 个数量级。待密闭罩内示踪气体浓度达到要求值后，开启真空泵进行采样并分析采集土壤气样品中示踪气体浓度，如低于 10%，认为该土壤气监测井气密性符合技术要求，否则应重新建井。

土壤气监测井的气密性符合技术要求，其后每次采样前无须重新进行监测井气密性测试。

#### 3.4.4.8 采样前洗井

正式采样前，需对土壤气监测井进行洗井。

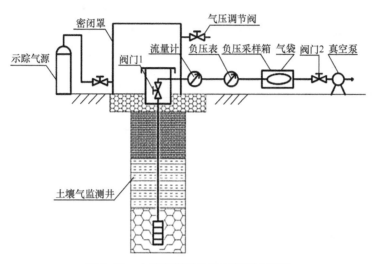

**图 3-18　土壤气监测井气密性测试示意**

按图 3-19 连接好系统后，开启阀门及真空泵开始抽气。根据流量计的读数调整洗井速率不高于 200 mL/min，观察负压表读数，确保系统负压不大于 2.5 kPa。

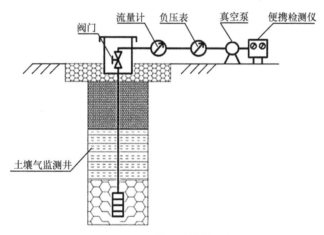

**图 3-19　洗井系统结构示意**

成井洗井过程中，应在抽气泵的排气口连接便携式气体检测仪（如便携式挥发性气体检测仪、$O_2/CO_2/CH_4$ 便携式分析仪等），并每隔 2 min 记录读数。

洗井体积一般为 3~5 倍探头和导管的体积。洗井体积未达到 3~5 倍探头和导管的体积而便携式气体分析仪读数稳定，可结束洗井并记录该采样点的洗井体积。洗井体积达到 3~5 倍探头和导管的体积而便携式气体分析仪读数依然变化较大，也可结束洗井并记录洗井体积。

采样点周围土层岩性以粉砂、砂、卵石等高渗透性土壤为主，洗井流速可适当增大至

500 mL/min 或 1 L/min，但应控制系统负压不高于 2.5 kPa。采样点周围土层岩性以粉土、粉质黏土、黏土等低渗透性土壤为主，洗井流速应降低至 100 mL/min。系统负压超过 2.5 kPa，记录洗井体积并立即停止洗井并关闭系统阀门，待系统压力恢复后再继续洗井，如此循环直至洗井结束。如采用这种方式依然无法完成洗井，则应废弃该采样井并在其周围 1.5 m 范围外重新建井，并适当增加钻孔直径及土壤气探头周围石英砂滤料的高度。

### 3.4.4.9  现场采样

洗井结束后应立即开始采样，采样流速应不高于 200 mL/min，系统采样负压应不大于 2.5 kPa，样品采集量应根据要求的检出限及分析方法确定，但不应大于 1 L。

采用 Tedlar 气袋对样品进行保存，需借助负压采样箱。Tedlar 气袋应连接在负压采样箱内，通过采样泵将采样箱抽成真空进行采样，避免直接将 Tedlar 气袋连接至负压采样泵的排气口进行采样。采用苏玛罐对样品进行保存，应在采样前对苏玛罐的真空度和采样流速进行调节，确保利用苏玛罐负压进行采样时流速不高于 200 mL/min，系统负压不大于 2.5 kPa。采用吸附管对样品进行保存，也应借助负压真空泵进行采样，吸附管应连接在采样泵的上游。为防止采样过程中吸附管内填料穿透，应连续串联两根吸附管。采样流速应满足所选吸附管对采样流速的技术要求，同时也不应高于 200 mL/min，采样系统负压不应大于 2.5 kPa，采样管内装填的吸附材料对目标挥发性有机物应有较好的吸附效果。除采用注射器进行采样外，其余采样方式均应在采样系统中连接负压表及流量计，以监测采样过程中的采样流量及系统负压。

采样点附近土壤渗透性较好时，可适当增加采样速率，但不宜超过 1 L/min，系统负压不应高于 2.5 kPa。采样点附近土壤渗透性较差时，可降低采样速率至 100 mL/min，系统负压不能高于 2.5 kPa。如高于该值，应立即停止采样并关闭采样阀，待系统压力恢复后继续采样，如此重复直至采集的样品体积满足分析要求。

室外土壤气采样前 24 h 内降雨强度不大于 12 mm，采样过程中，如发现采样管路中有明显的水蒸气冷凝，应停止采样。采样系统所有的连接管应由惰性材质构成，阀门、接头、三通等连接件应由金属或硬聚氯乙烯材质构成且应具备良好的气密性，不应用胶等黏合剂密封连接。

采样过程中，应记录每个采样点的空气温度、湿度、大气压、风速等气象参数及采样体积和采样深度，同时记录每个采样点气体便携设备的读数。土壤气平行样应不少于地块总样品数的 10%，每个地块至少采集 1 份。每次采集土壤气时还应同时采集不少于 1 个大气样。土壤气样品采集过程应对洗井、采样及采样过程中现场快速监测等环节进行拍照记录。

## 3.4.5  场地调查钻探设备

### 3.4.5.1  GY-SR60 土壤地下水取样修复一体机

GY-SR60 土壤地下水取样修复一体机（图 3-20）采用全液压控制，钻探方式为直推钻进及螺旋钻进两种。主要功能为直推密闭无扰动取原状土及螺旋钻探设置监测井，并配以压密注射修复及高压旋喷修复。主机可分为 3 个主要系统：钻探系统、液压系统、电控系统。

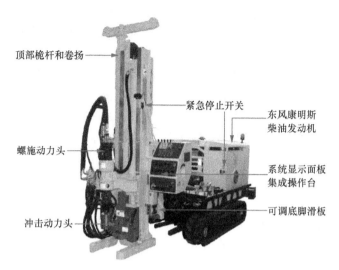

**图 3-20　GY-SR60 土壤地下水取样修复一体机**

　　钻探系统主要是用于钻进作业，实现钻杆的钻进与起拔，由探测架、探测缸、探测支架、支撑脚缸、天车、回转支撑、翻转架、冲击动力头、螺旋动力头等部件组成；液压系统由东风康明斯柴油发动机提供动力，并由起塔油缸、摆动架、车架、摆动油缸、伸展油缸、后部挂板油缸、液压马达等部件组成，共同完成各个动作，液压泵将发动机产生的机械能转换为液压能，为整机（包括探测系统、履带行走机构）提供动力；电气控制器和电气部件由 12 伏直流系统提供电源。同时，电控系统也用于发动机的启动和停止，并可用无线遥控。

　　主机自重 5 吨，行走采用橡胶履带牵引行走，自行速度最高 8 km/h，体型小巧，适用于野外狭小地形与松散地矿；最大压力 164 kN，最大拔力 246 kN；工作状态塔高 4.9 m，动力头行程 2 m；运输状态高度 2.365 m，宽度 1.9 m，长度 3.53 m，各个方向均具有调整能力。由此可见，GY-SR60 土壤地下水取样修复一体机具有动力强大、操作简单、运输方便等优点，极其适用于野外工作，适用于多种复杂地况。

### 3.4.5.2　冲击钻

　　分为钻杆冲击钻进法和钢丝绳冲击钻进法。常用的钢丝绳冲击钻进法是借助于一定重量的钻头，在一定的高度内周期地冲击井底，使地层破碎而得进尺。在每次冲击之后，钻头或抽筒在钢丝绳带动下回转一定的角度，从而使钻孔得到规则的圆形断面。用该法钻进卵石、砾石层、致密的基岩层效果较好。在第四纪地层中钻进，多使用工字形钻头和抽筒式钻头，在基岩层中多使用十字形钻头和圆形钻头。

### 3.4.5.3　水力螺旋钻

　　分为正循环钻进法和反循环钻进法。正循环钻进法是由转盘或动力头驱动钻杆回转，钻头切削地层而获得进尺。冲洗液由泥浆泵送出，经过提引水龙头和钻杆流至孔底冷却钻头后经由钻杆与孔壁之间的环状间隙返出井口，同时将孔底的岩屑带出，用这种方法钻进砂土、黏土、砂等地层时效率较高。在第四纪地层中全面钻进，多使用鱼尾钻头、三翼刮刀钻头和牙轮钻头。在基岩层取心钻进，多使用岩心管取心合金钻头和钢粒钻头，全面钻进多使用牙轮钻头。反循环钻进适于在卵石、砾石、砂、土等地层钻进大直径钻孔，具有钻进效率高、成本低等优点。有以下 3 种反循环方式。

①泵吸反循环，利用离心泵（砂石泵）的抽吸作用，井孔内的冲洗液自上向下流动，经过井底与被切削扰动的岩屑一起进入钻杆，再经吸水软管进入离心泵而排入沉淀池，沉淀后的冲洗液再流回井孔，形成循环。离心泵的抽吸效率，在孔深 50 m 以内效率较高，随着孔深的增加其效率逐渐降低。

②喷射反循环，利用水泵或空气压缩机所产生的高压流，经装在喷射腔内的喷嘴将水或空气高速喷射出去，在喷嘴外部形成负压区，其负压可达 0.08～0.09 Mpa，此负压区可使钻杆内的冲洗液流动，并排出孔外，以此造成冲洗液不断循环。喷射反循环，功率损失较大，利用率低，并随着孔深的加深，效率迅速下降，一般在 50 m 以内孔段使用，在深孔常和气举反循环钻进法配合使用。

③气举反循环（压气反循环），利用压缩空气与钻杆内的冲洗液混合后形成低比重的混合物，以高速向上流动，从而将孔底岩屑带出孔外。其效率主要取决于压缩空气的压力和排量，以及输气管沉没在水中的深度和混合室的结构等。此法不能用于 10 m 以内的孔段。在孔深 50 m 以内效率低于泵吸反循环和喷射反循环，但随着钻孔的加深，其效率逐渐提高。这种方法常与泵吸反循环或喷射反循环配合使用，以便充分发挥各自的特点，取得更加经济合理的效果。

#### 3.4.5.4 气动冲击回转钻

常用的潜孔锤钻进法是以转盘或动力头驱动钻杆和潜孔锤回转，并以高压大风量的压缩空气驱动潜孔锤的活塞，以高频率冲击钻头破碎岩石，通过钻头排出的压缩空气将岩屑带出孔外。其效率约为空气冲洗牙轮钻头回转钻进效率的数倍，钻进坚硬岩层效果更为显著。这种钻进方法是以压缩空气为冲洗介质，因受空气压缩机压力限制，在水位高、富水性强的岩层中使用，其钻进深度不能很大。

## 3.4.6 场地调查常用软件

### 3.4.6.1 污染场地模拟软件模型

（1）GMS

GMS 是地下水模拟系统（Groundwater Modeling System）的简称，是美国 Brigham Young University 的环境模型研究实验室和美国军队排水工程试验工作站在综合 MODFLOW、FEM-WATER、MT3DMS、RT3D、SEAM3D、MODPATH、SEEP2D、NUFT、UTCHEM 等已有地下水模型的基础上开发的一个综合性的、用于地下水模拟的图形界面软件。GMS 是三维环境中进行地下水模拟的最先进的软件系统。

GMS 软件模块多、功能全，几乎可以用来模拟和地下水相关的所有水流和溶质运移问题。相比其他同类软件如 ModIME、MODFLOW 和 Visual Modflow，GMS 软件除模块更多之外，各模块的功能也更趋于完善。本书以世界范围内广泛应用的 MODFLOW 为例，分析比较 GMS 软件的诸多优点。

①概念化方式建立水文地质概念模型。进行地下水数值模拟时，一般包括建立水文地质概念模型、建立数学模型、求解数学模型、模型识别及模型预报等几个步骤。其中水文地质概念模型的建立是至关重要的一步，它是建立数学模型的基础，是整个模拟的前提。

优越于同类其他软件，使用 GMS 软件建立概念模型时，除了常用的网格化方式外，多了一种概念化方式。概念化方式是先采用特征体（包括点、曲线和多边形）来表示模型的边界、不同的参数区域及源汇项等，然后生成网格，再通过模型转换，就可以将特征体上的所有数据一次性转换到网格相应的单元和结点上。

由于网格化方式要求对每个单元进行编辑，过程比较烦琐，因此通常只适合于创建一些简单的概念模型；而概念化方式是对实体直接编辑，且可以以文件形式来输入、处理大部分数据，而没有必要逐个单元编辑数据，因此对于实际应用中比较复杂的问题，采用概念化方式更简便、快捷，用这种方式建立起来的水文地质概念模型用不同的多边形来表示不同的参数值区域。在随后的参数拟合过程中，即可直接对这些相应的多边形进行操作，而无须对此多边形内的每一个网格都重复进行同一操作。

②前、后处理功能更强。在前处理过程中，GMS 软件可以采用 MODFLOW 等模块的输入数据并自动保存为一系列文件，以便在 GMS 菜单中使用这些模块时可方便而直接地调用，且实现了可视化输入。同时 MODFLOW 等模块的计算结果又可以直接导入 GMS 中进行后处理，实现计算结果的可视化。GMS 软件除了可直接绘制水位等值线图外，还可以浏览观测孔的计算值与观测值对比曲线及动态演示不同应力期、不同时段水位等值线等效果视图。

（2）Surfer

Surfer 软件是美国 Golden Software 公司编制的一款画三维图（等高线，image map，3D surface）的软件。该软件简单易学，可以在几分钟内学会主要内容，且其自带的英文帮助（help 菜单）对如何使用该软件解释得很详细，其中的 Tutorial 教程更是清晰地介绍了 Surfer 的简单应用。

Surfer 具有的强大插值功能和绘制图件能力，使它成为用来处理 XYZ 数据的首选软件，是地质工作者必备的专业成图软件，可以轻松制作基面图、数据点位图、分类数据图、等值线图、线框图、地形地貌图、趋势图、矢量图及三维表面图等；提供 11 种数据网格化方法，包含几乎所有流行的数据统计计算方法；提供各种流行图形图像文件格式的输入输出接口及各大 GIS 软件文件格式的输入输出接口，大大方便了文件和数据的交流和交换；提供新版的脚本编辑引擎，自动化功能得到极大加强。在土壤修复领域不仅可绘制地下水流场图，还可以进行污染范围模拟。

（3）理正勘察 CAD

理正勘察 CAD 是一款功能强大、简单好用的勘察报告 CAD 编制软件。该软件集数据录入、统计分析、成果图表、场地评估、勘察报告及相关的岩土分析于一体，为图纸设计人员带来了便利。另外，为了提高图纸设计效率，设计了更丰富更便捷的导入导出接口，接口的数据形式不但可以是文本格式的，还增加了 Excel 表格形式和 P-BIM 数据库形式，用户可以根据自身的需求，轻松地完成常规室内土工试验的数据录入、计算、曲线分析及绘制。

#### 3.4.6.2 风险评估软件

（1）HERA

HERA 软件是由中国科学院南京土壤研究所开发的，我国本土化的污染场地健康与环境风险评估软件。囊括了美国 ASTM 和 RBCA 2081、英国 CLEA 导则及中国污染场地风险评估技术导则（C-RAG）中的主要评估模型，包含 20 余种多介质溶质迁移模型，收录 610 种污染物理化与毒性参数，考虑原场与离场的健康及水环境受体，可以快速构建污染场地概念模型，详细操作界面如图 3-21 至图 3-25 所示。

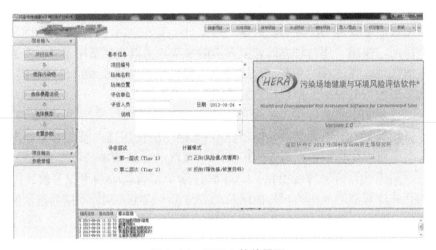

图 3-21 HERA 软件界面

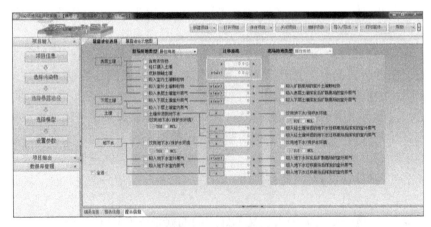

图 3-22 选择暴露途径

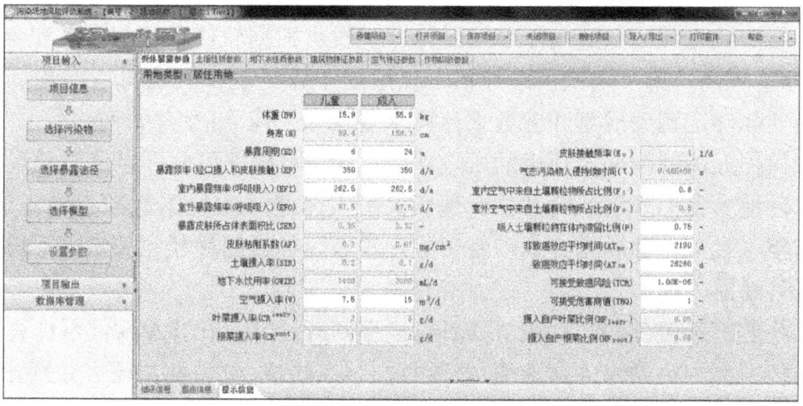

**图3-23 相关参数设置**

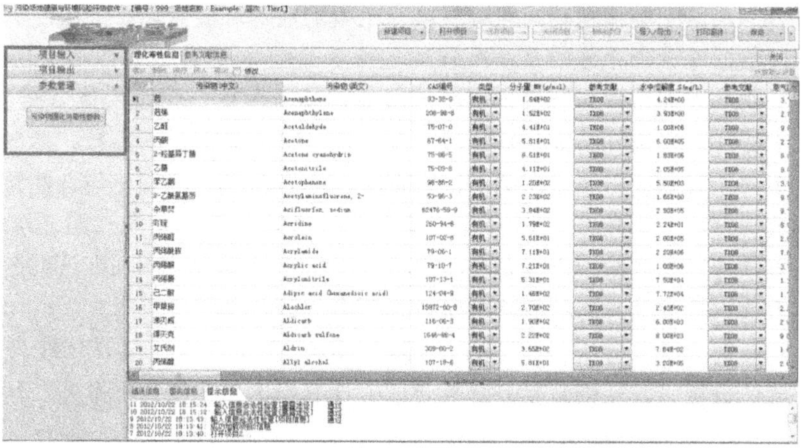

**图3-24 HERA软件污染物毒理参数数据库**

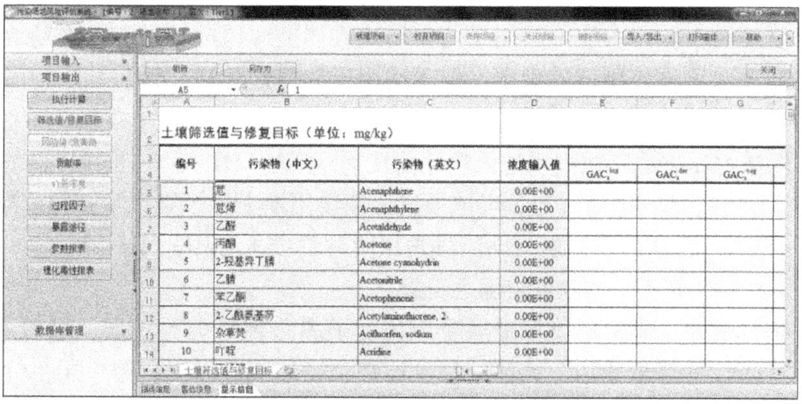

**图3-25 HERA软件计算结果**

①多层次污染场地土壤与地下水风险评估系统。HERA 软件分为两个层次的场地风险评估：第一层次风险评估仅适用于原场受体，一般可根据软件默认的模型和参数计算筛选值、风险值/危害商；第二层次风险评估不仅适用于原场受体，也可考虑离场受体，一般需结合场地实际确定相关模型和参数来计算修复目标、风险值/危害商。

②基于保护人体健康和水环境的风险评估。HERA 软件可分别以保护原场与离场的人体健康和水环境为目标开展风险评估。基于保护人体健康的暴露途径主要考虑口腔摄入、皮肤接触与空气吸入 3 种暴露方式；基于保护水环境的暴露途径主要考虑土壤淋滤及地下水迁移离场等暴露方式。

③污染物的筛选值/修复目标、风险值/危害商等计算。HERA 软件可计算单一暴露途径的土壤与地下水中污染物的筛选值/修复目标、风险值/危害商，还可分别计算基于保护人体健康和水环境的筛选值/修复目标、基于保护人体健康的风险值/危害商。可分别计算正向和反向模式下单一暴露途径的贡献率。在正向计算模式下可预测污染物在农作物、室内外空气、地下水、土壤颗粒物、土壤气体、土壤溶液等环境介质中的浓度。

④多层次数据库管理系统。HERA 软件包含 3 个层次的数据库：第一层为默认数据库，包括污染物基本理化性质、毒理信息等污染物特征参数，以及受体暴露、空气特征、土壤与地下水特征、建筑物特征、作物吸收和离场迁移等模型暴露参数，参数值已预置于软件内部，用户无法修改；第二层为基础数据库，内含污染物的理化与毒性参数，位于用户界面的参数管理部分，用户可自行调整参数值，增减污染物信息；第三层为共享数据库，包括污染物特征参数和模型暴露参数，分别来源于基础数据库和默认数据库，用户可自行调整参数值。软件计算时将调用共享数据库中的数值。

⑤污染物数据的统计分析。HERA 软件可根据英国 CL：AIRE&CIEH 统计导则对污染物数据进行统计分析，其功能包括剔除异常值，计算样本平均值、标准差、污染物平均值的置信下限、污染物平均值的置信上限等。

（2）污染场地风险评估电子表格

污染场地风险评估电子表格可以计算不同污染场地的风险控制值和筛选值，为污染场地筛选和修复提供指导。本软件适用于污染场地人体健康风险评估和污染场地筛选值的查询和土壤与地下水风险控制值的确定，但不适用于放射性物质、致病性生物污染及农用地土壤污染的风险评估。

本软件依据的标准是《污染场地风险评估技术导则》（HJ 25.3—2014），基于中国标准参数和数学模型。考虑到随着《土壤环境质量　建设用地土壤污染风险管控标准（试行）》（GB 36600—2018）的发布和实施，《污染场地风险评估技术导则》（HJ 25.3—2014）的推荐参数也进行了相应的修正，本软件会随之更新。

依据评估方式的不同，污染场地风险评估电子表格评估分为三层，随着层次的深入，使用的场地特征数据逐步增加，评估结果更加符合场地实际情况。第一层：针对用地的不同（住宅用地、公园绿地、工业用地），分别对不同污染物设定土壤筛选值和地下水筛选值，这里主要参考国家、北京、上海、重庆、浙江、珠三角的标准，存在的不足是没有考虑不同场地特征的影响；第二层：工作内容包括危害识别、暴露评估、毒性评估、风险表征，以及土壤和地下水风险控制值的计算，可选择不同的暴露途径及场地特征参数，评估体系更加完善。第三层次尚未开放。

　　本软件依据的数据库是筛选值数据库、污染物数据库。其中筛选值数据库包括国家、北京、上海、重庆、浙江、珠三角的标准，评估对象是污染土壤和地下水，适用于第一层次风险评估。污染物数据库涵盖了各种重金属、VOCs、SVOCs 的理化性质与毒理性质，如亨利常数、分配系数、扩散系数、致癌风险、参考剂量等，用于第二层次以上的风险评估。其他如污染区参数、土壤性质参数、受体暴露参数等，来源于污染场地风险评估技术国家导则。

　　使用本软件时，需先分析污染场地的种类和污染物的类型，依据条件选择合适层次的风险评估，然后参照技术说明输入参数，并执行相应步骤，操作界面如图 3-26 所示。

**图 3-26　污染场地风险评估电子表格操作界面**

# 第4章 土壤修复工程技术与装备

## 4.1 概述

基于物理、化学或生物的原理，转移、吸收、降解、转化或控制污染土壤中的污染物，必须利用工程手段来实现。土壤修复工程常用的工程手段涵盖了环保工程、机电工程、市政工程、地质勘探工程等多个领域的工程技术，一项土壤修复工程可能采用多种土壤修复技术联合修复，每一种修复技术可能需要通过跨领域的多种工程技术来实现，因此，土壤修复工程技术往往是十分复杂的。

土壤修复的工程原理可以分为以下五大类：直接处理土壤中污染物、将土壤污染转移至气相处理、将土壤污染转移至液相处理、隔断暴露途径、其他措施。

### 4.1.1 直接处理土壤中污染物

直接处理土壤中污染物的工程原理有两种：一是通过工程手段使药剂（包括空气）与污染土壤充分接触反应，达到治理污染土壤的目的；二是通过加热直接分解污染物，达到治理污染土壤的目的。直接处理污染土壤的工程手段包括：机械搅拌、机械加压、高温加热。

①机械搅拌，如工程机械（挖掘机等）搅拌土壤、专用设备（修复一体机）搅拌土壤、高压旋喷注浆搅拌等工程技术，可以应用于原位/异位固化/稳定化及原位/异位化学氧化还原等土壤修复工程。

②机械加压，如建井注药/通风、压密注浆等工程技术，可以应用于原位固化/稳定化、原位化学氧化还原、原位曝气、原位生物通风、生物堆等土壤修复工程。

③高温加热，如原位热脱附技术通过加热棒、电极等加热污染土壤；异位热脱附技术通过回转窑、绞龙加热污染土壤；水泥窑协同处置加热污染土壤。这些技术都部分运用了通过高温直接分解土壤中的污染物的原理。

### 4.1.2 将土壤污染转移至气相处理

将土壤污染转移至气相处理的基本工程原理可以概述为通过工程手段加快土壤中污染物的挥发速度，使其挥发后再收集污染气体进行处理。促进污染物挥发的工程手段包括：

搅拌、加热、降低气压。

①搅拌。如常温热脱附，通过工程机械（挖掘机、旋耕机等）搅拌污染土壤，加快污染物挥发速度，再收集污染气体进行处理。

②加热。如原位热脱附技术通过加热棒、电极等加热污染土壤；异位热脱附技术通过回转窑、绞龙加热污染土壤；水泥窑协同处置加热污染土壤。这些技术都部分运用了通过升温促进土壤中污染物的挥发，再收集挥发出来的尾气进行处理。

③降低气压。如气相抽提、原位热脱附等技术，通过真空泵在地下环境制造高负压，通过降低外压来促进污染物挥发。

### 4.1.3　将土壤污染转移至液相处理

典型的如异位淋洗技术，即通过用水洗土，并添加适当的药剂，污染物从土壤中转移到液相。此外，地下水抽提处理技术和多相抽提技术，都需要对抽提出的污染地下水进行处理。

### 4.1.4　隔断暴露途径

止水帷幕、地下连续墙、水泥窑等传统工程技术，可以用于阻隔填埋、可渗透反应墙、水泥窑协同处置等土壤修复技术。

### 4.1.5　其他措施

其他措施有植物富集、农艺调控、客土法、生态恢复、监控自然衰减等。

## 4.2　气/多相抽提工程技术与装备

### 4.2.1　技术原理

气相抽提或多相抽提技术，其基本原理都是通过提取手段，抽取地下污染区域的土壤气体或液体到地面进行相分离及处理。气相抽提主要通过真空抽提手段，抽取包气带污染土壤中的污染气体；多相抽提则是在气相抽提的基础上，通过真空抽提或者潜水泵抽提，抽取含水层的污染地下水或 NAPL（非水相液体）。

### 4.2.2　技术特点

气/多相抽提技术适用于包气带及含水层的挥发性或半挥发性污染物的处理，尤其是针对易挥发、易流动的 NAPL（如汽油、柴油、有机溶剂等）。

气/多相抽提技术是属于施工成本相对较低但处理效率也相对较低的修复技术，因为通过气/多相抽提去除污染物的效率除了受污染物本身挥发性、溶解度和黏性等因素的影响，更受到水文地质条件的影响。渗透性越差、含水率越高或有机质含量越高的土壤，对污染物的吸附和截留作用就越高，通过机械抽提的手段，极难去除污染物。

因此，气/多相抽提技术常与其他技术联用，或作为其他技术的配套技术。如气相抽提技术常与地下水曝气技术联用。气/多相抽提技术也是原位热脱附技术的配套工艺，污染土壤经过加热后，污染物亨利系数大大提高，即挥发性大大提高，大量污染物挥发至土壤气中，再通过气/多相抽提技术抽出至地面处理。

## 4.2.3 施工装备

以多相抽提系统为例，其通常由抽提井系统、抽提系统、处理系统 3 个主要部分构成。

（1）抽提井系统

抽提井系统包括抽提井、抽水泵、井头等。

①抽提井包括抽提井孔、抽提井管及筛管、井填料等。井材质根据工况确定，一般有 UPVC、HDPE、碳钢和不锈钢等材质；抽提井管井直径越小，井影响范围越大，但也会导致压力损失越大，常用管径为 2 英寸（1 英寸=2.54 厘米）或 4 英寸；井筛筛缝一般在 0.2～0.5 mm，筛缝过细会导致压力损失过大。

②井头一般包括阀门、法兰和真空表等，井头负压一般不会太高，选择真空表时应注意量程，若对抽提压力有较精准的要求，可通过真空表来控制阀门开度。

③抽水泵常用深井泵，安装在井内，通过水位计控制启停，但抽水泵一般不耐高温，在原位热脱附工艺中无法使用。

（2）抽提系统

抽提系统的作用是同时抽取污染区域的气体和液体（包括土壤气体、地下水和 NAPL），把气态、水溶态及非水溶性液态污染物从地下抽吸到地面上的处理系统中（图 4-1）。抽提系统包括真空抽提设备、缓冲罐、气液分离器、冷凝系统、仪器仪表等。

①真空抽提设备种类众多，如爪式真空泵，能够承受高温，但对系统冷凝有较高要求；水/油环式真空泵能耐腐蚀，但会产生废水、废油等二次污染，罗茨真空泵、真空风机，工艺简单，但不耐高温。应根据工况和抽提压力要求进行真空抽提设备的选型，真空抽提设备是抽提系统的核心，不同的真空抽提设备会导致工艺流程变化极大。

②缓冲罐安装在真空泵前端，主要作用有两点：一是稳定气压；二是截留因为负压过大而抽出的大部分液体，以及无法被筛管过滤的细小土壤颗粒。因此，缓冲罐常常需要清理。此外，设计缓冲罐时应尤其注意压力平衡，抽提负压可能会导致缓冲罐内液体无法排除。因此，每台真空泵前通常设计一对缓冲罐，通过阀门调节轮换使用。

③气液分离器的分离结构和方法有多种，如重力沉降、折流分离、离心力分离、丝网分离、超滤分离和填料分离等。气液分离器分离效率的选择跟待分离的液体物性有关，如果液体黏度大，分子间作用力强，相对来说容易分离。但值得注意的是，气液分离器分离的是气体分子和液体分子，并不能降低气体含水率，降低含水率仍需要通过冷凝器来实现。

④冷凝系统一般是用于抽提的气体的降温冷凝，使大量 VOC 类污染物液化去除，并降低空气含水率，防止对后端气体处理系统产生影响。对于采用水/油循环真空泵的，还

需要考虑循环液的降温冷凝。因此，根据工况条件不同，冷凝系统可能设置在系统的多个位置，并可能设置多级冷凝。如对于原位热脱附工艺，真空泵前端一般需要设置冷凝系统，防止抽提介质温度过高损坏真空泵；如需要防止液体使后续气体处理工艺中的活性炭失活，则需要在真空泵后端设置冷凝系统，使气体降温至外界环境温度以下。此外，冷凝系统的设计同样应考虑压力平衡和冷凝液排出的问题。

⑤仪器仪表主要包括真空表、压力变送器、气体流量计、液体流量计、温度计、湿度计等。

流量是抽提工艺的核心参数，也是系统自动控制的核心，因此流量计的选型是抽提系统中的重点。第一，应注意流量计监测介质的单一性，抽提工艺的核心参数是气体的流量，因此，必须保证通过流量计的介质没有液滴；第二，气体流量计一般安装在真空泵前，应注意所选流量计能否适用于高负压的工况；第三，还应注意流量计是否在高温、高腐蚀的工况下工作，并设置温度压力补偿；第四，应注意流量计量程与管径的关系，一定流量的真空泵所对应的管径通常较大，一般流量计前后须变径后才能测出流量；第五，气体流量作为核心参数，常常通过电控设计，用来控制真空泵的运行，从而控制整套抽提系统的自动运行。

压力也是抽提系统运行的关键参数，系统中多个节点需要设置真空表，关键节点需要设置压力变送器，其选型需要注意的关键点与流量计类似，而且可以取代流量计，以压力作为系统控制的核心。

**图 4-1　抽提系统现场照片**

（3）处理系统

处理系统主要包括废水处理系统和废气处理系统，结合常规的环境工程处理方法进行相应的处理处置即可，此处不再赘述。值得注意的是，废气处理系统与抽提系统的工艺设计息息相关，应统筹设计规划，尤其注意气体含水率、气体温度、系统压力损失、风量等关键参数。

### 4.2.4 关键参数

（1）污染物性质

污染物在土、水、气相中的浓度、污染物亨利系数与饱和蒸气压、NAPL 厚度与污染面积。

（2）水文地质条件

土壤性质（含水率、渗透性、渗透系数、孔隙率、有机质等）、土壤气压、地下水水位。

（3）抽提井设计参数

井影响半径、井间距、井深、开筛位置、筛缝宽度及间距、填料粒径。

（4）抽提设备运行参数

气/液抽提流量、抽提真空度、单井流量及真空度、污染物回收量、空气含水率。

## 4.3　固化/稳定化工程技术与装备

### 4.3.1 技术原理

固化/稳定化技术是通过机械力向污染土壤中添加固化剂或稳定剂，使之与污染土壤发生物理化学反应，将污染物固定在结构密实、渗透性低的固化体中，阻止其在环境中迁移和扩散过程，或者将污染物转化成化学性质不活泼的形态，降低其毒性或迁移能力，从而降低其环境健康风险的修复技术。原位固化/稳定化与异位固化/稳定化的区别主要在于施工机具和施工方式。

固化的定义是利用固化剂与污染土壤完全混合，使其生成结构密实、渗透性低的颗粒状或团块状固化体，以阻碍污染物迁移并减少外露面积的过程。稳定化的定义是利用化学添加剂与污染土壤混合，改变污染土壤中有毒有害组分的赋存状态或化学组成形式，从而降低其毒性、溶解性和迁移性的过程。固化和稳定化技术在原理和特点上有所不同，但在工程实践中往往是同时实施和发生的，是两个密切关联的过程。

### 4.3.2 技术特点

固化/稳定化技术既适用于处理无机污染物，也适用于处理某些性质稳定的有机污染物。许多无机物和重金属污染土壤，如无机氰化物（氢氰酸盐）、石棉、腐蚀性无机物及砷、镉、铬、铜、铅、汞、镍、硒、锑、铀和锌等重金属污染的土壤，均可采用固化/稳定化技术进行有效的治理和修复，而有机污染土壤中适用或可能适用的污染物类型包括有机氰化物（腈）、腐蚀性有机化合物、农药、石油烃（重油）、多环芳烃（PAHs）、多氯联苯（PCBs）、二噁英或呋喃等多种有机物，但是部分有机污染物对固化/稳定化处理后水泥类水硬性胶凝材料的固结化作用有干扰效应，因此，固化/稳定化技术更多地用作无机污染物的源处理技术。

固化/稳定化技术是相对成熟的土壤修复技术，除了用于修复污染土壤，还可用于处理沉积物、污泥和固体废物等，具有修复周期短，达标能力强，适用的污染范围广，技术难度低，修复成本中等偏低等优点，是国内外普遍应用的污染土壤修复技术。然而固化/稳定化技术也有其不足与局限性，如不能彻底去除污染物，产生土壤增容效应，污染物的长期环境行为难以预测，需要对固化后土壤进行长期监测与维护等。

## 4.3.3　施工装备

（1）原位固化/稳定化施工装备

原位固化/稳定化常用的施工装备可以分为浅层修复机械、深层修复机械和药剂配置及注射设备。

常用的浅层修复机械：挖掘机、带搅拌头的挖掘机等。挖掘机是相对较易获得的施工机具，应用范围广，但相对于搅拌头，其搅拌均匀程度较差，且深度受限，一般不超过 3 m。搅拌头搅拌程度相对均匀，深度可达 5 m，但实际应用中，表层土壤常常存在大量建筑垃圾，搅拌头刀片易受损，且施工成本较高。因此，实际工程中应用较少，设备如图 4-2 所示。

**图 4-2　原位搅拌头**

常用的深层修复机械：直/旋推式钻机、旋喷钻机等。直/旋推式钻机主要用于压密注药，通过钻机实现注浆管的打入和起拔，设备如图 4-3 所示。旋喷钻机主要用于旋喷注药，可以用来输送浆液、压缩空气和清水等介质，在高压的工作条件下，可以通过调节钻入位置和控制喷射半径将药剂输送到位，以及通过高压浆液与压缩空气切割搅拌土体，实现药剂与土壤的有效均匀混合，设备如图 4-4 所示。

常用的药剂配置及注射设备：水泥搅拌机、注浆泵、搅灌一体泵、高压注浆泵、空压机、泥浆泵等。由于固化/稳定化药剂通常为无机凝胶材料，为防止其加水后凝固，常使用水泥搅拌机配置固化/稳定化药剂。注浆泵主要用于压密注药，采用压缩油液或压缩空气为动力源，利用油缸或气缸和注浆缸具有较大的作用面积比，从而以较小的压力便可以

图4-3　压密注浆设备

图4-4　高压旋喷设备

使缸体产生较高的注射压力，其注药压力一般在 0.3～10 MPa。搅灌一体泵相当于水泥搅拌机与注浆泵的一体化设备。高压注浆泵主要用于旋喷注药，原理与注浆泵相同，但其产生的压力可达 20～40 MPa。空压机和泥浆泵一般用于旋喷注药的配套设备。

（2）异位固化/稳定化施工装备

异位固化/稳定化施工装备主要包括预处理系统、混合搅拌系统。

预处理系统主要是通过破碎筛分去除大型石块和建筑垃圾，常用的机械设备包括破碎筛分系统、破碎筛分斗和挖掘机等。破碎筛分系统一般由给料机、筛分机、破碎机、传输皮带等组成，适用于黏性较差、含水率较低的土壤的预处理，黏性较高会导致系统多处物料堵死，即使是黏性较差的土壤，一般也需要定时停机清理。而破碎筛分斗和挖掘机则适用的范围更广泛，可以去除较大的杂质，但去除不彻底，可能对后续搅拌设备产生影响。

混合搅拌系统的主体机械设备包括挖掘机、破碎筛分斗（图4-5）、双轴搅拌机、单轴螺旋搅拌机、链锤式搅拌机、切割锤击混合式搅拌机等。此外，还可以使用专为土壤修复开发的土壤加药搅拌一体式修复装备。

图 4-5 破碎筛分斗

## 4.3.4 常用药剂

用于进行固化/稳定化处理的药剂一般为水泥类或石灰类无机凝胶材料，常见的有硅酸盐水泥、粉煤灰、粒化高炉矿渣细粉、火山灰、水泥窑灰、各类石灰和石灰窑灰等，但最常用的还是水泥。由于上述黏合剂（固化剂）一般不与有机污染物直接产生黏合作用，因此，在处理有机污染土壤时一般还会添加一些可增进与有机污染物产生吸附和稳定作用的添加剂，常见的添加剂包括有机黏土、膨润土、活性炭、磷酸盐、橡胶颗粒、化学胶等。

## 4.3.5 关键参数

（1）污染物性质

污染物性质对固化/稳定化工艺影响较为复杂，详见表4-1。

表 4-1 污染物性质对固化/稳定化的影响

| 影响因素 | 可能的影响方式 |
| --- | --- |
| 重金属（铅、铬、镉、砷、汞） | 如果重金属浓度过高，将延长硬化所需时间 |
| 硝酸盐、氰化物 | 将延长硬化时间，降低以水泥为基础的固化产物的耐久性 |
| 镁、锡、锌、铜、铅等可溶性盐类 | 使无机物的最终固化产物膨胀或破裂，使固化体暴露更多表面积，增加重金属浸出（溶出）可能性 |
| pH 降低 | 既可影响污染物的浸出特性（如通过改变污染物的形态），也可影响固化/稳定化产物的结构性能（如使提供强度的矿物质发生溶解） |

| 影响因素 | 可能的影响方式 |
|---|---|
| 可溶性硫酸盐 | 减缓硬化进程，并导致水泥固化/稳定化产物膨胀或碎裂；对热塑性的固化过程，可造成脱水及再水化，容易导致固化体破裂 |
| 金属盐类及复合物 | 延长水泥或黏土/水泥的硬化时间，并降低耐久性 |
| 无机酸 | 降低水泥（硅酸盐水泥）或黏土/水泥的耐久性 |
| 无机碱（如氢氧化钾和氢氧化钠） | 降低黏土/水泥的耐久性 |
| 非极性有机物（油脂、芳香烃、多氯联苯） | 影响水泥、硅酸盐水泥或有机聚合物的硬化，降低固化体长期的耐久性；油脂会包覆土壤颗粒，降低土壤和黏合剂的结合；对于热塑性固化体，高温将使有机物挥发 |
| 极性有机物（醇、酚、有机酸、乙二醇） | 高浓度的酚会减弱硬化程度，降低水泥类固化体的短期及长期耐久性；热塑性固化/稳定化将会造成有机物挥发，而乙醇会减弱硅酸盐水泥固化体的硬化 |
| 细颗粒物质 | 由于细颗粒物质（通过 200 目筛网的不可溶颗粒）会包覆较大的颗粒物质，降低土壤颗粒和固化剂或其他添加剂的结合 |
| 卤素 | 阻碍固化体形成，容易从水泥或硅酸盐水泥固化体中溶出，或使热塑性固化体脱水 |
| 氰化物 | 氰化物会干扰土壤与黏合剂的结合 |
| 砷酸钠、硼酸盐、磷酸盐、碘酸盐、重铬酸钾、硫化物及碳水化合物 | 减缓固化或硬化进程，减弱最终固化体的强度；硅酸钙和铝酸水合物的形成会阻碍硅酸盐水泥的固化反应 |
| 煤或褐煤 | 煤和褐煤会影响固化程序及最终产物的强度 |
| 固体有机物（塑料、沥青、树脂） | 对尿素甲醛聚合物的形成效果不佳，或许也会对其他聚合物的硬化程度有影响 |
| 氧化剂（次氯酸钠、过锰酸钾、硝酸或重铬酸钾） | 对热塑性及有机聚合固化体可能造成破坏或导致起火燃烧 |

（2）水文地质条件

土壤含水率、渗透性、渗透系数、孔隙率、地质结构、地下水水位。

（3）施工参数

预处理粒径、药剂浓度及添加比例、含水率调节、养护时间。

# 4.4 异位淋洗工程技术与装备

## 4.4.1 技术原理

采用物理分离或增效淋洗等手段，通过添加水或合适的淋洗剂，分离重污染土壤组分或使污染物从土壤相转移到液相，并有效地减少污染土壤的处理量，实现减量化。淋洗系统的废水应经处理去除污染物后回用或达标排放。

## 4.4.2 技术特点

异位淋洗技术适用于处理重金属、半挥发性有机污染物、难挥发性有机污染物污染的土壤。

异位淋洗技术的基本原理是将污染物从土壤相转移至液相，因此，土壤对污染物的吸附性直接决定了该技术的处理效率。土壤对污染物的吸附作用十分复杂，包括土壤颗粒电荷作用、土壤有机质的物理吸附（范德华力）、土壤有机质的化学吸附及污染物在水-土壤有机质体系中的分配作用等，总体可以归结为：土壤颗粒越小，有机质含量越高，对污染物的吸附能力越强。因此，一般认为该技术不宜用于土壤黏/粉粒（粒径≤0.075 mm）含量高于25%的土壤。

## 4.4.3 施工装备

异位土壤淋洗处理系统一般包括土壤预处理单元、物理分离单元、增效淋洗单元、废水处理及回用单元和挥发气体控制单元等。具体场地修复中可选择单独使用物理分离单元或联合使用物理分离单元和增效淋洗单元。

主要设备包括土壤预处理设备（如破碎机、筛分机等）、输送设备（皮带机或螺旋输送机）、物理筛分设备（湿法振动筛、滚筒筛、水力旋流器等）、增效淋洗设备（淋洗搅拌罐、滚筒清洗机、水平振荡器、加药配药设备等）、泥水分离及脱水设备（沉淀池、浓缩池、脱水筛、压滤机、离心分离机等）、废水处理系统（废水收集箱、沉淀池、物化处理系统等）、泥浆输送系统（泥浆泵、管道等）、自动控制系统。流程图如图4-6所示，实物图如图4-7至图4-9所示。

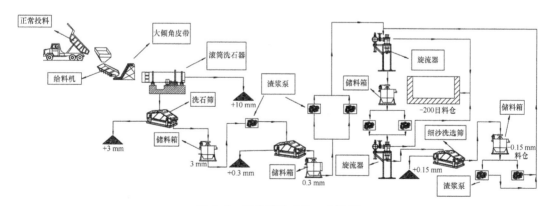

**图4-6 异位淋洗系统工艺流程**

图 4-7 滚筒洗石机

图 4-8 振动脱水筛

图 4-9 水力旋流器

## 4.4.4 常用药剂

本小节主要介绍淋洗剂的选择,需要注意的是,在化学氧化/还原和固化/稳定化工艺中,药剂的选择常常决定了修复的成败;而在淋洗工艺中,污染物的去除率主要受土壤质地的影响,淋洗剂只能起到增效作用,在一定范围内提高污染物去除率。因此,在实际工程应用中,也可采用清水进行淋洗,不添加淋洗剂。

重金属淋洗剂可为络合剂、无机酸、有机酸、中性盐等,常用药剂如乙酸、草酸、苹果酸、柠檬酸、$FeCl_3$、$CaCl_2$、EDTA-2Na、皂素等。选择重金属淋洗剂时,主要考量重金属在土壤中的存在形态,主要可分为水溶态、可交换态、碳酸盐结合态、铁锰氧化物结合态、有机结合态和残留态。水溶态是指土壤溶液中重金属离子,可用清水淋洗,大多数情况下水溶态含量极微;可交换态是指被土壤胶体表面非专性吸附且能被中性盐取代的;碳酸盐结合态在石灰性土壤中是一种比较重要的形态,普遍使用弱酸作为淋洗剂;铁锰氧化物结合态是被土壤中氧化铁锰或黏粒矿物的专性交换位置所吸附的部分,不能用中性盐溶液交换,只能被亲和力相似或更强的金属离子置换;有机结合态是指重金属通过化学键形式与土壤有机质结合，也属专性吸附；残留态是指结合在土壤硅铝酸盐矿物晶格中的金属离子，难以淋洗去除。

有机污染选择的淋洗剂一般为表面活性剂，表面活性剂种类众多，主要包括以下四大类：阴离子表面活性剂、阳离子表面活性剂、非离子表面活性剂、两性表面活性剂。表面活性剂淋洗有机污染物的主要机制有两种：一是卷缩作用，即附着在土壤中的油类物质被表面活性剂分子包裹卷离的分离过程；二是增溶作用，即表面活性剂分子单体的亲油分子基团与油性物质结合，从而形成外部为亲水基的表面活性剂胶束，继而包裹难溶性的有机污染物从土壤中解吸并分散到水相。

淋洗剂的种类和剂量应根据可行性实验和中试结果确定。对于有机物和重金属复合污染，可考虑两类淋洗剂的复配。

## 4.4.5　关键参数

①土壤细粒含量：土壤细粒的百分含量是决定土壤淋洗修复效果和成本的关键因素。细粒一般是指粒径小于 75 μm 的粉/黏粒。通常异位土壤淋洗处理对于细粒含量达到 25% 以上的土壤不具有成本优势。

②污染物性质和浓度：污染物的水溶性和迁移性直接影响土壤淋洗特别是增效淋洗修复的效果。污染物浓度也是影响修复效果和成本的重要因素。

③水土比：采用旋流器分级时，一般控制给料的土壤浓度在 10% 左右；机械筛分根据土壤机械组成情况及筛分效率选择合适的水土比，一般为 5∶1 至 10∶1。增效淋洗单元的水土比根据可行性实验和中试的结果来设置，一般水土比为 3∶1 至 20∶1。

④淋洗时间：物理分离的物料停留时间根据分级效果及处理设备的容量来确定；一般时间为 20 min 到 2 h，延长淋洗时间有利于污染物去除，但同时也增加了处理成本，因此，应根据可行性实验、中试结果及现场运行情况选择合适的淋洗时间。

⑤淋洗次数：当一次分级或增效淋洗不能达到既定土壤修复目标时，可采用多级连续淋洗或循环淋洗。

⑥淋洗废水的处理及淋洗剂的回用：对于土壤重金属淋洗废水，一般采用铁盐+碱沉淀的方法去除水中重金属，加酸回调后可回用淋洗剂；有机物污染土壤的表面活性剂淋洗废水可采用溶剂增效等方法去除污染物并实现淋洗剂回用。

# 4.5　原位热脱附工程技术与装备

## 4.5.1　技术原理

通过加热提高污染区域的温度，一方面，使土壤中污染物更容易转移至气相或液相中（包括高温提高了污染物蒸汽压、降低了 NAPL 的黏度、降低污染物的土壤-水分配系数、减少土壤有机质含量等），再通过气/多相抽提技术，将污染物抽出至地面处理；另一方面，高温加速了污染物的水解、热解和氧化反应，促进污染物降解。

## 4.5.2 技术特点

原位热脱附技术是土壤修复技术中的"重武器"，也是常用土壤修复技术中，修复成本最高的技术。该技术可处理的污染物范围广、耗时短，并且是少有的对低渗透污染区及不均质污染区域也具有较强适用性的原位修复技术。

## 4.5.3 施工装备

原位热脱附装备可以分为加热系统和抽提系统两大部分。抽提系统与本书4.2.3节中描述的抽提系统基本类似，只是在选型时需注意高温等特殊工况。而加热系统根据加热方式的不同，常用的有以下3种：热传导加热（thermal conductive heating，TCH）、电阻加热（electrical resistive heating，ERH）和蒸汽/热空气注入（steam/hot air injection，SAI）。

（1）热传导加热系统装备

热传导加热是指加热井热量通过热传导的方式传递到污染土壤。热传导系统装备有燃气加热和电加热两种。

①燃气热传导加热系统：一般包括燃烧器（控制器）、井头、内管、外管、助燃风机、仪器仪表等。燃烧器是使燃料和空气以一定方式喷出混合燃烧的控制装置，也是加热井温度控制的核心；助燃风机主要用于给燃烧器提供氧气；燃烧器喷出的火焰在内管中燃烧，烟气依次通过内管、外管后排出，内管材质需要能够承受火焰燃烧的高温，外管在插拔过程中易损坏，一般不需采用昂贵材质；仪器仪表主要用于监测系统运行的温度、压力、气量等，并须监测排出的烟气是否达标，流程图如图4-10所示，实物图如图4-11所示。

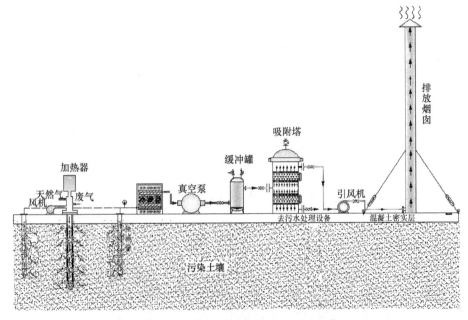

**图4-10　燃气热传导原位热脱附工艺流程**

**图 4-11　燃气热传导原位热脱附系统实物图**

②电热传导加热系统：该系统相对简单，主要包括控制器、加热丝内管、外管、仪器仪表等。控制器通过控制电流大小控制加热丝温度；加热丝内管是发热的核心装置；外管主要用于保护内管；仪器仪表主要用于监测系统运行的温度、电流等。

燃气加热和电加热两种方式各有其优势。一般情况下，燃气加热能耗费用相对较低；燃气加热产生的高温烟气能量可以回收，但烟气排放可能造成二次污染；燃气加热需维持温度、风量、燃气量的动态平衡，系统操作较为复杂；燃气加热在火焰段温度较高，在其他区域温度相对较低，整体温度分布不均匀，而电加热可以做到加热井各段温度一致；电加热的加热丝需根据加热井深度一次成型，定制周期长，二次利用难，且不适用于过深的加热井，实物图如图 4-12 所示。

**图 4-12　电热传导原位热脱附系统实物图**

（2）电阻加热系统装备

电阻加热技术的原理是基于焦耳定律，即电流流过电阻时，电能会转化为热量，引起通电导体温度升高。将电极直接安装在污染区域内，电流经过饱和层或非饱和层介质时产生热量，通路上的水分和土壤作为电阻而发热升温。

电阻加热的加热系统装备较为简单，主要包括电力控制系统、电极棒、监测系统等。尽管其设备组成简单，但系统控制较为复杂。场地土壤电阻分布一般是不均匀的，因此，需监测和控制每一根电极棒的电压或电流，既要防止电流过大损坏线路或设备，又要防止电流过小，加热过慢，能量损失大。

（3）蒸汽/热空气注入加热系统装备

蒸汽/热空气注入技术通过将水蒸气或者热空气注入污染区域，热量通过对流的方式传递。通过布置在污染区域的蒸汽或热空气注射井向土壤中导入气流，气流经过污染区域时，一方面，将热量传递给污染区域，使污染区域温度升高；另一方面，流过污染区域的气流将带走气相中的污染物，使气相中污染物分压降低，挥发性和半挥发性有机物加速进入气相，随注入的热空气或蒸汽进入真空抽提井并得以去除，最终实现污染物的清除。

3 种加热方式的对比分析如表 4-2 所示。

表 4-2　3 种加热方式的对比分析

| 内容 | 热传导加热 | 电阻加热 | 蒸汽/热空气注入 |
|---|---|---|---|
| 适用土质 | 各种土质 | 有一定渗透性，并且主要适用于含水层 | 渗透性较好的地层，如砂土 |
| 最高温度 | 800 ℃ 左右 | 100 ℃，即水的沸点，但由于加热形成热蒸汽，因此实际温度可能略高于 100 ℃ | 170 ℃ 左右，即蒸汽的温度 |
| 温度均匀性 | 靠近加热井处温度高，其他区域温度较低 | 温度分布较为均匀 | 温度分布较为均匀 |
| 升温速度 | 较快，受加热井密度和土壤含水量影响 | 较快 | 较慢 |
| 其他特点 | 由于温度过高，加热后土壤可能板结变硬，导致加热井外管无法取出 | 整场土地通电，加热过程可能导致土壤导电性的变化，需及时监测电流大小，防止发生人员安全事故 | 蒸汽的回收系统即抽提系统，因此系统需整体统一设计、运行，操作复杂 |

### 4.5.4　关键参数

（1）土壤特性

对于偏黏性的土壤，不可采用蒸汽/热空气注入；若土壤含水率较高或需要处理 NAPL，则应优先选择电阻加热。

土壤含水率及地层结构是热传导加热和电阻加热设计的关键参数；电阻加热还需关注地下水的导电率；蒸汽/热空气注入则重点关注土壤渗透率和渗透系数。

（2）污染物特性

污染物沸点在 200 ℃ 以下时，可采用电阻加热或蒸汽/热空气注入技术；沸点超过 200 ℃ 时，宜采用热传导加热，并且污染物沸点决定了热传导加热需要达到的温度。

# 4.6　异位热脱附工程技术与装备

## 4.6.1　技术原理

通过直接或间接加热，将污染土壤加热至一定温度，通过控制系统温度和物料停留时间，促使污染物气化挥发，使目标污染物与土壤颗粒分离、去除。

## 4.6.2　技术特点

异位热脱附技术适用于处理挥发及半挥发性有机污染物（如石油烃、农药、多氯联苯、多环芳烃等）或汞污染的土壤。

异位热脱附技术也是土壤修复技术中的"重武器"。土壤修复的工程原理中，直接处理土壤受药剂适用性的影响大，转移至液相受吸附作用的影响大，而通过高温转移至气相受其他因素影响小。因此，异位热脱附技术有着相对较高的处理效率，但同样也有着相对较高的处理单价。除了高温需要的能源消耗导致其处理成本较高，设备费用也是导致其处理成本较高的主要因素之一。相对其他修复技术所采用的设备，异位热脱附设备的研发制造成本和运输安装成本均偏高，因此，在处理土方量足够大时（超过 10 000 m³），其每立方米土的设备成本相对较低。

## 4.6.3　施工装备

异位热脱附系统有两大类：直接热脱附系统和间接热脱附系统。

（1）直接热脱附系统

直接热脱附由预处理系统、脱附系统和尾气处理系统组成。

①预处理系统：土壤黏性是导致设备堵塞，阻碍设备稳定运行的关键因素，因此，预处理对于工艺的稳定性至关重要，预处理会产生大量扬尘，一般应在封闭大棚内进行，预处理包括脱水、破碎、筛分、磁选、称量等步骤。常用的设备包括破碎筛分斗、破碎机、振动筛分机、给料机、输送带、除铁器、皮带秤等。

②脱附系统：污染土壤进入回转窑后，与回转窑燃烧器产生的火焰直接接触，加热至一定温度，达到污染物与土壤分离的目的。由于土壤中的细小颗粒极多，设计回转窑时应尤其关注其密封性，土壤降温出料时，也需注意其扬尘问题。

③尾气处理系统：富集气化污染物的尾气通过旋风除尘、焚烧、冷却降温、布袋除尘、碱液淋洗等环节去除尾气中的污染物。由于污染物直接接触火焰，因此，需关注尾气中的二噁英含量，一般要求高温烟气焚烧温度需在 900 ℃以上，并在 2 s 内降温至 200 ℃左右，以防止二噁英的形成。

异位直接热脱附工艺流程图如图 4-13 所示，实物图如图 4-14 所示。

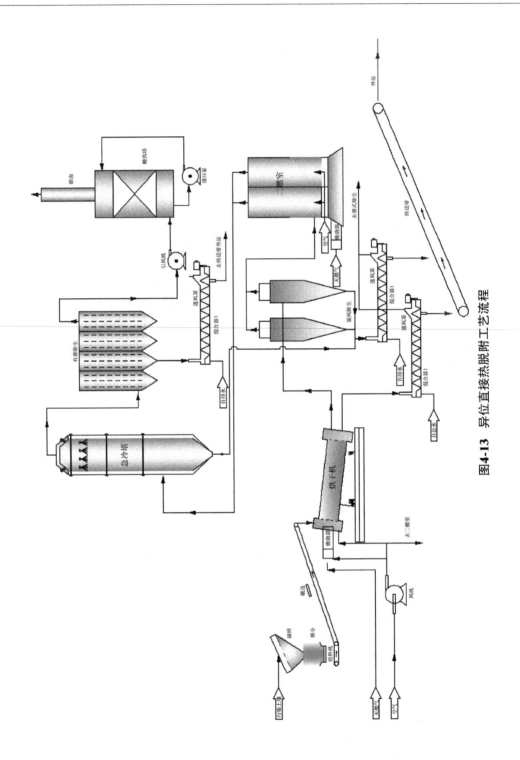

图4-13 异位直接热脱附工艺流程

图 4-14　异位直接热脱附系统实物图

（2）间接热脱附系统

间接热脱附由预处理系统、脱附系统和尾气处理系统组成。其与直接热脱附的区别在于脱附系统和尾气处理系统。

①脱附系统：燃烧器产生的火焰均匀加热转窑外部，污染土壤被间接加热至污染物的沸点后，污染物与土壤分离，废气经燃烧直排。

②尾气处理系统：富集气化污染物的尾气通过过滤器、冷凝器、超滤设备等环节去除尾气中的污染物。气体通过冷凝器后可进行油水分离，浓缩、回收有机污染物。

异位间接热脱附系统实物图如图 4-15 所示。

图 4-15　异位间接热脱附系统实物图

直接热脱附技术和间接热脱附技术除了在工艺流程上有差别外，在其他方面的对比分析详见表 4-3。

表4-3  直接热脱附技术和间接热脱附技术的对比

| 内容 | 对比分析 |
|------|---------|
| 运行能耗 | 在脱附阶段，直接加热的热转换效率相对更高，能耗低，但由于直接热脱附一般需将烟气加热至高温，防止二噁英生成，因此两种技术总体能耗相近 |
| 最高加热温度 | 直接热脱附烟气最高加热温度理论上可以超过1000 ℃，但受到设备运输要求的影响，脱附窑体一般不宜过长，这也限制了其烟气最高加热温度，一般不超过500 ℃；间接热脱附理论上烟气最高温度也可达到400~500 ℃，但由于其传热效率低，土壤实际温度一般不超过300 ℃ |
| 单套系统处理量 | 单套系统处理量主要受运输尺寸限制，间接热脱附系统一般在3~6 t/h；对于可移动式的直接热脱附系统，其处理量一般最大可达20~30 t/h |
| 其他 | 对于有机质含量超过4%的污染土壤，或含氯元素较高的污染土壤，宜采用间接热脱附 |

## 4.6.4  关键参数

（1）土壤特性

①土壤质地：一方面，黏性土对污染物吸附能力强，热脱附效果相对较差；另一方面，黏性土容易导致设备堵死，系统运行不稳定，运行成本高。因此，土壤越偏黏性，热脱附效率越低。

②水分含量：由于水的比热容较大，因此，土壤中水分含量越大，则消耗热量越高。土壤含水率在5%~35%，所需热量在117~286 kcal/kg。为保证热脱附的效能，进料土壤的含水率宜低于25%。

③土壤粒径分布：进料最大土壤粒径不应超过5 cm，防止损坏设备。如果超过50%的土壤粒径小于200目，细颗粒土壤可能会随气流排出，导致气体处理系统超载。

（2）污染物特性

①污染物浓度：有机污染物浓度高会增加土壤热值，可能会导致高温损害热脱附设备，甚至发生燃烧爆炸，故排气中有机物浓度要低于爆炸下限25%。有机物含量高于4%的土壤不适用于直接热脱附系统，可采用间接热脱附处理。

②污染物沸点：污染物的沸点与挥发性一般呈正相关，且沸腾作用能使污染物发生剧烈汽化的现象。因此，为了促进污染物的挥发，通常需要将污染土壤加热至接近或达到污染物的沸点。但实际运行中，污染物去除效率还与污染浓度、土壤性质、加热停留时间等因素相关，因此，实际运行温度应通过中试、小试确定。

③二噁英的形成：多氯联苯及其他含氯化合物在受到低温热破坏时或者高温热破坏后的低温过程易生产二噁英。故在废气燃烧破坏时还需要特别的急冷装置，使高温气体的温度迅速降低至200 ℃，防止二噁英的生成。

# 4.7　水泥窑协同处置工程技术与装备

## 4.7.1　技术原理

利用水泥回转窑内的高温、气体长时间停留、热容量大、热稳定性好、碱性环境、无废渣排放等特点，在生产水泥熟料的同时，焚烧固化处理污染土壤。

有机物污染土壤从窑尾烟气室进入水泥回转窑，窑内气相温度最高可达 1800 ℃，物料温度约为 1450 ℃，在水泥窑的高温条件下，污染土壤中的有机污染物转化为无机化合物，高温气流与高细度、高浓度、高吸附性、高均匀性分布的碱性物料（CaO、$CaCO_3$ 等）充分接触，有效地抑制酸性物质的排放，使得硫和氯等转化成无机盐类固定下来；重金属污染土壤从生料配料系统进入水泥窑，使重金属固定在水泥熟料中。

## 4.7.2　技术特点

适用于污染土壤，可处理有机污染物及重金属。不宜用于汞、砷、铅等重金属污染较重的土壤，由于水泥生产对进料中氯、硫等元素的含量有限值要求，在使用该技术时需慎重确定污染土壤的添加量。

## 4.7.3　施工装备

水泥窑协同处置包括污染土壤贮存、预处理、投加、焚烧和尾气处理等过程。在原有的水泥生产线基础上，需要对投料口进行改造，还需要必要的投料装置、预处理设施、符合要求的贮存设施和实验室分析能力。水泥窑协同处置主要由土壤预处理系统、上料系统、水泥回转窑及配套系统、监测系统组成。土壤预处理系统在密闭环境内进行，主要包括密闭贮存设施（如充气大棚）、筛分设施（筛分机）、尾气处理系统（如活性炭吸附系统等），预处理系统产生的尾气经过尾气处理系统后达标排放。上料系统主要包括存料斗、板式喂料机、皮带计量秤、提升机，整个上料过程处于密闭环境中，避免上料过程中污染物和粉尘散发到空气中，造成二次污染。水泥回转窑及配套系统主要包括预热器、回转式水泥窑、窑尾高温风机、三次风管、回转窑燃烧器、篦式冷却机、窑头袋收尘器、螺旋输送机、槽式输送机。监测系统主要包括氧气、粉尘、氮氧化物、二氧化碳、水分、温度在线监测及水泥窑尾气和水泥熟料的定期监测，保证污染土壤处理的效果和生产安全。

## 4.7.4　关键参数

①水泥回转窑系统配置：采用配备完善的烟气处理系统和烟气在线监测设备的新型干法回转窑，单线设计熟料生产规模不宜小于 2 000 t/d。

②污染土壤中碱性物质含量：污染土壤提供了硅质原料，但由于污染土壤中 $K_2O$、$Na_2O$ 含量高，会使水泥生产过程中中间产品及最终产品的碱当量高，影响水泥品质。因此，在开始水泥窑协同处置前，应根据污染土壤中的 $K_2O$、$Na_2O$ 含量确定污染土壤的添

加量。

③重金属污染物初始浓度：入窑配料中重金属污染物的浓度应满足《水泥窑协同处置固体废物环境保护技术规范》（HJ622）的要求。

④污染土壤中的氯元素和氟元素含量：应根据水泥回转窑工艺特点，控制随物料入窑的氯和氟投加量，以保证水泥回转窑的正常生产和产品质量符合国家标准，入窑物料中氟元素含量不应大于 0.5%，氯元素含量不应大于 0.04%。

⑤污染土壤中硫元素含量：在水泥窑协同处置过程中，应控制污染土壤中的硫元素含量，配料后的物料中硫化物硫与有机硫总含量不应大于 0.014%。从窑头、窑尾高温区投加的全硫与配料系统投加的硫酸盐硫总投加量不应大于 3000 mg/kg。

⑥污染土壤添加量：应根据污染土壤中的碱性物质含量、重金属含量、氯元素、氟元素、硫元素含量及污染土壤的含水率，综合确定污染土壤的投加量。

# 4.8 化学氧化/还原工程技术与装备

## 4.8.1 技术原理

通过向土壤或地下水中添加氧化剂或还原剂，通过氧化或还原作用，使土壤或地下水中的污染物转化为无毒或相对毒性较小的物质。

## 4.8.2 技术特点

异位化学氧化/还原技术用于处理污染土壤，原位化学氧化/还原技术则可以同时治理污染土壤和地下水。其中，化学氧化可处理石油烃、BTEX（苯、甲苯、乙苯、二甲苯）、酚类、MTBE（甲基叔丁基醚）、含氯有机溶剂、多环芳烃、农药等大部分有机物；化学还原可处理重金属类（如六价铬）和氯代有机物等。

化学氧化/还原技术在土壤修复技术中属于处理效率较高的修复技术，其修复成本主要取决于药剂量。尽管化学氧化/还原技术适用于绝大多数污染物，但对具体某一种污染物的处理效率差距较大，因此，污染物的具体种类将会对药剂量造成直接影响。此外，药剂量还受土壤中本身含有的腐殖质和还原性金属含量的影响较大。对于原位化学氧化/还原技术，土壤渗透性也是影响其修复效率的主要因素。

化学氧化/还原技术虽然处理效率较高，但其主要缺点是易造成二次污染。除了氧化药剂本身可能造成二次污染，化学反应过程通常需要通过添加强酸强碱来活化氧化剂，使土壤和地下水的 pH 发生较大变化。

## 4.8.3 施工装备

（1）原位化学氧化的施工装备

原位化学氧化常用的施工装备可以分为多点压力注射设备、单点压密注射设备和单点旋喷注射设备 3 类。

　　单点压密注射设备和单点旋喷注射设备，与本书 4.3.3 节中描述的原位固化/稳定化所用施工装备基本相同，但对于化学氧化还需注意设备和管路的防腐措施及人员安全措施。

　　多点压力注射设备主要包括配药系统、注药系统和注药井。配药系统包括配药桶、搅拌机、储药桶、输送泵、pH 计、ORP 计等。注药系统包括注药泵、流量计、压力表等。注药井与本书 4.2.3 节中描述的抽提井类似，但不需安装井内泵，且真空表应换为压力表，并在井头设置放气阀。药桶一般采用 PE 材质，管路采用 UPVC 材质，防止其被药剂腐蚀；注药泵常采用隔膜泵，防止背压过大损坏泵。本系统装备较为简单，体积较小，因此，可以整体设计在撬块或集装箱中，以方便运输和安装。

　　图 4-16 和图 4-17 分别为集装箱一体式原位多点注药系统三维图和实物图。

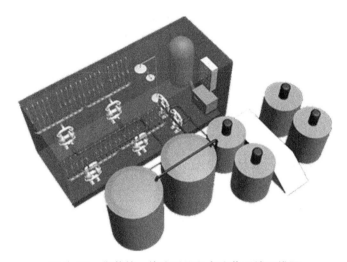

**图 4-16　集装箱一体式原位多点注药系统三维图**

**图 4-17　集装箱一体式原位多点注药系统实物图**

3 种原位化学氧化技术对比详见表 4-4。

表 4-4  3 种原位化学氧化技术对比

| 对比内容 | 对比分析 |
|---|---|
| 注药效率 | 对于工程量较小的原位化学氧化/还原工程，单点压密/旋喷注射设备移动方便，不需安装，因此效率较高。但若工程量较大、点位数较多，多点压力注射效率将明显高于单点压密/旋喷注射 |
| 土质适用性 | 多点压力注射压力较低，一般只适用于砂土，土质越黏，效果越差，且易形成快速通道，损失大量药剂。对于黏土，一般只能采用单点旋喷注射，通过高压力形成的水力切割作用，使药剂与污染土壤充分混合 |
| 安全性 | 多点压力注射施工过程，人远离注药区域，安全性高。单点压密/旋喷注射工程实施中需注意钻杆返浆的风险，并且单点旋喷注射压力极大，应尤其关注人员安全防护问题。此外，单点旋喷注射化学药剂后，其注药水力切割范围内会形成空洞，有人员坠落风险，并且整场实施单点旋喷注射后，有地基沉降风险。因此，一般单点旋喷注射只处理地表 2 m 以下的土壤 |
| 其他 | 由于污染物在土壤中的溶解释放过程缓慢（包括土壤颗粒吸附的污染物的释放及有机物化合态转换为游离态），因此在土质合适的条件下，低流量、长时间、分阶段的注药方式更符合污染物释放反应的规律，工艺效果好，应优先选用多点压力注射，并且低浓度注药可以节省大量药剂 |

（2）异位化学氧化的施工装备

异位化学氧化的施工装备，与本书"4.3.3"中描述的异位固化/稳定化所用施工装备基本相同，但对于化学氧化还需注意设备和管路的防腐措施及人员安全措施。

## 4.8.4  常用药剂

常见的氧化剂包括过氧化氢、过硫酸盐、高锰酸盐和臭氧。常见的还原剂包括硫化氢、连二亚硫酸钠、亚硫酸氢钠、硫酸亚铁、多硫化钙、二价铁、零价铁等。

过硫酸盐主要包括过硫酸钠和过硫酸钾，一般选择溶解度较高的过硫酸钠；其稳定性一般，在地下环境中的半衰期不超过 1 个月；其反应过程可产生两种自由基：$SO_4^{2-} \cdot$ 及 $OH \cdot$，$SO_4^{2-} \cdot$ 形成较快且其氧化力较强，提升温度和 pH 有助于加速 $SO_4^{2-} \cdot$ 的形成，能大大提高难处理污染物（如氯代烷烃、四氯化碳及氯仿等）的处理效率；实际工程应用中，常采用氢氧化钠或氢氧化钙提高 pH 来活化过硫酸盐。

过氧化氢是极为常见的氧化剂，但极不稳定，在地下环境中的半衰期不超过 5 天；过氧化氢的反应过程中若其量体足够，可形成多种自由基，如 $O^{2-} \cdot$、$OH \cdot$、$HO_2 \cdot$，氧化能力强；添加二价铁离子有助于 $OH \cdot$ 自由基的生成，并提高氧化力，二价铁需于偏酸环境下（pH<4）保持溶解态；此外，反应后将大量形成 $O_2$，可促进挥发及好氧性生物降解。

臭氧在不考虑活化条件下，是最强的氧化剂；其稳定性一般，半衰期与过硫酸盐相近；可以气体形态注入地下，也可以溶解于水或过氧化氢液体中，再注入地下；臭氧反应

后将产生大量 $O_2$，促进挥发及好氧性生物降解。由于臭氧相对于活化后的其他氧化剂，其氧化性一般，且臭氧制备困难，在实际工程中应用较少。

高锰酸盐主要包括高锰酸钾和高锰酸钠，十分稳定，可存在于环境中达数个月；其氧化反应并非通过自由基来进行，而是电子交换，因此当污染物分子的电子越稳定则越难处理，如烷烃、脂肪族及苯环类污染物；一般适用于烯类、醛类、羟类污染物；其反应产物 $MnO_2$ 会形成沉淀物，易阻塞含水层；实际工程中，由于高锰酸盐处理效率低、颜色深、存在时间长，而极少应用。

由于化学还原一般不能彻底去除污染物，在实际中较少应用，但典型的如六价铬，则必须通过化学还原技术来进行处理。常用的药剂有亚硫酸氢钠、多硫化钙、零价铁，根据可靠研究表明，多硫化钙对于六价铬有较好的处理效果。

### 4.8.5　关键参数

（1）药剂投加量

化学氧化的对象除了污染物外，还包括土壤及地下水中的腐殖质等其他有机物及还原性无机物，将这些物质完全氧化所需的氧化剂的量，称为土壤氧化剂需求量（soil oxidant demand，SOD）。此外，氧化剂本身不稳定，不同的氧化剂存在不同半衰期。

因此，氧化剂需求量的公式为：

$$氧化剂需求量 = SOD + 污染物氧化剂需求量 + 氧化剂自我分解量。 \quad (4.1)$$

通常 SOD 远远大于污染物氧化剂需求量，可能超过 1 个数量级；氧化剂自我分解量则取决于药剂的种类，通常也大于污染物氧化剂需求量。因此，在不考虑氧化剂对污染物分解效果的前提下，SOD 基本决定了氧化剂需求量。

由于不同土质 SOD 差距较大，且不同种类的氧化剂对不同污染物的处理效率也是天差地别，因此对于实际工程，必须通过小试或中试实验来确定氧化剂种类与需求量。

（2）污染物类型和质量

不同药剂适用的污染物类型不同。如果存在非水相液体（NAPL），由于溶液中的氧化剂只能和溶解相中的污染物反应，因此反应会限制在氧化剂溶液/非水相液体（NAPL）界面处。如果 LNAPL（轻质非水相液体）层过厚，建议利用其他技术进行清除。

（3）土壤均一性

对于原位化学氧化/还原技术，在非均质土壤中易形成快速通道，使注入的药剂难以接触到全部处理区域，因此均质土壤更有利于药剂的均匀分布。

（4）土壤渗透性

对于原位化学氧化/还原技术，土壤渗透性直接决定了原位化学氧化技术所选用的具体施工方式和装备，从而决定了施工成本。高渗透性土壤有利于药剂的均匀分布，更适合使用原位化学氧化/还原技术。

（5）地下水水位

对于原位化学氧化/还原技术，通常需要一定的压力以进行药剂注入，若地下水位过低，则系统很难达到所需的压力。

（6）pH 和缓冲容量

pH 和缓冲容量会影响药剂的活性，药剂在适宜的 pH 条件下才能发挥最佳的化学反应效果。强酸或强碱本身对于土壤是一种污染，而且可能会导致土壤中原有的重金属溶出。

（7）含水率

对于异位化学氧化/还原技术，土壤含水率宜控制在土壤饱和持水能力的90%以上。

# 4.9　生物通风工程技术与装备

## 4.9.1　技术原理

原位生物通风，又称土壤曝气，是一种强迫氧化的原位生物修复方式，即在受污染的土壤不饱和区中强制注入空气（或氧气）、添加营养物（氮和磷酸盐）和接种特异工程菌，利用土壤中的微生物对土壤中的挥发性有机物、半挥发性有机物进行生物降解，从而达到修复土壤的目的。

## 4.9.2　技术特点

原位生物通风法由土壤气相抽提法发展而来，适用于地下水层上部透气性较好而被挥发性有机物污染土壤的修复，同时也适用于结构疏松多孔的土壤。生物通风技术可以修复的污染物范围广泛，修复成本相对低廉，尤其对修复成品油污染土壤非常有效，包括汽油、喷气式燃料油、煤油和柴油等的修复。

生物修复方法相对于物理化学修复方法，其处理成本较低，但时间较长，生物反应周期一般在一年以上。对于污染浓度过高的场地，可能导致微生物培养困难，不宜采用生物修复的方法。

## 4.9.3　施工装备

原位生物通风技术系统由抽气系统、抽提井、输气系统、营养水分调配系统、注射井、尾气处理系统和在线监测系统及配套控制系统组成，各系统设备组成见表4-5。

表4-5　原位生物通风技术系统组成

| 系统名称 | 设备 |
| --- | --- |
| 抽气系统 | 真空泵、抽气管网、气水分离罐、压力表、流量计、抽气风机 |
| 抽提井 | |
| 输气系统 | 鼓风机、输气管网 |
| 营养水分调配系统 | 营养水分添加管网、添加泵、营养水分存储罐 |

续表

| 系统名称 | 设备 |
|---|---|
| 注射井 | |
| 尾气处理系统 | 除尘器、活性炭吸附塔 |
| 在线监测系统及配套控制系统 | |

## 4.9.4　关键参数

生物通风方法的现场修复效果受土壤、污染物和微生物等多种因素的制约与影响，在对场地进行修复前，应针对每个待修复场地寻找最佳的参数条件。影响原位生物通风技术修复效果的因素主要为土壤理化性质、污染物特性和土壤微生物三大类，见表4-6。

表4-6　原位生物通风技术影响因子

| 因素 | 具体内容 |
|---|---|
| 土壤理化性质 | 气体渗透率、含水率、温度、pH、营养物含量、氧气/电子受体 |
| 污染物特性 | 可生物降解性、浓度、挥发性 |
| 土壤微生物 | 微生物种类、数量 |

## 4.9.5　类似技术比较

原位生物通风法由土壤气相抽提法发展而来，因此将此两种方法进行了比较，见表4-7。

表4-7　类似技术比较

| | 原位生物通风法 | 土壤气相抽提法 |
|---|---|---|
| 使用位置 | 污染区边缘 | 污染区中心 |
| 抽提速率 | 较高 | 较低 |
| 应用范围 | 汽油、柴油、燃料油 | 挥发性有机物 |
| 操作成本 | 低 | 高 |
| 废气后续处理 | 直接排放 | 需后续处理（活性炭吸附+催化燃烧） |
| 操作时间 | 较长 | 较短 |

# 4.10 植物修复工程技术与装备

## 4.10.1 技术原理

植物修复就是利用植物来治理污染了的环境，即利用植物及其根际圈微生物体系的吸收、挥发和转化、降解等作用机制来清除污染环境中的污染物质。狭义的植物修复主要是指利用植物及其根际圈微生物体系清洁污染土壤（包括无机和有机物）。而通常所说的植物修复主要是利用超富集植物的提取作用去除污染土壤中的重金属，将土壤中重金属浓度降低到可接受水平。

## 4.10.2 技术特点

原位植物修复适用于已找到对应超富集植物的重金属（砷、镉、铅、镍、铜、锌、钴、锰、铬、汞等）和特定的有机污染物（石油烃、五氯酚、多环芳烃等）。同时植物受气候、土壤等条件影响，本技术不适用于污染物浓度过高或土壤理化性质严重破坏不适合修复植物生长的土壤。

与传统的重金属污染土壤修复技术相比，植物修复技术的优势体现在：原位、主动修复，不破坏土壤结构和土壤微生物活动，对周围环境扰动少；植物收割集中处理回收重金属，可减少二次污染并兼具经济效益；成本低廉、操作简单、安全可靠、效果长久、适用于大面积治理，并能美化环境。

但是，已知的超富集植物多为野生型，个体矮小、生物量低、生长缓慢，植物修复相比传统理化法耗时久，治理周期长，修复效率低。因此，如何有效提高植物的生物量，提高植物的吸收、转动能力，从而提高修复效率，是植物修复技术能否得以大面积推广应用的关键。

## 4.10.3 常见超富集植物

常见超富集植物见表4-8。

表4-8 常见超富集植物

| 污染物 | 对应超富集植物 |
| --- | --- |
| 砷 | 蜈蚣草、大叶井口边草 |
| 镉 | 拟南芥、遏蓝菜、东南景天、伴矿景天、印度芥菜、宝山堇菜、蒲公英、龙葵、三叶鬼针草、球果蔊菜、圆锥南芥、阳桃 |
| 铅 | 圆锥南芥、香根草、绿叶苋菜、裂叶荆芥、羽叶鬼针草、紫穗槐、苍耳、小鳞苔草、印度芥蓝 |
| 镍 | 遏蓝菜、向日葵、蜈蚣草、叶下珠属、大戟属 |

| 污染物 | 对应超富集植物 |
|---|---|
| 铜 | 鸭跖草、海州香薷、蓖麻、紫花苜蓿 |
| 锌 | 拟南芥、伴矿景天、遏蓝菜、圆锥南芥 |
| 锰 | 商陆、水蓼、木荷、扛板归、短毛蓼 |
| 铬 | 李氏禾 |

## 4.10.4 施工装备

原位植物修复技术系统主要由植物育苗系统、植物种植系统、管理与刈割系统、处理处置系统与再利用系统组成（表4-9）。

**表4-9 原位植物修复技术系统组成**

| 名称 | 组成 |
|---|---|
| 系统 | 植物育苗系统、植物种植系统、管理与刈割系统、处理处置系统与再利用系统 |
| 设备 | 富集植物育苗设施、种植所需的农业机具（翻耕设备、灌溉设备、施肥器械）、焚烧并回收重金属所需的焚烧炉、尾气处理设备、重金属回收设备 |

## 4.10.5 关键参数

修复前应进行相应的可行性试验，目的在于评估该技术是否适合于特定场地的修复及为修复工程设计提供基础参数。对植物修复工程可能产生影响的参数见表4-10。

**表4-10 植物修复技术影响因子**

| 因素 | 具体内容 |
|---|---|
| 土壤理化性质 | 土壤 pH、养分含量、含水率、通气性 |
| 污染物性质 | 污染物类型、初始浓度 |
| 植物性质 | 修复植物类型、植物对重金属的年富集率及生物量 |
| 其他 | 气温条件、重金属提取效率 |

## 4.10.6 运行强化措施

目前，研究较多的强化措施主要有化学调控技术、微生物联合修复技术、基因工程技术及农艺调控技术，见表 4-11。

表 4-11　植物修复技术强化措施

| 强化措施 | 主要内容 |
|---|---|
| 化学调控技术 | 通过添加外来物质以改变土壤的化学性质，或直接与重金属相结合，改变重金属的赋存形态及生物有效性等，最终强化作物对重金属的吸收 |
| 微生物联合修复技术 | 利用土壤—微生物—植物的共存关系，充分发挥植物与微生物修复的各自优势，弥补单一方法修复的不足，提高土壤重金属污染的植物修复效率 |
| 基因工程技术 | 利用基因工程改良植物，调整植物吸收、运输和富集重金属的能力及对重金属的耐受性 |
| 农艺调控技术 | 通过作物育种技术对超富集植物进行性能改进，通过叶面喷施营养试剂，合理水肥供应、缩短修复周期等措施，人为调控植物的生育状况，改善植物的生长发育状况，改进植物的吸收性能，从而提高植物的修复效率 |

# 4.11　生物堆工程技术与装备

## 4.11.1　技术原理

生物堆技术是将污染土壤集中堆置，同时结合多种强化措施，如补充适量水分、养分和氧气等，为堆体中微生物创造适宜生存的环境，进而提升污染物去除效率的一种异位生物修复方法。

## 4.11.2　技术特点

以微生物强化修复为核心的生物堆法，适用于受到石油烃、多环芳烃等易生物降解有机物污染的土壤和油泥中，而对于黏土类、重金属、难降解有机污染物污染土壤修复效果较差。

生物堆技术修复成本相对低廉，相关配套设施已能够成套化生产制造，在国外已广泛应用于石油烃等易生物降解有机物污染土壤的修复。借鉴国外修复经验，该技术处理周期一般为 1～6 个月，在美国应用的成本为 130～260 美元/$m^3$，国内的工程应用成本为 300～400 元/$m^3$。

## 4.11.3　施工装备

生物堆系统可分为 5 个结构单元：堆体、抽气系统、营养水分调配系统、渗滤液收集处理系统及在线监测系统，各结构单元的组成见表 4-12。系统主要设备包括抽气风机，控制系统，活性炭吸附罐，营养水分添加泵，土壤气监测探头，氧气、二氧化碳、水分、温度在线监测仪器等。

表 4-12　生物堆系统结构单元组成表

| 结构单元 | 具体组成 |
|---|---|
| 堆体 | 污染土壤堆、堆体基础防渗系统、渗滤液收集系统、堆体底部抽气管网系统、堆内土壤气监测系统、营养水分添加管网、顶部进气系统、防雨覆盖系统 |
| 抽气系统 | 抽气风机及其进气口管路上游的气水分离和过滤系统、风机变频调节系统、尾气处理系统、电控系统、故障报警系统 |
| 营养水分调配系统 | 固体营养盐溶解搅拌系统、流量控制系统、营养水分投加泵及设置在堆体顶部的营养水分添加管网 |
| 渗滤液收集处理系统 | 收集管网及处理装置 |
| 在线监测系统 | 土壤含水率、温度、二氧化碳和氧气在线监测系统 |

## 4.11.4　关键参数

生物堆中污染土壤的理化性质、降解微生物的种类和数量、电子受体的类型等均会影响到最终的修复效果，见表 4-13。因此，利用生物堆技术进行修复前，应进行可行性测试，对其适用性和效果进行评估并获取相关修复工程设计参数。

表 4-13　生物堆技术影响因子

| 因素 | 具体内容 |
|---|---|
| 微生物因素 | 降解功能菌种类、数量、活性 |
| 电子受体 | 堆体氧气含量 |
| 土壤理化性质 | 水分、温度、pH、通气性、碳氮磷比例 |
| 污染物性质 | 初始浓度、可生物降解性、重金属含量 |

# 4.12　阻隔填埋工程技术与装备

## 4.12.1　技术原理

将污染土壤或经过治理后的土壤置于防渗阻隔填埋场内，或通过敷设阻隔层阻断土壤中污染物迁移扩散的途径，使污染土壤与四周环境隔离，避免污染物与人体接触和随土壤水迁移进而对人体和周围环境造成危害。按其实施方式，可以分为原位阻隔覆盖和异位阻隔填埋。

原位阻隔覆盖是通过在污染区域四周建设阻隔层，并在污染区域顶部覆盖隔离层，将污染区域四周及顶部完全与周围隔离，避免污染物与人体接触和随地下水向四周迁移。也可以根据场地实际情况结合风险评估结果，选择只在场地四周建设阻隔层或只在顶部建设覆盖层。

异位阻隔填埋是将污染土壤或经过治理后的土壤阻隔填埋在由高密度聚乙烯膜（HDPE）等防渗阻隔材料组成的防渗阻隔填埋场里，使污染土壤与四周环境隔离，防止污染土壤中的污染物随降水或地下水迁移，污染周边环境，影响人体健康。该技术虽不能降低土壤中污染物本身的毒性和体积，但可以降低污染物在地表的暴露及其迁移性。

## 4.12.2 技术特点

适用于重金属、有机物及重金属有机物复合污染土壤的阻隔填埋。不宜用于污染物水溶性强或渗透率高的污染土壤，不适用于地质活动频繁和地下水水位较高的地区。

## 4.12.3 施工装备

原位土壤阻隔覆盖系统主要由土壤阻隔系统、土壤覆盖系统、监测系统组成。土壤阻隔系统主要由 HDPE 膜、泥浆墙等防渗阻隔材料组成，通过在污染区域四周建设阻隔层，将污染区域限制在某一特定区域；土壤覆盖系统通常由黏土层、人工合成材料衬层、砂层、覆盖层等一层或多层组合而成；监测系统主要是由阻隔区域上下游的监测井构成。异位土壤阻隔填埋系统主要由土壤预处理系统、填埋场防渗阻隔系统、渗滤液收集系统、封场系统、排水系统、监测系统组成。其中，该填埋场防渗系统通常由 HDPE 膜、土工布、钠基膨润土、土工排水网、天然黏土等防渗阻隔材料构筑而成。根据项目所在地地质及污染土壤情况需要，通常还可以设置地下水导排系统与气体抽排系统或者地面生态覆盖系统。

主要设备包括：阻隔填埋技术施工阶段涉及大量的施工工程设备，土壤阻隔系统施工需冲击钻、液压式抓斗、液压双轮铣槽机等设备，土壤覆盖系统施工需要挖掘机、推土机等设备，填埋场防渗阻隔系统施工需要吊装设备、挖掘机、焊膜机等设备，异位土壤填埋施工需要装载机、压实机、推土机等设备，填埋封场系统施工需要吊装设备、焊膜机、挖掘机等设备。阻隔填埋技术在运行维护阶段需要的设备相对较少，仅异位阻隔填埋土壤预处理系统需要破碎、筛分设备，土壤改良机等设备。

## 4.12.4 关键参数

### 4.12.4.1 影响原位土壤阻隔覆盖技术修复效果的关键技术参数

（1）阻隔材料

阻隔材料渗透系数要小于 $10^{-7}$ cm/s，阻隔材料要具有极高的抗腐蚀性、抗老化性，具有强抵抗紫外线能力，使用寿命 100 年以上，无毒无害。阻隔材料应确保阻隔系统连续、均匀、无渗漏。

（2）阻隔系统深度

通常阻隔系统要阻隔到不透水层或弱透水层，否则会削弱阻隔效果。

（3）土壤覆盖厚度

对于黏土层通常要求厚度大于 300 mm，且经机械压实后的饱和渗透系数小于 $10^{-7}$ cm/s；对于人工合成材料衬层，满足《垃圾填埋场用高密度聚乙烯土工膜》（CJ/T 234—2006）相关要求。

#### 4.12.4.2　影响异位土壤阻隔填埋技术修复效果的关键技术参数

（1）阻隔防渗效果

该阻隔防渗填埋场通常是由压实黏土层、钠基膨润土垫层（GCL）和 HDPE 膜组成，该阻隔防渗填埋场的防渗阻隔系数要小于 $10^{-7}$ cm/s。

（2）抗压强度

对于高风险污染土壤，需经固化/稳定化后处置。为了能安全贮存，固化体必须达到一定的抗压强度，否则会出现破碎，增加暴露表面积和污染性，一般在 0.1～0.5 MPa 即可。

（3）浸出浓度

高风险污染土壤经固化/稳定化处置后浸出浓度要小于相应《危险废物鉴别标准　浸出毒性鉴别》（GB 5085.3—2007）中浓度规定限制。

（4）土壤含水率

土壤含水率要低于 20%。

# 4.13　地下水抽提—处理工程技术与装备

## 4.13.1　技术原理

根据地下水污染范围，在污染场地布设一定数量的抽水井，通过水泵和水井将污染地下水抽取至地面进行处理。

## 4.13.2　技术特点

适用于污染地下水，可处理多种污染物。不宜用于吸附能力较强的污染物，以及渗透性较差或存在 NAPL（非水相液体）的含水层。

## 4.13.3　施工装备

系统构成包括地下水控制系统、污染物处理系统和地下水监测系统。

主要设备包括钻井设备、建井材料、抽水泵、压力表、流量计、地下水水位仪、地下水水质在线监测设备、污水处理设施等。

## 4.13.4　关键参数

（1）渗透系数

渗透系数对污染物运移影响较大，随着渗透系数加大，污染羽扩散速度加大，污染羽范围扩大，从而增加抽水时间和抽水量。

（2）含水层厚度

在承压含水层水头固定的情况下，抽水时间和总抽水量都是随着承压含水层厚度增加呈线性递增的趋势；当含水层厚度呈等幅增加时，抽水时间和总抽水量都是呈等幅增加趋势。在承压含水层厚度固定的情况下，抽水时间和总抽水量都不随承压含水层水头的增加而变化（除了水头值为 15 m 时）。其主要原因是，测压水位下降时，承压含水层所释放出的水来自含水层体积的膨胀及含水介质的压密，只与含水层厚度有关。对于潜水含水层，地面与底板之间厚度固定的情况下，抽水时间和总抽水量都是随着潜水含水层水位的增加呈线性递减的趋势。

（3）抽水井位置

抽水井在污染羽上的布设可分为横向与纵向两种方式，每种方式中，抽水井的位置也不同。横向可将井位的布设分为两种：①抽水井在污染羽的中轴线上；②抽水井在污染羽中心。

（4）抽水井间距

在多井抽水中，应重叠每个井的截获区，以防止污染地下水从井间逃逸。

（5）井群布局

天然地下水使得污染羽的分布出现明显偏移，地下水水流方向被拉长，垂直地下水水流方向变扁。抽水井的最佳位置在污染源与污染羽中心之间（靠近污染源，约位于整个污染羽的 1/3 处），并以该井为圆心，以不同抽水量下的影响半径为半径布设其余的抽水井。

# 4.14 可渗透反应墙工程技术与装备

## 4.14.1 技术原理

在地下安装透水的活性材料墙体拦截污染物羽状体，当污染物羽状体通过反应墙时，污染物在可渗透反应墙内发生沉淀、吸附、氧化还原、生物降解等作用得以去除或转化，从而实现地下水净化的目的。

## 4.14.2 技术特点

适用于污染地下水，可处理 BTEX（苯、甲苯、乙苯、二甲苯）、石油烃、氯代烃、金属、非金属和放射性物质等。不适用于承压含水层，不宜用于含水层深度超过 10 m 的非承压含水层，对反应墙中沉淀和反应介质的更换、维护、监测要求较高。

## 4.14.3 施工装备

目前，投入应用的 PRB 可分为单处理系统 PRB 和多单元处理系统 PRB。单处理系统 PRB 的基本结构类型包括连续墙式 PRB 和漏斗-导门式 PRB，还有一些改进构型，如墙帘式 PRB、注入式 PRB、虹吸式 PRB 及隔水墙-原位反应器等，适用于污染物比较单一、污染浓度较低、羽状体规模较小的场地；多单元处理系统 PRB 则适用于污染物种类较多、情况复杂的场地。多单元处理系统 PRB 又可分为串联和并联两种结构。串联多用于污染组分比较复杂的场地，对于不同的污染组分，串联系统中的每个处理单元可以装填不同的活性填料，以实现将多种污染物同时去除的目的。实际场地中应用的串联结构有沟箱式 PRB、多个连续沟壕平行式 PRB 等。并联多用于系统污染羽较宽、污染组分相对单一的情况。常用的并联结构有漏斗-多通道构型、多漏斗-多导门构型或多漏斗-通道构型。

　　PRB 的结构是地下水污染去除效果优劣的影响因素之一，其结构设计需要考虑两个关键问题：一是 PRB 能嵌进隔水层或弱透水层中，以防止地下水通过工程墙底部运移，确保能完全捕获地下水的污染带；二是能确保地下水在反应材料中有足够的水力停留时间。不同结构的 PRB 适用情况不同，实际应用中应结合具体的地下水水文及污染状况进行合理设计。

　　PRB 的主要设备：沟槽构建设备（双轮槽机、链式挖掘机等）、阻隔幕墙构建设备（大型螺旋钻、打桩机等）、监测系统（氢气、氧化还原电位、pH、水文地质情况、污染物、反应墙渗透性能的变幅和变化情况等在线监测系统）等。

## 4.14.4　关键参数

　　（1）PRB 安装位置的选择

　　第一步，通过土壤和地下水体取样、试验室测试研究、现有数据整理，圈定污染区域，其范围应大于污染物羽流，防止污染物随水流从 PRB 的两侧漏过去，建立污染物三维空间模型，然后选择计算范围，进而建立污染物浓度分布图。第二步，通过现场水文地质勘查，绘出地下水流场，了解地下水大体流向。第三步，根据地下水动力学，探讨污染物的迁移扩散方式和范围，在污染物可能扩散圈的前端划定 PRB 的安装位置。第四步，在初定位置的可能范围进行地面调查。

　　（2）PRB 结构的选择

　　对于比较深的承压层，采用灌注处理式 PRB 比较合适；而对于浅层潜水，可采用的 PRB 形式多种多样。此外，还应考虑反应材料的经济成本问题，若用高成本的反应材料时，可采用材料消耗较少的漏斗-导水门式结构；若使用便宜的反应原料，宜选用连续式渗透反应墙。

　　（3）PRB 的规模

　　根据欧美国家多个 PRB 工程的现场经验可知，PRB 的底端嵌入不透水层至少 0.60 m，PRB 的顶端需高于地下水最高水位；PRB 的宽度主要由污染物羽流的尺寸决定，一般是污染物羽流宽度的 1.2～1.5 倍，漏斗-导水门式结构同时取决于隔水漏斗与导水门的比率及导水门的数量。考虑到工程成本因素，当污染物羽流分布过大时，可采用漏斗—导水门式结构的并联方式，设计若干个导水门，以节省经济成本和减少对地下水流场的干扰。

（4）PRB 水力停留时间

污染物羽流在反应墙的停留时间主要由污染物的半衰期和流入反应墙时的初始浓度决定。污染物的半衰期由室内柱式试验确定。

（5）PRB 走向

一般来说，反应墙的走向垂直于地下水流向，以便最大限度截获污染物羽流。在实际工程设计中，一般根据以下两点确定反应墙的走向：①根据长期的地下水水文资料，确定地下水流向随季节变化的规律；②建立考虑时间的地下水动力学模型，根据近乎垂直原理，确定反应墙的走向。

（6）PRB 的渗透系数

一般来说，反应墙的渗透系数宜为含水层渗透系数的 2 倍以上，对于漏斗-导水门式结构甚至是 10 倍以上。

（7）活性材料的选择及其配比

反应介质的选择主要考虑稳定性、环境友好性、水力性能、反应速率、经济性和粒度均匀性等因素。PRB 处理污染地下水使用的反应材料，最常见的是零价铁，其他还有活性炭、沸石、石灰石、离子交换树脂、铁的氧化物和氢氧化物、磷酸盐及有机材料（城市堆肥物料、木屑）等。

# 第 5 章　土壤修复工程设计

## 5.1　设计概述

　　在土壤修复工程中，采用了不同的修复技术和工艺，涉及了土壤修复、水污染防治、大气污染防治、固体废物处理（处置）、物理污染防治，以及污染水体修复等环境污染综合防治工程，这些技术方法通常可以划分为化学类、物理类、生物类和热处理类等。处理系统通常包括一系列单元操作和过程，主要涉及环保工程设计和市政工程设计两部分。环保工程设计主要针对系列单元操作，每一个系列单元都包括一个或多个反应器。反应器在反应过程中可以视为一个容器。环境工程师通常负责或者至少参与这些处理系统的初步设计。通常情况下，环保工程设计包括处理工艺的选择、反应器大小和类型的选择、管路及区域规划等。市政工程设计主要针对过程，通过不同的过程将各个系列单元操作连接成一个整体，市政工程设计包括土方流转、污染区域开挖、支护、护坡、场地基础建设等。

　　在进行处理系统设计时，处理工艺应该是优先被筛选考虑的问题。很多因素会影响处理工艺的选择。常见的选择标准包括可实施性，处理效果、造价和法规的考虑。换句话说，一个最佳的处理工艺应该是，最具可实施性，处理污染物最有效、最经济，并且最能满足法律法规的技术。

　　当一个修复工程的处理工艺选定后，工程师就开始设计反应器。反应器的初步设计通常包括选择合适的反应器类型、反应器大小，并且确定最佳的反应器数量和他们的最佳组合。为了确定反应器的规格，工程师首先需要知道预期的反应是否会发生，并且最佳的操作条件是什么，如温度、压力等。化学热力学的小试或中试研究都可以为上述问题提供答案，如果预期的反应是可行的，工程师下一步需要根据化学动力学确定反应的速率，然后根据反应器的质量符合、反应速率、反应器类型和目标出水量来确定反应器规格。

　　当系列单元设计完成后，工程师就开始进行修复场地的整体规划和设计。整体规划和设计通常包括选择适合的区域规划、区域划分，并制定出最合理的总平面布置图。在制定各区域规划、区域划分的同时，工程师需充分考虑场地运行时的流转空间，暂存区域，临时道路等问题，尽可能地预留一些处理突发情况的空间及场地。

## 5.2 整体设计

### 5.2.1 设计基础资料

#### 5.2.1.1 相关图纸信息

（1）场地总平面图

场地总平面图是表明新建项目的总体布置，它反映新建、拟建、原有和拆除构筑物等的位置和朝向，室外场地、道路、绿化等的布置，地形、地貌、标高等及原有环境的关系和邻界情况等。主要包括以下内容。

①保留的地形和地物；

②测量坐标网、坐标值，场地范围的测量坐标（或定位尺寸），道路红线、建筑控制线，用地红线；

③场地四邻原有及规划的道路、绿化带等的位置（主要坐标或定位尺寸）和主要建筑物及构筑物的位置、名称、层数、间距；

④建筑物、构筑物的位置（人防工程、地下车库、油库、贮水池等隐蔽工程用虚线表示）；

⑤与各类控制线的距离，其中主要建筑物、构筑物应标注坐标（或定位尺寸）、与相邻建筑物之间的距离及建筑物总尺寸、名称（或编号）、层数；

⑥道路、广场的主要坐标（或定位尺寸），停车场及停车位、消防车道及高层建筑消防扑救场地的布置，必要时加绘交通流线示意；

⑦绿化、景观及休闲设施的布置示意，并表示出护坡、挡土墙，排水沟等；

⑧指北针或风玫瑰图；

⑨说明栏内注写：尺寸单位、比例、地形图的测绘单位、日期，坐标及高程系统名称（如为场地建筑坐标网时，应说明其与测量坐标网的换算关系），补充图例及其他必要的说明等。

（2）污染区域图

污染区域图是表明场地土壤及地下水总体的污染情况，它反映了场地主要污染源及其污染范围和深度等情况，主要包括以下内容。

①污染物性质；

②污染物浓度；

③污染物分布情况。

（3）现场情况图

现场情况图是表明现场当下的实际情况，它反映了现有建筑物，周边河流河道，道路等实际情况，是场地总平面图在纵向的一种补充。

#### 5.2.1.2 相关背景资料

说明项目工程所在地气象、水文、地形、地貌、地址、地震、雷电，以及社会、经济情况。

说明公共工程（水、电、气、污水外排）条件。

### 5.2.1.3　相关项目污染特征

（1）项目地污染因子

土壤污染物大致可分为无机污染物和有机污染物两大类。无机污染物主要包括酸、碱、重金属，盐类，放射性元素铯、锶的化合物，含砷、硒、氟的化合物等。有机污染物主要包括有机农药、酚类、氰化物、石油、合成洗涤剂、苯并芘，以及由城市污水、污泥及厩肥带来的有害微生物等。当土壤中含有害物质过多，超过土壤的自净能力，就会引起土壤的组成、结构和功能发生变化，微生物活动受到抑制，有害物质或其分解产物在土壤中逐渐积累通过"土壤→植物→人体"，或通过"土壤→水→人体"间接被人体吸收，达到危害人体健康的程度，就是土壤污染。

污染地块治理与修复技术是通过降低污染物浓度方式降低污染物风险。因此，技术路线的考虑因素较多，主要有污染物类型、地块开发利用规划、工期、周边可利用设施、周边居民可接受程度、工程投资等因素，其中最主要的因素是污染物类型和开发利用规划。根据国内已有工程的总结情况，有机类污染地块主要修复技术类型包括化学氧化、常温解析、原位/异位热脱附、水泥窑协同处置等几种；重金属类污染地块主要修复技术类型包括固化/稳定化+回填或填埋技术，淋洗+回填或填埋技术，水泥窑协同处置技术等几种。

（2）修复治理范围

人为活动产生的污染物进入土壤并积累到一定程度，引起土壤质量恶化，并进而造成农作物中某些指标超过国家标准的现象，称为土壤污染。污染物进入土壤的途径是多样的，它们可以单独起作用，也可以相互重叠和交叉进行，属于点污染的一类。随着农业现代化，特别是农业化学化水平的提高，大量化学肥料及农药散落到环境中，土壤遭受非点源污染的机会越来越多，其程度也越来越严重。在水土流失和风蚀作用等的影响下，污染面积不断地扩大。废气中含有的污染物质，特别是颗粒物，在重力作用下沉降到地面进入土壤，废水中携带大量污染物进入土壤，固体废物中的污染物直接进入土壤或其渗出液进入土壤。

针对污染地块治理与修复工程，地块污染调查工作过程中需重点掌握污染物种类、污染程度、土壤污染分布和面积、土壤污染深度和土方量；地下水埋深、地下水污染程度和污染面积、地下水污染水量等。上述成果将为下一步制定修复技术方案和估算修复投资成本作依据。

（3）修复治理目标

治理与修复工程的治理对象往往是受污染土壤、地下水及建筑垃圾等，治理目标有明确的限值要求。如采用治理后异地处置，则对清挖后的基坑和侧壁有清挖限值，根据治理后的土壤去向提出治理后的目标值，如进入填埋场一般要求浸出浓度达到相应的限值。如采用治理后原地处置，则根据地块的规划用途提出治理的目标值。因此，如果不同地块规划用途一致，则基坑和侧壁的清挖值基本接近。如果治理后的土壤去向相同，则治理后的目标值也基本接近。当然，由于地块的地理位置敏感性、当地的气象条件等因素不同，清挖值和治理后的目标值会稍有差异。

在做整场方案设计时需明确治理目标，从而制定相应的区域规划和二次防护方式等。

## 5.2.2 工程整体设计

### 5.2.2.1 工艺流程及说明

首先，提出先进、适用、可靠、安全、经济、合理的工艺流程。

其次，说明污染物处理（处置）工艺过程，技术原理、治理效果及可达性。其中污水、废水处理工程应简要说明脱碳、除磷、脱氮工艺过程，进行尾水消毒方案比选和推荐，并提出尾水排放方案。

最后，确定关键工艺技术参数、主要污染物去除率及去除量，并简要说明确定依据。其中应至少包括：

①污水、废水处理工程应进行需氧量、污泥产量、药剂耗量估算；

②除尘、脱硫、脱硝工程应进行物料平衡估算；

③垃圾、固体废物填埋工程应进行填埋库容、渗滤液产生量、渗滤液调节池容积估算；

④垃圾焚烧发电、供热工程应进行热量平衡估算；

⑤危险废物处理（处置）工程应进行物料平衡估算。

### 5.2.2.2 污染物收集及转输方案

依据工程服务区域总体规划、专业规划及生产规划，提出污染物收集及转输规划。包括：

①污染物临时堆放区；

②设备生产区；

③待检区；

④危险废物暂存区。

结合污染物收集现状情况及规划，提出污染物收集及转输方案。包括：

①针对污染物临时堆放区的堆放顺序、堆放高度及周边临时道路的建设，堆放区作业空间的考虑；

②针对设备生产区周边道路环通，生产作业空间及可能存在的交叉工作的预留；

③针对待检区临时堆放、检测完毕后回填运输道路和新土暂存的运输流程及方案；

④针对危险废物暂存区的污染源控制和防护。

根据污染物收集及转输方案，确定污染物收集及转输系统主要工作量。包括：

①临时堆放区建设所需材料；

②所需挖掘机、推土车、短驳车数量；

③临时道路建设；

④污染源控制及防护措施。

### 5.2.2.3 工程总体布置

制定处理（处置）厂（场）总平面及竖向布置方案，包括工程防潮标准，道路、围墙、大门、挡墙、排放沟渠、设备区、临时堆放区、整体管路管线走向，以及绿化工程标准、方案、面积等。

分析污染物处理（处置）过程中及处理（处置）后生成物的资源化或处理方案，其中：

①污水、废水处理工程应说明再生水、污泥处理利用可行性，提出资源化或处理方案；

②脱硫工程应说明副产物利用可行性，提出资源化或处理方案；

③垃圾卫生填埋工程应说明填埋气体利用可行性，提出资源化或处理方案；

④高温焚烧工程应说明余热、焚烧残渣利用可行性，提出资源化利用方案；

⑤污染场地修复工程应论证、说明修复后场地的用途及标准。

制定工艺设施配套方案，包括工艺功能、结构形式、技术规格和数量等，其中：

①污水、废水处理工程应提出水处理构筑物配置方案；

②废气处理工程应提出设备基础、排气筒结构形式方案；

③垃圾、固体废物卫生填埋工程应提出工程设施配套方案（计量站、垃圾坝、截洪及排洪沟等），防渗技术方案及排渗、导气系统设置方案等。

### 5.2.2.4 工程设备选型

提出主要工艺设备配置方案，进行设备比选，包括设备形式、功能、技术参数、数量、材质等。包括以下工程。

（1）建筑工程

提出建筑物功能、形式、面积、布置及防火等级、节能方案，以及主要建筑设备、材料选型方案。

（2）结构工程

提出建、构筑物主体结构、构造、基础形式方案，抗震设防等级，防渗方案，以及地下建、构筑物抗浮，深基坑工程方案。

（3）给排水工程

①简要叙述工程建设区域给水水源情况；

②提出给水水源方案；

③估算生产、生活用水及消防水量；

④提出给水、消防系统设置方案；

⑤提出排水系统设置方案。

（4）污水处理工程

①明确污染物处理（处置）过程中产生的污水、废水排放标准；提出污染物处理（处置）过程中产生的污水、废水处理方案；

②提出主要水处理设备、材料选型方案；

③控制污染物排放情况，主要指标包括 COD、BOD、$NH_3$-N、TN、TP、SS 等。

（5）采暖通风工程

①简要叙述工程建设区域热源情况；

②确定热力符合，提出热源方案；

③确定通风换热标准及消防排烟要求；

④提出通风设施、设备设置方案；

⑤提出主要采暖通风设备、材料选型方案。

（6）废气处理工程

①明确污染物处理（处置）过程中产生的废气排放标准；

②提出污染物处理（处置）过程中产生的废气处理方案；

③提出主要废气处理设备、材料选型方案；

④控制污染物排放情况，主要指标包括颗粒物、$SO_2$、$NOx$、VOCs等。

（7）电气工程

①简要叙述工程建设区域电源情况；

②确定电力负荷等级，并说明确定依据；

③估算电力负荷、耗电量；

④提出变配电、电力计量、电力补偿、电气保护、浪涌消除、防雷接地、等电位联结方案；

⑤提出主要电气设备、线缆选型方案。

（8）自动化工程

①确定自动化工程目标；

②提出自动化系统配置方案；

③提出主要自动化设备、仪表、线缆选型方案。

（9）其他辅助工程

①确定维修工作原则，提出维修工程要求。应提倡充分利用社会资源和专业化服务。

②确定通信工作方式，提出通信工程要求。应提倡充分利用社会资源和专业化服务。

③提出辅助工程设施、设备工程量。

### 5.2.2.5　二次污染防治

提出工程建设及运行中对周边环境二次污染（废水、废气、噪声、废渣等）防治技术方案，说明二次污染防治技术方案实施后的污染防治效果，其中：

①污水、废水处理工程应明确提出污泥处理（处置）及臭气收集、处理方案；

②除尘、脱硫、脱硝工程应明确提出副产物处理（处置）及利用方案，以及废水处理方案和去向；

③垃圾填埋工程应明确提出渗滤液、填埋气收集、处理方案；

④垃圾焚烧工程应明确提出烟气净化、渗滤液处理及焚烧残渣、飞灰处理（处置）方案。

### 5.2.2.6　污染事故及应急处理

预测工程建设、运行过程中可能发生的环境污染事故：污水、废水、废气、噪声、扬尘、废渣等。

提出发生环境污染事故（地表、地下水、大气、声环境）时的应急处理要求及初步方案。具体如下：

①工程建设、运行期劳动安全要求，防止劳动安全（人身伤害）隐患，并提出相应的防范措施和应急处理方案；

②工程建设、运行过程中职业卫生防范措施和应急处理方案；

③工程建设、运行期间可能存在的火灾隐患（自然、人为、电气）等防范要求及配备相应的消防设施、设备、器材等。

### 5.2.2.7　工程投资估算

说明工程内容，设计的工作范围及工作内容，估算整体工程建设投资成本费用，工程总量等。主要包括：

①土方工程（机械费用、测绘放样、筛分破碎、开挖运输等）；

②基建工程（办公区域建设、临时道路建设、修复区域建设、导流渠、水电天然气基站建设等）；

③设备工程（水处理设备、土壤修复设备、气处理设备、设备间管路搭建等）；

④材料（药剂、易损件、耗品等）；

⑤能源（水、电、天然气等）；

⑥人员（管理人员、劳动人员、临时人员等）；

⑦其他（安全文明施工、二次污染防护、进场复查、自检等）。

## 5.3　土壤修复中的环保工程设计

环保工程设计属于整体设计的一个系列单元设计，其中包括了物质平衡设计、土壤修复设计、地下水及水处理修复设计、大气污染修复设计等环保修复体系的设计。

### 5.3.1　物质平衡和反应器设计

#### 5.3.1.1　物质平衡

（1）物质平衡的概念

物质平衡（物料平衡）是环境工程系统（反应器）设计的基础。物质平衡的概念就是质量守恒。物质是不能被创造或者消灭的，但是可以在各种形态间转变（核反应例外）。展示反应器中发生变化的基本方法就是通过物质平衡分析。以下是质量平衡方程的一般形式：

$$物质积累速率 = 物质进入速率 - 物质流出速率 \pm 物质产生或破坏的速率。 \quad (5.1)$$

在环境工程系统领域进行物质平衡计算就像平衡账户一样。反应器内物质积累（或者损失）的速率可以看成是账户中钱积累（或者损失）的速率。账户余额变化的快慢取决于存取款的频率程度和存取数量（物质输入与输出）、获得利息的多少（物质产生的速率）、银行每个月扣除的服务费和 ATM 费用（物质损失速率）。

（2）物质平衡的计算过程

利用物质平衡概念分析环境工程系统，通常由描绘一个过程流程图开始，并按照下述步骤进行：

步骤1：围绕单元过程/操作或路口来绘制系统边界，以方便计算；

步骤2：将已知的所有分支的流量和浓度、反应器的规格和类型、操作条件，如温度和压力等在图表中表示；

步骤3：用统一单位计算转换所有已知质量的输入、输出、积累/损失，并在图上标出；

步骤4：标出未知的输入、输出和积累/损失；

步骤5：利用本章阐述的过程，进行必要的分析/计算。

一些特殊的情况或者合理的假设可以简化物质平衡方程，并可以使分析更容易，这些情况主要如下。

①没有反应发生：如果系统没有化学反应发生，则物质不会增加或减少，物质平衡方程可以变为：

$$物质积累速率 = 物质进入速率 - 物质流出速率。 \qquad (5.2)$$

②序批式反应器：对于序批式反应器来说，没有物质的输入和输出，因此物质平衡方程可以简化为：

$$物质积累速率 = \pm物质产生或破坏的速率。 \qquad (5.3)$$

③稳定状态：为了维持处理过程的稳定性，处理系统在开始运行一段时间后通常都保持在稳定状态。稳定状态是指流速和浓度在处理过程系统中的任何一个位置都不随时间改变。虽然进入土壤/地下水系统的废液浓度和流量通常都会有波动，但工程师会使用流量调节池保持稳定，这对于对流量变化非常敏感的处理系统来说尤为重要（如生物处理过程）。

对于稳定条件下的反应器，尽管反应器内有反应发生，但是物质积累的速率为0。因此，式（5.1）的左边部分变为了0，物质平衡方程可以简化为：

$$0 = 物质进入速率 - 物质流出速率 \pm 物质产生或破坏的速率。 \qquad (5.4)$$

稳定条件这一假设在流动反应器分析时经常使用。应当指出的是，间歇式反应器是在不稳定状态下运转的，因此反应器中的浓度不断变化。同时，由于在运转时没有物质流入和流出，因此间歇式反应器也不是一个流动反应器。

式（5.1）也可以写为：

$$V\frac{\mathrm{d}C}{\mathrm{d}t} = \sum Q_{\mathrm{in}}C_{\mathrm{in}} - \sum Q_{\mathrm{out}}C_{\mathrm{out}} \pm (V \times \gamma) 。 \qquad (5.5)$$

式中，$V$ 是系统（反应器）的体积，$m^3$；$C$ 是浓度，$mg/m^3$；$Q$ 是流量，$m^3/min$；$\gamma$ 是反应速率。

（3）案例分析

**案例5.1** 物质平衡方程式——空气稀释（没有化学反应发生）。

玻璃瓶中有900 mL的二氯甲烷（$CH_2Cl_2$ 比重1.335），不慎未盖瓶盖，在一个通风很差的房内（5 m×6 m×3.6 m）放了一个周末，周一发现有2/3的二氯甲烷已经挥发。开启通风扇（通风速率 $Q = 5.66$ $m^3/min$）抽出实验室内的空气，多长时间室内的浓度会降低到美国职业安全与健康管理局（OSHA）的短期暴露限制（STEL）125 ppmV 之下？

**【分析】**

这是物质平衡的一个特殊情况（没有反应的发生），此种情况下，式（5.1）就被简化为：

$$V\frac{dC}{dt} = \sum Q_{in}C_{in} - \sum Q_{out}C_{out} 。 \tag{5.6}$$

式（5.6）可以基于下述假设而被进一步简化。

①实验室的空气只能通过排风扇排出，并假设进入实验室的空气流量等于流出实验室的空气流量（$Q_{in} = Q_{out} = Q$）。

②进入实验室的空气中不含有二氯甲烷（$C_{in} = 0$）。

③实验室中的空气是完全混合均匀的，因此实验室中二氯甲烷的浓度是均一的，并且等于通过排风扇排出的空气中二氯甲烷的浓度（$C = C_{out}$）。即

$$V\frac{dC}{dt} = -QC 。 \tag{5.7}$$

这个是一阶微分方程，可以通过初始条件进行积分（假设初始条件 $t = 0$ 时，$C = C_0$）：

$$\frac{C}{C_0} = e^{-(\frac{Q}{V})t} \quad 或 \quad C = C_0\, e^{-(\frac{Q}{V})t} 。 \tag{5.8}$$

**【解答】**

a. 二氯甲烷的挥发量 = 液体体积 × 比重 = 2/3 ×（900×1）×1.335 = 801 g = 8.01×$10^5$ mg；

b. 气相浓度（以"质量/体积"表示）= 质量/体积 = 8.01×$10^5$/（5×6×3.6）= 7417 mg/$m^3$；

c. 二氯甲烷（$CH_2Cl_2$）的分子量 = 12+1×2+35.5×2 = 85 g/mol；

当 $T = 20$ ℃，$P = 1$ atm 时，有：

1 ppmV =（85/24.05）mg/$m^3$ = 3.53 mg/$m^3$。

气相浓度（用"体积/体积"表示）=（7417 mg/$m^3$）/ [3.53（mg/$m^3$）/ppmV] = 2100 ppmV。

d. 反应器的规格为：

$V$ = 实验室的规格 = 5 m×6 m×3.6 m = 108 $m^3$；

该系统的流量为：

$Q$ = 通风速率 = 5.66 $m^3$/min。

初始浓度 $C_0 = 2100$ ppmV，最终浓度 $C = 125$ ppmV，根据式（5.8）有：

$125 = 2100\, e^{-(\frac{5.66}{108})\,t}$，得到 $t = 53.8$ min。

因此，53.8 min 后室内二氯甲烷浓度会降至 125 ppmV 之下。

注：实际需要的时间会比 53.8 min 长，因为本案例假设室内气体完全混合均匀，而实际情况可能并非如此。此外，如果周围环境的空气中也含有二氯甲烷的话，清理将需要更长的时间。

### 5.3.1.2　化学动力学

化学动力学可以提供化学反应的反应速率这一信息。本部分将讨论速率方程、反应速

率常数和反应级数，还会介绍半衰期这一常在涉及环境污染物归趋时用到的术语。

（1）速率方程

1）概念

除了物质平衡方程外，在设计均质反应器时需要的另一个重要公式是反应速率方程。下面所列的数学表达式描述了物质 A 的浓度 $C_A$ 随时间变化的速率：

$$\gamma_A = \frac{dC_A}{dt} = -kC_A^n \, 。 \tag{5.9}$$

式中，$n$ 是反应级数；$k$ 是反应速率常数；$\gamma_A$ 是物质 A 的转化速率。如果反应级数 $n=1$，则反应是一级反应，意味着反应速率和物质浓度成正比。换句话说，物质浓度越高，反应速率越快。一级反应动力学适用于很多环境工程的应用，因此主要介绍一级反应及其应用。一级反应可以写成：

$$\gamma_A = \frac{dC_A}{dt} = -kC_A \, 。 \tag{5.10}$$

速率常数本身提供了很多关于反应的有价值的信息。$k$ 值越大，反应速率越快，也意味着需要更小的反应体积，以达到特定的转化量。$k$ 值随温度的变化而变化。通常，温度越高，$k$ 值越大。式中，$dC_A/dt$ 的单位是浓度/时间，$C$ 是浓度，因此 $k$ 的单位是（1/时间）。所以，如果一个反应的反应速率是 $0.25 \ d^{-1}$，该反应是一级反应。零级反应和二级反应对应 $k$ 值的单位分别为（浓度/时间）和（浓度×时间）$^{-1}$。

根据式（5.10），物质 $A$ 的浓度随时间而变化，这个公式可以在时间 $0 \sim t$ 上积分，即

$$\ln\frac{C_A}{C_{A0}} = -kt \ 或 \frac{C_A}{C_{A0}} = e^{-kt} \, 。 \tag{5.11}$$

式中，$C_{A0}$ 是物质 $A$ 在 $t=0$ 时的浓度，$C_A$ 是物质 $A$ 在时间 $t$ 时的浓度，mg/kg。

2）案例分析

**案例 5.2** 已知两个浓度值，计算速率常数。

某场地 20 天前发生意外汽油泄漏，某点的总石油烃浓度从最初始的 3000 mg/kg 降低到目前的 2750 mg/kg。假设这两个去除过程均为一级反应，并且反应速率常数与污染物浓度无关，为常数恒定值。计算在这些自然降解过程中浓度降低到 100 mg/kg 时需要多长时间。

【解答】

a. 将初始浓度和第 20 天的浓度代入式（5.11），得到 $k$ 的值，有：

$\ln\dfrac{2750}{3000} = -20k$ ，

$k=0.004\ 35 \ d^{-1}$。

b. 浓度降低到 100 mg/kg 时需要的天数为：

$\ln\dfrac{100}{3000} = -0.004\ 35t$ ，

$t=782 \ d$。

（2）半衰期

1）计算公式

半衰期可以定义为污染物降解一般所用的时间。换句话说，半衰期是浓度降低到初始浓度一半时需要的时间。对于一级反应来说，半衰期（通常表示为 $t_{1/2}$）可以通过用 $C_0$ 代替 $C_A$（$C_A = 0.5C_0$），代入式（5.11）中得到：

$$t_{1/2} = \frac{\ln 2}{k} = \frac{0.693}{k}。 \tag{5.12}$$

如式（5.12）所示，半衰期和速率常数与一级反应成反比。如果半衰期的值已知，可以很容易从式（5.12）中求出速率常数，反之亦然。

2）案例分析

**案例 5.3**　半衰期计算。

1，1，1-三氯乙烷在地下环境中的半衰期为 180 d。假设所有的去除机制都是一级反应。求：a. 速率常数；b. 浓度降低到初始浓度 10% 需要的时间。

【解答】

a. 速率常数可以很容易地从式（5.12）得到：

$$t_{1/2} = 180 = \frac{0.693}{k}，则 k = 3.85 \times 10^{-3} \text{ d}^{-1}。$$

b. 使用式（5.11）确定浓度降低到初始浓度 10% 时所需的时间，有：

$$\frac{C}{C_i} = \frac{1}{10} = e^{-3.85 \times 10^{-3} t}，则 t = 598 \text{ d}。$$

## 5.3.2　土壤修复设计

### 5.3.2.1　土壤通风技术

典型的 SVE 系统主要由气体抽提井、真空泵、除湿设备（气液分离罐）、尾气收集管道与辅助设备，以及尾气处理系统等组成。在土壤通风系统的初步设计中，最重要的参数是待抽提 VOCs 的浓度、空气流量、通风井影响半径、井的数量和位置，以及真空泵的规格。

### 5.3.2.2　土壤气相抽提

（1）饱和蒸汽压

挥发性有机污染物在包气带中以 4 种相态存在：①溶解在土壤水箱中；②吸附在土壤颗粒表面；③挥发到孔隙空间；④自由相。如果有自由相存在，孔隙空间的气体浓度可由拉乌尔定律计算，即

$$P_A = P^{\text{vap}} X_A。 \tag{5.13}$$

式中，$P_A$ 为组分 A 在气相中的分压；$P^{\text{vap}}$ 为组分 A 在纯液相蒸汽压；$X_A$ 为组分 A 在液相中的摩尔分数。

由式（5.13）计算出的分压表示了 SVE 所能达到的抽提气体污染物的浓度上限。实际抽提气体污染物浓度会低于其计算的上限浓度，因为：①不是所有的空气都经过了污染

区域；②存在传质限制。尽管如此，该上限浓度还是可用于在项目开始前计算初始气体浓度。在自由相存在时，最初的抽提气体浓度会相对稳定。随着持续的土壤抽提，在自由相存在时，最初的抽提气体浓度会相对稳定。随着持续的土壤抽提，自由相消失，抽提气体浓度开始下降。抽提气体浓度取决于污染物在其他 3 种相态中的分配：随着气体流过孔隙并带走污染物；溶解在土壤水分中的污染物会有很强的从液相挥发到孔隙中的趋势；同时，污染物还会从土壤颗粒表面解吸进入土壤水分中（假设土壤颗粒被湿润层覆盖）。因此，随着抽提过程的继续，3 种相态的污染物浓度均会下降。

这些现象说明了单一组分污染场地的普遍特点。SVE 还广泛应用于汽油等混合物污染场地。在这些情况下，气体浓度从抽提开始后就会连续下降，一般不存在项目开始气体浓度恒定的阶段。这是因为混合物中各种物质的蒸汽压不同，更易挥发的物质倾向于更早离开自由相、土壤水分和土壤表面，从而更早地被抽出。表 5-1 给出了汽油及风蚀汽油的分子量和 20 ℃ 的蒸汽压，以及平衡状态下的饱和蒸汽压。

表5-1　汽油及风蚀汽油的物理参数

| 混合物 | 分子量 | 20 ℃ 的 $P^{vap}$/atm | 饱和蒸汽浓度 $G_{rest}$ | |
| --- | --- | --- | --- | --- |
| | | | ppmV | mg /L |
| 汽油 | 95 | 0.34 | 340 000 | 1343 |
| 风蚀汽油 | 111 | 0.049 | 49 000 | 220 |

计算抽提气体与自由相平衡时初始浓度的步骤如下。

步骤1：获得污染物的蒸汽压数据。

步骤2：计算自由相中各物质的摩尔分数。对于纯物质，设 $X_A = 1$；对于混合物，按各物质污染物的摩尔分数=污染物的摩尔数/TPH 的摩尔数。

步骤3：应用式（5.13）来计算蒸汽压。

步骤4：如有需要，将体积浓度换算为质量浓度。

计算所需的信息包括：污染物的蒸汽压、污染物的分子量。

**案例5.4**　计算汽油的饱和蒸汽浓度。

应用表 5-1 的信息来计算两块受到汽油泄漏事故污染的场地，第一块场地是刚刚发生的泄漏，第二块场地是 3 年前发生的泄漏。

【解答】

第一块汽油污染场地（新鲜汽油）：

由表 5-1 可知，新鲜汽油在 20 ℃ 的蒸汽压为 0.34 atm，应用式（5.13）计算孔隙空间的汽油分压为：

$$P_A = P^{vap}X_A = 0.34 \times 1.0 = 0.34 \text{ atm}。$$

因此，空气中的汽油分压为 0.34 atm（340 000×10⁻⁶ atm），也就是相当于 340 000 ppmV。将ppmV 浓度换算为 20 ℃ 时的质量浓度，有：

1 ppmV 汽油 = （汽油的分子量/24.05） mg/m³ = （95/24.05） mg/m³ = 3.95 mg/m³。

所以

340 000 ppmV = 340 000×（3.95 mg/m³） = 1 343 000 mg/m³ = 1343 mg/L。

第二块汽油污染场地（风蚀汽油）：

风蚀汽油的蒸汽压为 0.049 atm，相当于 49 000 ppmV。将 ppmV 浓度换算成 20 ℃ 时的质量浓度，有：

1 ppmV 风蚀汽油 = （风蚀汽油的分子量/24.05） mg/m³ = （111/24.05） mg/m³ = 4.62 mg/m³。

所以

49 000 ppmV = 49 000×（4.62 mg/m³） = 226 000 mg/m³ = 226 mg/L。

（2）抽提气体浓度

自由相的存在会大大影响抽提气体的浓度，计算如下：

$$X = \left[\frac{\varphi_W + \rho_b K_p + \varphi_a H}{\rho_t}\right] S_W = \left[\frac{\dfrac{\varphi_W}{H} + \dfrac{\rho_b K_p}{H} + \varphi_a}{\rho_t}\right] G_W。 \tag{5.14}$$

式中，$X$ 是污染物浓度，mg/kg；$\varphi_W$ 是体积含水率，无量纲；$\varphi_a$ 是空气的孔隙度，无量纲；$H$ 是亨利系数，无量纲；$\rho_b$ 是土壤干堆积密度，kg/L；$K_p$ 是分配系数，L/kg；$\rho_t$ 是土壤总堆积密度，kg/L；$S_W$ 是污染物在水中的溶解度，mg/kg；$G_W$ 是蒸汽浓度，mg/L。

可采用如下步骤来确定是否存在自由相。

步骤 1：获得污染物的物理化学数据。

步骤 2：假设存在自由相，应用式（5.13）计算饱和蒸汽压。

步骤 3：将饱和气体浓度换算为质量浓度。

步骤 4：计算 $K_{oc}$（有机物碳分配系数） = 0.63 $K_{ow}$（有机物的辛醇-水分配系数），计算 $K_p$（分配系数） = $f_{oc}$（有机物的百分比含量）× $K_{oc}$（有机物碳分配系数）。

步骤 5：应用式（5.14）和步骤 3 算出的气体浓度 ［或通过式（5.14）和污染物在水中的溶解度］进而计算土壤中的污染物浓度。

步骤 6：如果步骤 5 得出的土壤中污染物和浓度小于土壤样品中污染物的浓度，说明存在自由相。

**案例 5.5**  计算抽提气体浓度（不存在自由相）。

某场地受到苯泄漏的污染，污染区域内采集的土壤样品的平均苯浓度为 500 mg/kg。地层特性如下：孔隙度 = 0.35；土壤中有机质含量 = 0.03；水饱和度 = 45%；地层温度 = 25 ℃；土壤干堆积密度 = 1.6 g/cm³；土壤总堆积密度 = 1.8 g/cm³。计算 SVE 项目开始时的抽提气体浓度。

【解答】

a. 苯的物理化学参数：分子量为 78.1，亨利常数 $H$ 为 5.55 atm/M，

$P^{vap}$ 为 95.2 mmHg，$\lg K_{ow}$ 为 2.13。

b. 将亨利常数换算成无量纲值，有：

$H^* = H/RT = 5.55/[0.082 \times (273 + 25)] = 0.23$；

$K_{oc} = 0.63 K_{ow} = 0.63 \times 10^{2.13} = 0.63 \times 135 = 85$；

$K_p = f_{oc} K_{oc} = 0.03 \times 85 = 2.6$ L/kg。

c. 计算与土壤中苯浓度相平衡的气体浓度，有：

$$500 = \left( \frac{\dfrac{0.35 \times 45\%}{0.23} + \dfrac{1.6 \times 2.6}{0.23} + 0.35 \times (1 - 45\%)}{1.8} \right) G。$$

从而

$$G = 47.5 \text{ mg/L} = 47\ 500 \text{ mg/m}^3。$$

d. 将气体浓度换算为体积浓度，有：

25 ℃时：1 ppmV 苯 = 78.1/24.5 = 3.2 mg/m³；

47 500 mg/m³ = 47 500/3.2 = 14 800 ppmV。

注：抽提气体的实际浓度会低于 14 800 ppmV，因为不是所有的空气都经过了污染区域，且上述计算中没有考虑传质限制。

（3）影响半径和压强分布

原位土壤气体抽提系统设计的主要任务之一是基于影响半径（$R_1$）来确定气体抽提井的数量和位置。$R_1$ 可定义为抽提井至压降极小处的距离（$P@R_1 \approx 1$ atm）。针对特定场地最精确的 $R_1$ 值应通过稳态中试实验来确定，将抽提井和观测井的压降对其距离作半对数图，从而确定抽提井的 $R_1$。$R_1$ 通常选择压降小于抽提井真空度1%处的距离。也可以应用描述地下气流的流动方程来分析现场试验数据。地层通常是不均质的，其中的气体流动非常复杂。作为简化近似，在均质且参数恒定的可渗透地层中，可以推导出完全封闭的气体径向流系统的流动方程。

对于存在边界条件的稳态径向流（$P = P_W @ r = R_W$，$P = P_{atm} @ r = R_1$），地层中的压强分布可由下式导出：

$$P_r^2 - P_W^2 = (P_{R_1}^2 - P_W^2) \frac{\ln\left(\dfrac{r}{R_W}\right)}{\ln\left(\dfrac{R_1}{R_W}\right)}。 \tag{5.15}$$

式中，$P_r$ 为距离气相抽提井 $r$ 处的压强，atm；$P_W$ 为气相抽提井的压强，atm；$P_{R_1}$ 为影响半径处的压强（大气压或某预设值），atm；$r$ 为与气相抽提井的距离，m；$R_1$ 为影响半径，m（压强等于大气压或某预设值）；$R_W$ 为气相抽提井的半径，m。

如果已知抽提井和监测井（或两口监测井）的压降，则可用式（5.15）计算气相抽提井的 $R_1$，公式中并不涉及气体流量和地层渗透性。

如果没有进行中试实验，则通常基于以往经验来进行估计。一般 $R_1$ 取值范围为 9～30 m，抽提井的压强范围为 0.9～0.95 atm。浅井、低渗透性的地层、低的抽提井真空度，通常对应更小的 $R_1$ 值。

**案例 5.6** 根据压降数据（单位为厘米水柱）来计算土壤抽提井的影响半径。

根据以下信息计算土壤抽提井的影响半径：抽提井的真空度 = 122 厘米水柱；距离抽提井 12 m 处监测井的真空度 = 20 厘米水柱；气相抽提井的直径 = 5.08 cm（2 英寸）。

**【分析】**

压强数据以厘米水柱表示，需要转换为大气压单位，1 atm 相当于 10.33 米水柱。

**【解答】**

a. 抽提井的压强 = 122 厘米水柱（真空度）= 10.33 −（122/100）= 9.11 米水柱 =（9.11/10.33）= 0.88 atm；

监测井的压强 = 20 厘米水柱（真空度）= 10.33 −（20/100）= 10.13 米水柱 =（10.13/10.33）= 0.98 atm。

b. 定义 $R_1$ 为 $P$ 等于大气压的位置。应用式（5.15）计算 $R_1$，有：

$$(0.98)^2 - (0.88)^2 = (1.0^2 - 0.88^2) \frac{\ln\left[\dfrac{\dfrac{12}{0.0508}}{2}\right]}{\ln\left[\dfrac{\dfrac{R_1}{0.0508}}{2}\right]},$$

$$R_1 = 44.57 \text{ m}。$$

c. 作为对比，定义 $R_1$ 为压降等于 1% 抽提井真空度的位置，则

$$P_{R_1} = 1 - (1 - 0.88) \times 1\% = 0.9988 \text{ atm},$$

$$(0.98)^2 - (0.88)^2 = (0.9988^2 - 0.88^2) \frac{\ln\left[\dfrac{\dfrac{12}{0.0508}}{2}\right]}{\ln\left[\dfrac{\dfrac{R_1}{0.0508}}{2}\right]},$$

$$R_1 = 39.13 \text{ m}。$$

（4）气体流量

在均质土壤系统中的径向达西流速 $u_r$ 可表示为：

$$u_r = \left(\frac{k}{2\mu}\right) \frac{\left[\dfrac{P_W}{r\ln\left(\dfrac{R_W}{R_1}\right)}\right]\left[1 - \left(\dfrac{P_{R_1}}{P_W}\right)^2\right]}{\left\{1 + \left[1 - \left(\dfrac{P_{R_1}}{P_W}\right)^2\right]\dfrac{\ln\left(\dfrac{r}{R_W}\right)}{\ln\left(\dfrac{R_W}{R_1}\right)}\right\}^{0.5}}。 \tag{5.16}$$

式中，$u_r$ 为距离抽提井 $r$ 处的气体流速。当式（5.16）中 $r$ 取 $R_W$ 时，即得到井壁处流速 $u_W$ 为：

$$u_W = \left(\frac{k}{2\mu}\right)\left[\frac{P_W}{R_W \ln\left(\frac{R_W}{R_1}\right)}\right]\left[1 - \left(\frac{P_{R_1}}{P_W}\right)^2\right]。 \tag{5.17}$$

进入抽提井的气体流量 $Q_W$ 为：

$$Q_W = 2\pi R_W u_W H = H\left(\frac{\pi k}{\mu}\right)\left[\frac{P_W}{\ln\left(\frac{R_W}{R_1}\right)}\right]\left[1 - \left(\frac{P_{R_1}}{P_W}\right)^2\right]。 \tag{5.18}$$

式中，$H$ 为抽提井的开孔区间。

应用下式可将进入抽提井的气体流量换算为排放至大气中的流量 $Q_{atm}$（当 $P = P_{atm}$ = 1 atm 时），有：

$$Q_{atm} = \left(\frac{P_井}{P_{atm}}\right)Q_井。 \tag{5.19}$$

**案例 5.7** 计算 SVE 井的抽提气体流量。

在场地内有一口抽提井（直径 10.16 cm，即 4 英寸），抽提井的压强为 0.9 atm，影响半径为 15 m。

根据以下信息，计算单位井筛长度内进入抽提井的稳态流量、井内气体流量及抽提泵的排气量：地层渗透率 = 1 Darcy；井筛长度 = 6 m；空气黏度 = 0.018 厘泊；地层温度 = 20 ℃。

**【分析】**

首先需进行一些单位换算，有：

1 atm = 1.013×10$^5$ N/m$^2$；

1 Darcy = 10$^{-8}$ cm$^2$ = 10$^{-12}$ m$^2$；

1 泊 = 100 厘泊 = 0.1 N·m$^2$/s。

因此，0.018 厘泊 = 1.8×10$^{-4}$ 泊 = 1.8×10$^{-5}$ N·m$^2$/s。

**【解答】**

a. 应用式（5.17）计算井壁处的气体流速为：

$$u_W = \left(\frac{k}{2\mu}\right)\left[\frac{P_W}{R_W \ln\left(\frac{R_W}{R_1}\right)}\right]\left[1 - \left(\frac{P_{R_1}}{P_W}\right)^2\right]$$

$$= \left(\frac{10^{-12}}{2 \times 1.8 \times 10^{-5}}\right)\left[\frac{0.9 \times 1.013 \times 10^5}{(0.1016/2)\ln\left[(0.1016/2)/15\right]}\right]\left[1 - \left(\frac{1}{0.9}\right)^2\right]$$

$$= 2.05\times10^{-3} \text{ m/s} = 0.123 \text{ m/min} = 177 \text{ m/d}。$$

b. 应用式（5.18）计算单位井筛区间内进入的气体流量，有：

$$\frac{Q_W}{H} = 2\pi R_W u_W = 2\pi\left(\frac{0.1016}{2}\right)\times0.123 = 0.039 \text{ m}^2/\text{min}。$$

c. 井内气体流量 = $(Q_W/H)\times H = 0.039\times6 = 0.24$ m$^3$/min。

d. 应用式（5.19）计算抽提泵的排气流量，有：

$$Q_{atm} = \left( \frac{P_{井}}{P_{atm}} \right) Q_{井} = \frac{0.9}{1} \times 0.24 = 0.216 \ \text{m}^3/\text{min}。$$

在上述计算中，压强单位为 $\text{N}/\text{m}^2$，距离单位为 m，渗透单位为 $\text{m}^2$，黏度单位为 N·$\text{m}^2/\text{s}$。因此，计算出的速度单位为 $\text{m}/\text{s}$。

（5）温度对 SVE 的影响

在 SVE 项目中，地层温度会影响空气流量和气体浓度。温度较高时，有机组分的蒸汽压也会较高。另外，空气黏度随地层温度的升高而增加，导致空气流量下降，即

$$\frac{\mu @ T_1}{\mu @ T_2} = \sqrt{\frac{T_1}{T_2}}。 \tag{5.20}$$

式中，$T$ 为地层温度，以开尔文或兰氏度表示。从式（5.18）可知，不同温度下的流量之比可用式（5.21）计算：

$$\frac{Q @ T_1}{Q @ T_2} = \sqrt{\frac{T_2}{T_1}}。 \tag{5.21}$$

如式（5.21）所示，温度较高时气体流量会下降。但是，由于温度较高时气体浓度会更高，去除速率仍然会更高。

**案例 5.8**　计算土壤抽提井在温度升高时的抽提气体流量。

已知条件同案例 5.7。案例 5.7 中已计算出在上述条件下抽提气体流量为 0.216 $\text{m}^3/\text{min}$。如果地层温度升高到 30 ℃，气体流量会是多少（如果其他所有条件不变）？

【解答】

应用式（5.21）计算新的气体流量为：

$$\frac{Q @ 30\ ℃}{Q @ 20\ ℃} = \sqrt{\frac{273.2 + 20}{273.2 + 30}},$$

Q@30 ℃ = 0.216×0.967 = 0.209 $\text{m}^3/\text{min}$。

温度会轻微地影响气体流量，温度升高 10 ℃，流量降低约 4%。

（6）气体抽提井的数量

决定一个 SVE 项目所需的气体抽提井数量的主要因素有 3 个。首先，一个成功的 SVE 项目需要足够数量的抽提井来覆盖整个污染区域，换句话说，整个污染区域都应在井群的影响范围内，因此

$$N_{井} = \frac{1.2 A_{污染}}{\pi R_1^2}。 \tag{5.22}$$

式（5.22）中的因子 1.2 是人为选取的，用于表示井群影响范围之间的重合，以及边缘井的影响范围可能会超过污染区域之外。

其次，应有足够的井数量来保证在可接受的时间范围内完成场地修复，即

$$R_{可接受} = \frac{M_{泄漏}}{T_{可接受}}; \tag{5.23}$$

$$N_{井} = \frac{R_{可接受泄漏}}{R_{去除}}。 \tag{5.24}$$

式（5.23）和式（5.24）计算的井数量的较大值即为最小的气体抽提井数量。

最后，可能也是最重要的决定因素是经济因素，需要在井数量和总处理成本之间达到平衡。安装更多的井可以缩短清理时间，但同时也会提高成本。

### 5.3.2.3 土壤淋洗系统

物质平衡公式可以用于描述土壤淋洗前后淋洗液体中污染物的浓度（假设初始淋洗液体中污染物浓度为零），有：

$$X_{int} M_{s,wet} = S_{int} M_{s,dry} + C_{int} V_m = S_{final} M_{s,dry} + C_{final} V_1 + C_{final} V_m。 \tag{5.25}$$

式中，$X_{int}$ 为土壤淋洗前土壤样品中污染物浓度，mg/kg；$M_{s,wet}$ 为淋洗前的湿重，kg；$M_{s,dry}$ 为土壤干重，kg；$S_{int}$ 为淋洗前在土壤表面的污染物浓度，mg/kg；$S_{final}$ 为淋洗后土壤表面的污染物浓度，mg/kg；$C_{int}$ 为淋洗前土壤水中的污染物浓度，mg/L；$C_{final}$ 为土壤淋洗液中的污染物浓度，mg/L；$V_m$ 为淋洗前土壤水的体积，L；$V_1$ 为使用的土壤淋洗液的体积，L。

式（5.25）左边的项表示土壤淋洗前污染物的总质量，包括吸附于土壤颗粒表面的质量及溶解于土壤水分中的质量（等式中间两项）。右边各项表示在淋洗之后残留于土壤颗粒表面的污染物质量及以溶解态存在于液体中的污染物质量（液体总体积 = 土壤系统液体积 $V_1$ + 土壤水分体积 $V_m$）。假设在淋洗之前 $C_{int} V_m \ll C_{int} V_m$，同时假设在淋洗之后，土壤水分中的污染物质量远小于吸附于土壤表面和土壤淋洗液中污染物质量之和（$C_{final} V_m \ll S_{final} M_{s,dry} + C_{final} V_1$），式（5.25）可以简化为：

$$S_{int} M_{s,dry} \approx S_{final} M_{s,dry} + C_{final} V_1。 \tag{5.26}$$

以上两个假设在当土壤淋洗前土壤较干燥和/或污染物相对疏水的情况下成立：

$$S_{final} = K_p C_{final}。 \tag{5.27}$$

式中，$K_p$ 为分配平衡常数。对于一个流程化的淋洗系列，最终的污染物浓度可以通过以下公式计算，即

$$X_{final} \approx \frac{1}{1 + \left( \dfrac{V_1}{M_{s,dry} K_p} \right)} \times X_{int}。 \tag{5.28}$$

式中，$X_{final}$ 为淋洗后土壤中的污染浓度；$X_{int}$ 为淋洗前土壤中的污染浓度。

土壤淋洗前土壤的质量（$M_{s,wet}$）、土壤干重（$M_{s,dry}$）、干堆积密度（$\rho_b$）和总堆积密度（$\rho_t$）之间的关系可由下述的线性关系表达：

$$\frac{M_{s,dry}}{M_{s,wet}} \approx \frac{\rho_b}{\rho_t}。 \tag{5.29}$$

**案例 5.9** 计算土壤淋洗效率。

一个沙土场地受到 1，2-二氯乙烷（1，2-DCA）和芘的污染，浓度为 500 mg/L，选择土壤淋洗技术来修复该土壤。设计一个容量为 1000 kg 土壤的反应器，淋洗液为 3.785 m³ 的清水。计算污染物在淋洗后的土壤里的最终浓度。

使用以下场地调查中获得的数据：土壤干堆积密度 = 1.6 g/cm³；土壤总堆积密度 = 1.8 g/cm³；含水层有机碳含量 = 0.005；$K_{oc} = 0.63 K_{ow}$。

**【解答】**

a. 查表可得：

对于 1, 2-DCA, $\lg(K_{ow}) = 1.53$ , 得到 $K_{ow} \approx 34$ ;

对于芘, $\lg(K_{ow}) = 4.88$ , 得到 $K_{ow} \approx 75\,900$ 。

b. 根据给出的关系 $K_{oc} = 0.63 K_{ow}$ 可得：

对于 1, 2-DCA, $K_{oc} = 0.63 \times 34 \approx 22$ ;

对于芘, $K_{oc} = 0.63 \times 75\,900 = 47\,800$ 。

c. $K_p = f_{oc} K_{oc}$ , $f_{oc} = 0.005$ , 可得

对于 1, 2-DCA, $K_p = 0.005 \times 22 = 0.11$ L/kg;

对于芘, $K_p = 0.005 \times 47\,800 = 239$ L/kg。

d. 使用式（5.29）求土壤干重，有

$$M_{s,\,dry} = 1000 \times \frac{1.6}{1.8} = 889 \text{ kg}。$$

使用式（5.28）求最终浓度（3.785 $m^3$ = 3785 L），有

$$X_{final} \approx \frac{1}{1 + \left(\dfrac{V_1}{M_{s,\,dry} K_p}\right)} \times X_{int},$$

则对于 1, 2-DCA,

$$X_{final} \approx \frac{1}{1 + \left(\dfrac{3785}{889 \times 0.11}\right)} \times 500 = 12.6 \text{ mg/L};$$

对于芘,

$$X_{final} \approx \frac{1}{1 + \left(\dfrac{3785}{889 \times 239}\right)} \times 500 = 491 \text{ mg/L}。$$

注：芘的疏水性很强且 $K_p$ 值非常高。本案例表明水对芘的土壤淋洗去除效率不高。对芘的淋洗过程而言，向淋洗液中加入表面活性剂、有机溶剂或提高淋洗液温度可作为考虑选项。

### 5.3.2.4　热脱附系统

（1）热脱附停留时间

低温加热解吸（LTTD）是一种异位土壤修复技术，国内通常称为热脱附。使用热脱附时，温度升高促进了挥发性和半挥发性污染物的挥发，进而从土壤、沉积物或污泥中去除。处理温度通常在 93.3～537.8 ℃。产生的尾气需要在排入大气之前得到进一步处理。

目前没有比较成熟的热脱附反应器设计规范，达到指定的最终浓度所需的时间取决于以下因素。

①反应器内部的温度：温度越高，解吸速率会越高，因此停留时间越短。

②反应器内部的混合条件：较好的混合条件会增强热交换，并促进已解吸的污染物排出。

③污染物的挥发性：污染物越容易挥发，所需的停留时间越短。

④土壤粒径：土壤颗粒越小，解吸越容易。

⑤土壤类型：黏土对污染物的吸附性更强，因此黏土中的污染物更难被解吸出来。

对于序批式反应器：

$$\frac{C_f}{C_i} = e^{-k\tau} \text{ 或 } C_f = C_i e^{-k\tau} \text{。} \tag{5.30}$$

对于连续流搅拌式反应器：

$$\frac{C_{out}}{C_{in}} = \frac{1}{1 + k\left(\dfrac{V}{Q}\right)} = \frac{1}{1 + k\tau} \text{。} \tag{5.31}$$

以连续流搅拌式反应器为例进行说明。

**案例 5.10** 计算热脱附加热所需的停留时间。

采用连续式热脱附反应器来处理总石油烃（TPH）浓度为 2500 mg/kg 的污染土壤。假设反应器为连续流搅拌式反应器，要求最终的土壤 TPH 浓度为 100 mg/kg，确定反应器需要的停留时间是多少？

通过中试研究保持一定的温度通过污染物浓度从 2500 mg/kg 降低到 100 mg/kg 所需的时间。应用式（5.30），确定反应速率 $k = 1.2 \text{ min}^{-1}$（$k$ 值与温度及抽提速率有关）。

应用式（5.31）计算所需的停留时间：

$$\frac{C_{out}}{C_{in}} = \frac{1}{1 + k\tau} = \frac{100}{2500} = \frac{1}{1 + 1.2\tau} \text{，}$$

$$1 + 1.2\tau = 25 \text{。}$$

因此，$\tau = 20 \text{ min}$。

（2）反应器设计

连续式热脱附反应器常规的有回转窑和夹套螺旋两种，下面主要介绍回转窑式的连续式热脱附反应器。

热脱附要求物料有一定的高温持续时间，以完成物理化学反应。通过前面确定的停留时间来设计回转窑，则：

$$G = 0.785 \times L/\tau \times D_{均}^2 \times \psi \times \gamma_{料} \text{。} \tag{5.32}$$

式中，$L$ 为窑长（或某带长度），m；$\tau$ 为物料在窑内（或某带）停留时间，h；$G$ 为单位生产率，t/h；$D_{均}$ 为窑的平均有效内径，m；$\psi$ 为物料在窑内的平均填充系数；$\gamma_{料}$ 为物料堆比重，t/m。

根据公式，在已知产量和停留时间的情况下可以算出所需窑长。

轴向移动速度（m/h）的计算为：

$$\omega_{料} = \frac{G}{0.785 D_{均}^2 \times \psi \times \gamma_{料}} \text{。} \tag{5.33}$$

回转窑直径的计算为：

$$D_{均} = \omega_{料} / (5.78 \times \beta \times n) \text{。} \tag{5.34}$$

式中，$D_{均}$ 为窑的平均有效内径，m；$\beta$ 为窑的倾斜角，度；$n$ 为窑的转速，r/min。

回转窑的斜度 $i$ 一般指窑轴线升高与窑长的比值，习惯上取窑倾角 $\beta$ 的正弦 $\sin\beta$，一般范围为 2%～5%。斜度过高会影响窑体在托轮上的稳定性。窑的转速 $n$ 可以根据公式确定：

$$n = 1.77 \times L \times \alpha / (i \times D_{均} \times \tau)。 \tag{5.35}$$

实际使用时转速 $n$ 可以根据变频器进行调节，来满足土壤污染的不均质情况。

尾气量可以通过物质平衡概念来计算：

$$尾气量 = 水蒸气量 + 升温所需的天然气量 + 天然气所需的补氧量。 \tag{5.36}$$

式中，水蒸气量根据土壤含水率计算；天然气量及补氧量通过热力学方程计算。但考虑到炉内负压环境实际情况下会有一部分气体从进土口进入，所以实际计算尾气处理设备值仍需增加一个比例系数。

## 5.3.3　地下水修复设计

### 5.3.3.1　承压含水层中地下水稳定流

式（5.37）是承压含水层（或自流含水层）中完整井稳定流公式（完整井是指从含水层顶板到底板的整个厚度都能进水的井）：

$$Q = \frac{2.73Kb(h_2 - h_1)}{\lg(r_2/r_1)}。 \tag{5.37}$$

式中，$Q$ 为抽水速率，m³/d；$b$ 为含水层厚度，m；$h_1$、$h_2$ 为自含水层底板起算的静止水位，m；$r_1$、$r_2$ 为距抽水井距离，m；$K$ 为含水层水力传导系数，m/d。

**案例 5.11**　承压含水层中抽水井影响半径。

承压含水层厚 9.1 m，测压水头为从含水层底板起算之上 24.4 m，从直径为 0.102 m 的完整井中抽水。

抽水速率为 0.15 m³/min，含水层岩性以砂为主，水力传导系数为 8.2 m/d。至稳定状态时，距离抽水井 3 m 处的观测井水位降深为 1.5 m，试求：a. 抽水井中的降深；b. 抽水井的影响半径。

【解答】

a. 首先确定 $h_1$（在 $r_1 = 3$ m 处）：

$h_1 = 24.4 - 1.5 = 22.9$ m。

抽水井直径为 0.102 m，则其半径 $r = 0.051$ m，代入式（5.37），有：

$0.15 \times 1440 = \dfrac{2.73 \times 8.2 \times 9.1 \times (h_2 - 22.9)}{\lg(0.051/3.0)}$，得到 $h_2 = 21.0$ m。

因此，抽水井降深为 24.4 - 21.0 = 3.4 m。

b. 水位降深为 0 m 处距抽水井的距离为影响半径，设影响半径为 $r_{R_1}$，令 $r = r_{R_1}$，可得：

$0.15 \times 1440 = \dfrac{2.73 \times 8.2 \times 9.1 \times (21.0 - 24.4)}{\lg(0.051/r_{R_1})}$，得到 $r_{R_1} = 82$ m。

类似结果还可以从观测井（$r=3$ m）的降深信息推导得到：

$$0.15 \times 1440 = \frac{2.73 \times 8.2 \times 9.1 \times (22.9 - 24.4)}{\lg(3/r_{R_1})}，得到 r_{R_1} = 78 \text{ m}。$$

**案例 5.12** 利用稳定流降深数据计算承压含水层抽水速率。

根据以下信息，计算承压含水层抽水速率：含水层厚 $=9.1$ m；井直径 $=0.1$ m；抽水井类型为完整井；含水层水力传导系数 $=16.3$ m/d；距抽水井 $1.52$ m 处的观测井稳定降深为 $0.61$ m；距抽水井 $6.1$ m 处的观测井稳定降深为 $0.37$ m。

**【解答】**

将数据代入式（5.37），得到：

$$Q = \frac{2.73 \times 16.3 \times 9.1 \times (0.61 - 0.37)}{\lg\left(\frac{6.1}{1.52}\right)} = 161 \text{ m}^3/\text{d}。$$

### 5.3.3.2 混凝池

（1）常用混凝剂

常用混凝剂有铁盐混凝剂（硫酸亚铁 $FeSO_4 \cdot 7H_2O$、三氯化铁 $FeCl_3 \cdot 6H_2O$）、铝盐混凝剂［硫酸铝 $Al_2(SO_4)_3 \cdot 18H_2O$、明矾 $Al_2(SO_4)_3 \cdot K_2SO_4 \cdot 18H_2O$、碱式氯化铝 PAC］、合成高分子絮凝剂（聚丙烯酰胺 PAM）等。

（2）絮凝池概述

机械絮凝池是利用电机经减速装置带动搅拌器对水流进行搅拌，使水中的颗粒互相碰撞，完全絮凝的絮凝池。目前，我国的机械絮凝采用的旋转方式主要是：搅拌器采用桨板式，搅拌轴有水平式和垂直式两种。

机械絮凝池的絮凝效果好，可以根据水质、水量的变化随时改变桨板的转速，水头损失少。缺点是增加机械维修工作。

机械絮凝池使用各种水质、水量及变化较大的原水。可与其他类型的絮凝池组合使用。一般与沉淀池的宽度和深度相同。

（3）设计要点

①絮凝池一般不少于 2 组。每组絮凝池内一般放 3～6 挡搅拌机。各挡搅拌机之间用隔墙分开，隔墙上、下交错开孔。絮凝时间为 15～20 min。

②机械絮凝池的深度一般为 3～4 m。

③叶轮桨板中心处的线速度一般由第一挡（0.4～0.5 m/s）逐渐减少，最后一挡为 0.1～0.2 m/s。各挡搅拌速度梯度值 $G$ 一般取 20～30 $s^{-1}$。

④每一搅拌轴上的桨板总面积为絮凝池水流断面的 10%～20%。每块桨板的长度不大于叶轮直径的 75%，宽度一般为 100～300 mm。

⑤垂直搅拌轴设于絮凝池的中间，上桨板顶端设在水面下 0.3 m 处，下桨板底端设于池底 0.3～0.5 m 处，桨板外缘距离池壁小于 0.25 m。为避免产生水流短路，应设置固定挡板。

⑥水平搅拌轴设于池身一半处，搅拌机上的桨板直径小于池水深 0.3 m，桨板的末端距池壁不大于 0.2 m。

（4）计算公式

池的容积计算如下：

$$V = \frac{QT}{60n},\qquad(5.38)$$

式中，$V$ 为每个池的容积，$m^3$；$Q$ 为设计流量，$m^3/h$；$T$ 为絮凝时间，$min$；$n$ 为池数，个。

池长为：

$$L \geqslant \alpha ZH,\qquad(5.39)$$

式中，$L$ 为池长，$m$；$\alpha$ 为系数，一般为 $1.0 \sim 1.5$；$Z$ 为搅拌轴排数，一般为 $3 \sim 4$；$H$ 为平均水深，$m$。

池的宽度为：

$$B = \frac{V}{LH},\qquad(5.40)$$

式中，$B$ 为池的宽度，$m$。

搅拌器转数为：

$$n_0 = \frac{60v}{\pi D_0},\qquad(5.41)$$

式中，$n_0$ 为搅拌器转数，$r/min$；$v$ 为叶轮桨板中心电线速度，$m/s$；$D_0$ 为叶轮桨板中心点旋转直径，$m$。

叶轮转动角速度为：

$$\omega = 0.1 n_0,\qquad(5.42)$$

式中，$\omega$ 为叶轮转动角速度，$rad/s$。

搅拌功率为：

$$N = 0.17 Y L \omega^3 (r_2^4 - r_1^4),\qquad(5.43)$$

式中，$N$ 为搅拌功率，$kW$；$Y$ 为同一搅拌机上的桨板数，个；$L$ 为桨板长度，$m$；$r_2$ 为搅拌机的桨板外缘半径，$m$；$r_1$ 为搅拌机桨板内缘半径，$m$。

电动机功率为：

$$N_0 = \frac{N}{\vartheta},\qquad(5.44)$$

式中，$N_0$ 为电动机功率，$kW$；$\vartheta$ 为搅拌机的传动效率，一般为 $0.5 \sim 0.8$。

（5）案例分析

**案例 5.13**　设计流量为 $500\ m^3/h$，拟采用垂直轴式机械絮凝池。

**【解答】**

一组设计 2 个池子，每池的设计流量为 $250\ m^3/h$，每个絮凝池分为 3 格。

a. 絮凝池有效容积：

絮凝时间为 20 min，容积为：

$$V = \frac{QT}{60} = \frac{250 \times 20}{60} \approx 83\ m^3。$$

为配合沉淀池尺寸，每格尺寸为 2.5 m×2.5 m。

b. 水深：

$$H_1 = \frac{V}{F} = \frac{83}{3 \times 2.5 \times 2.5} \approx 4.4 \text{ m}。$$

超高取 0.3 m，则絮凝池总高度为 4.7 m。

c. 搅拌设备：

絮凝池中每一格设置 1 台搅拌设备，分格隔墙上过水孔道上下交错布置。叶轮直径取池宽的 80%，采用 2.0 m。

叶轮桨板中心点线速度采用 $v_1 = 0.5$ m/s，$v_2 = 0.35$ m/s，$v_3 = 0.2$ m/s。

桨板长度取 $L = 1.4$ m，桨板宽度取 $B = 0.12$ m。

每根轴上桨板数 8 块，内、外侧各 4 块。旋转桨板面积与絮凝池过水断面面积之比为：

$$\frac{8 \times 0.12 \times 1.4}{2.5 \times 4.4} \approx 12.2\%。$$

池子周围设 4 块固定挡板。固定挡板的宽为 0.2 m，高为 1.2 m。4 块固定挡板的面积与絮凝池过水断面面积之比为：

$$\frac{4 \times 0.2 \times 1.2}{2.5 \times 4.4} = 8.7\%。$$

桨板总面积占过水断面面积之比为 20.9% < 25%，符合要求。

叶轮桨板中心点旋转直径 $D_0$ 为：

$$D_0 = \left( \frac{1000 - 440}{2} + 440 \right) \times 2 = 1440 \text{ mm} = 1.44 \text{ m}。$$

叶轮转数分别为：

$$n_1 = \frac{60 v_1}{\pi D_0} = \frac{60 \times 0.5}{3.14 \times 1.44} \approx 6.63 \text{ r/min}，$$

则 $\omega_1 = 0.663$ rad/s；

$$n_2 = \frac{60 v_2}{\pi D_0} = \frac{60 \times 0.35}{3.14 \times 1.44} \approx 4.64 \text{ r/min}，$$

则 $\omega_2 = 0.464$ rad/s；

$$n_3 = \frac{60 v_3}{\pi D_0} = \frac{60 \times 0.2}{3.14 \times 1.44} \approx 2.65 \text{ r/min}，$$

则 $\omega_3 = 0.265$ rad/s。

桨板旋转时克服水的阻力所耗功率：

第一格外侧桨板：

$N'_{01} = 0.17 \times 4 \times 1.4 \times 0.663^3 \times (1^4 - 0.88^4) \approx 0.11$ kW；

第一格内侧桨板：

$N''_{01} = 0.17 \times 4 \times 1.4 \times 0.663^3 \times (0.56^4 - 0.44^4) \approx 0.017$ kW；

第一格搅拌轴功率为：

$N_{01} = 0.11 + 0.017 = 0.127$ kW。

用同样的方法可以分别计算出第二、第三格搅拌轴功率分别为 0.044 kW、0.008 kW。

### 5.3.3.3 斜管（板沉淀池）

（1）设计要点

a. 斜管断面一般采用蜂窝六角形，内径（$d$）一般采用 25~35 mm，斜管长度一般为 800~1000 mm。

b. 斜管水平倾角 $\theta$ 常采用 60°。

c. 清水区高度不宜小于 1.0 m。

d. 布水区高度不宜小于 1.5 m。为使布水均匀，出口处应设整流措施。

e. 积泥区高度应根据沉淀污泥量、浓缩程度和排泥方式等确定。

f. 出水集水系统可采用穿孔管或穿孔集水槽。

g. 表面负荷应按相似条件下的运行经验确定，一般可采用 9.0~11.0 m³/（m²·h）。

（2）计算方法

斜管沉淀池表面负荷是一个重要参数，可表示为：

$$q = \frac{Q}{F}。 \tag{5.45}$$

式中，$Q$ 是沉淀池设计流量，m³/h；$F$ 是沉淀池清水区表面积，m²。斜管沉淀池表面负荷一般采用 9.0~11.0 m³/（m²·h）。

斜管内流速为：

$$V = \frac{Q}{F'\sin\theta}。 \tag{5.46}$$

式中，$Q$ 是沉淀池设计流量，m³/h；$F'$ 是沉淀池斜管净出口表面积，m²；$\theta$ 是斜管水平倾角。

**案例 5.14**  已知异向流斜管沉淀池处理水量 $Q$=0.91 m³/s，斜管沉淀池设计为 2 组，斜管沉淀池与反应池合建，池有效宽 $B$ 为 19.8 m。求沉淀池各部分尺寸。

【解答】

a. 清水区面积：

清水区上升流速 $V_1$=3.0 mm/s，采用塑料片热压六边形蜂窝管，管厚 0.4 mm，边距 $d$=30 mm，水平倾角为 60°，则清水区面积为：

$$A = \frac{Q}{V_1} = \frac{0.91}{0.003} \approx 303 \text{ m}^2。$$

其中，斜管结构占用面积按照 3% 计算，则实际清水区需要面积为：

$$A = 303 \times 1.03 = 312.09 \text{ m}^2。$$

为了配水均匀，采用清水区平面尺寸为 $B \times L$ 为 19.8 m×15.8 m，进水区沿 19.8 m 长一边布置。

b. 斜管长度：

斜管内水流速度为：

$$V_2 = \frac{V_1}{\sin 60°} = \frac{3.0}{0.866} \approx 3.5 \text{ mm/s}。$$

颗粒沉降速度 $\mu_0 = 0.35$ mm/s，则

$$L = \frac{(1.33V_2 - \mu_0\sin60°)d}{\mu_0\cos60°} = \frac{(1.33 \times 3.5 - 0.35 \times 0.866) \times 30}{0.35 \times 0.5} = 746 \text{ mm}。$$

考虑到管端紊流、积泥等因素，过渡区采用 200 mm。斜管总长为以上两者之和，即 946 mm，按照 1000 mm 计。

c. 沉淀池高度：

清水区高 1.2 m，布水区高 1.5 m，斜管高 $1000 \times \sin60° \approx 0.87$ m，穿孔排泥斗槽高 0.8 m，超高 0.3 m，池子总高为：

$$H = 0.3 + 1.2 + 1.5 + 0.87 + 0.8 \approx 4.7 \text{ m}。$$

d. 沉淀池进口穿孔花墙：

穿孔墙上的洞口流速采用 $V_3 = 0.15$ m/s。洞口总面积为：

$$A_2 = \frac{Q}{V_3} = \frac{0.91}{0.15} \approx 6.07 \text{ m}^2。$$

每个洞口尺寸定为 15 cm×8 cm，则洞口数为：

$$6.07/ (0.15 \times 0.08) \approx 505 \text{ 孔}。$$

穿孔墙布于布水区 1.5 m 的范围内，孔共分 5 层，每层 101 个。

e. 集水系统：

沿池长方向布置 10 条穿孔集水槽，中间为 2 条集水渠，为施工方便槽底平坡。集水槽中心距为：

$$L' = \frac{L}{n} = \frac{15.8}{10} = 1.58 \text{ m}。$$

每条集水槽长为：

$$(19.8 - 1.2) /4 = 4.65 \text{ m}。$$

每槽集水量为：

$$q = \frac{0.91}{10 \times 4} \approx 0.0228 \text{ m}^3/\text{s}。$$

查《给水排水设计手册》第 3 册得槽宽为 0.2 m，槽高为 0.54 m。集水槽双侧开孔，孔径 $d = 25$ mm，孔数为 76 个，孔距 6 cm。

每条集水渠流量为：

$$Q/2 = 0.455 \text{ m}^3/\text{s}。$$

假定集水槽起端的水流截面为正方形，则渠宽度为：

$$b = 0.9 \times 0.455^{0.4} \approx 0.66 \text{ mm}。$$

为施工方便采用 0.6 m，起端水深 0.66 m。考虑到集水槽水流进入集水渠时自由跌水，跌落高度取 0.08 m，即集水槽底应高于集水渠起端水面 0.08 m。同时考虑到集水槽顶的集水渠顶相平，则集水渠高度为：

$$H_1 = 0.66 + 0.08 + 0.54 = 1.28 \text{ m}。$$

出水管流速 $V_4$ 为 1.2 m/s，则直径为：

$$D = \left(\frac{0.91 \times 4}{1.2\pi}\right)^{0.5} \approx 1 \text{ m} = 1000 \text{ mm}。$$

f. 排泥系统：

采用穿孔管排泥。穿孔管横向布置，沿与水流垂直方向共设 10 根，双侧排泥至集泥渠。集泥渠长 20 m，宽和高均为 0.3 m。孔眼采取等距布置，穿孔管长 $L = 9.9$ m，首末端积泥比为 0.5，查得 $k_w = 0.72$，去孔径 $d = 25$ mm，孔口面积 $f = 0.000 49$ m$^2$。去孔距 $S = 0.4$ m，孔眼数目为：

$$m = \frac{L}{S} - 1 = \frac{9.9}{0.4} - 1 = 24 。$$

孔眼总面积为：

$$\sum w_0 = 24 \times 0.000 49 = 0.011 76 \text{ m}^2 。$$

穿孔管断面积为：

$$w = \frac{\sum w_0}{k_w} = \frac{0.011 76}{0.72} = 0.016 \text{ m}^2 。$$

穿孔管直径为：

$$D_0 = \left(\frac{4 \times 0.016}{\pi}\right)^{0.5} = 0.143 \text{ m} 。$$

取直径为 150 mm，孔眼向下，与中垂线呈 45°角，并排排列，采用气动快开式排泥阀。

#### 5.3.3.4 吸附反应器

（1）概述

在设计吸附工艺和装置时，应首先确定采用何种吸附剂，选择何种吸附和再生操作方式及废水的预处理和后处理措施。一般需通过静态和动态试验来确定处理效果、吸附容量、设计参数和技术经济指标。

吸附操作分间歇式和连续式两种。间歇工艺是将吸附剂（多用活性炭）投入废水中，不断搅拌，经一定时间达到吸附平衡后，用沉淀或过滤的方法去除。连续式吸附操作是废水不断地流进吸附床，与吸附床接触，将污染物质吸附在吸附剂表面，从而去除污染物质。

（2）固定床常用设计参数

废水处理采用的固定床吸附设备的大小和操作条件，根据实际设备的运行资料建议采用如表 5-2 所示数据。

表 5-2　固定床常用设计参数

| 名称 | 参数 |
| --- | --- |
| 塔径 | 1.0～3.5 m |
| 吸附塔高度 | 3～10 m |
| 填充层与塔径比 | （1:1）～（4:1） |

| 名称 | 参数 |
|------|------|
| 吸附剂粒径 | 0.5～2.0 mm（活性炭） |
| 接触时间 | 10～50 min |
| 容积速度 | 2 $m^3/h \cdot m^3$ 以下 |
| 线速度 | 2～10 m/h |

（3）计算公式

吸附反应的计算公式如下。

1）静态平衡吸附量

$$q_e = \frac{V(C_0 - C_e)}{W} \tag{5.47}$$

式中，$q_e$ 是平衡吸附量，mg/g；$V$ 是溶液体积，L；$C_0$ 是溶质的初始浓度，mg/L；$C_e$ 是溶质的平衡浓度，mg/L；$W$ 是吸附剂量，g。

2）多级平流吸附

$$W_i(q_i - q_0) = Q(c_{i-1} - c_i) , \tag{5.48}$$

式中，$Q$ 是废水流量，$m^3/h$；$q_i$ 是离开第 $i$ 级吸附剂的吸附量，kg/kg；$q_0$ 是新吸附剂的吸附量，kg/kg；$C_i$ 是第 $i$ 级的出水浓度，$kg/m^3$；$W$ 是吸附量，kg/h。

3）多级逆流吸附

$$W_i(q_1 - q_{n+1}) = Q(c_0 - c_n) 。 \tag{5.49}$$

4）吸附速度

$$N = -D_i \frac{dc}{dr} , \tag{5.50}$$

式中，$D_i$ 是以溶液浓度为基准的颗粒内有效扩散系数，$m^2/h$；$C$ 是细孔内溶液浓度，$kg/m^3$；$r$ 是扩散方向的距离，m。

5）吸附区厚度

$$Z_n = v_a(t_E - t_B) \approx \frac{u}{k_f a_v} \int_{c_B}^{c_E} \frac{dc}{c - c^*} , \tag{5.51}$$

式中，$Z_n$ 是吸附区厚度，m；$t_E - t_B$ 是推移一个吸附区所需时间，h；$k_f$ 是总传质系数；$c^*$ 是与吸附量成平衡时的浓度，$kg/m^3$；$\frac{u}{k_f a_v}$ 是传质单元高度，m；$\int_{c_B}^{c_E} \frac{dc}{c - c^*}$ 是传质单元数。

## 5.3.4 挥发性有机物气体治理设计

### 5.3.4.1 活性炭吸附

（1）概述

活性炭吸附是土壤修复工程中最普遍使用的 VOCs 尾气控制工艺。该工艺可以高效去除尾气中的各类 VOCs，适用范围广。最常用的气相活性炭是颗粒状活性炭（GAC）。

活性炭的吸附容量是固定的，或者说其有效吸附点位是有限的。一旦被吸附的污染物占据了大部分可用的吸附点位，去除效率会显著降低。如果活性炭吸附设备超过此负荷继续运行，会突破临界点而造成活性炭系统排放气中的 VOCs 浓度急剧上升。最终，当大部分吸附点位被污染物占据时，活性炭会达到"饱和"状态而耗尽。耗尽而废弃的活性炭需要进行再生处理或安全废弃处置。

活性炭吸附系统的进气通常需要两个预处理环节，以对其工况进行优化。第一个环节是冷却，第二个环节是除湿。VOCs 的吸附通常是放热过程，因此在低温环境下有利。根据经验，需要将待处理废气的温度降至 54.4 ℃ 以下，另外，废气中的水蒸气会与 VOCs 竞争有效吸附点位，因此，待处理废气的相对湿度通常应降至 50% 或更低。举例来说，空气吹提设备的尾气水蒸气通常是饱和的，在尾气排放前利用活性炭处理 VOCs 时，需要先对尾气进行降温处理（如利用水冷），将水分冷凝析出，之后再升温（利用电加热），以提高其相对湿度。

（2）计算公式

平衡吸附容量：

$$q = a(P_{voc})^m。 \tag{5.52}$$

式中，$q$ 为平衡吸附容量，为单位质量活性炭吸附 VOCs 的质量；$P_{voc}$ 为 VOC 废气流中的气体分压，Pa；$a$、$m$ 为经验常数。

基于安全设计的考虑，设计工程师会取平衡吸附容量的 25%～50% 为设计吸附容量。因此，

$$q_{实际} = (50\%)(q_{理论})。 \tag{5.53}$$

定量活性炭对污染物的最大去除量或吸附容量 $M_{去除}$ 为：

$$M_{去除} = q_{实际} \times M_{GAC} = q_{实际} \times [(V_{GAC})(\rho_b)]。 \tag{5.54}$$

式中，$M_{GAC}$ 是活性炭质量；$V_{GAC}$ 是活性炭体积；$\rho_b$ 是活性炭的容积密度。

可以按以下步骤确定活性炭吸附器的吸附容量。

步骤 1：使用公式（5.52）计算理论吸附量。

步骤 2：使用公式（5.53）计算实际吸附容量。

步骤 3：计算吸附单元（又称吸附器）中活性炭的用量。

步骤 4：使用公式（5.54）计算吸附设备可以吸附污染物的最大容量。

（3）案例分析

**案例 5.15**　计算活性炭吸附器的吸附容量。

某个土壤通风项目拟使用活性炭吸附器处置尾气。废气中的污染物为间二甲苯，体积浓度为 0.08 %。抽提引风机出口的气体流速为 5.66 m³/min，气体温度接近环境温度。计划使用两个容量为 453.6 kg 的活性炭吸附器。计算每个活性炭吸附器在达到饱和状态前对间二甲苯的最大吸附容量。

【解答】

①将间二甲苯的浓度由体积浓度转换成标准压力（单位：Pa），有：

$P_{voc} = 0.08\% = 800 \times 10^{-6} \text{ atm} = 8 \times 10^{-4} \text{ atm} = q_{实际} \times \left[ (V_{GAC})(\rho_b) \right] = (8 \times 10^{-4} \text{ atm}) \times (101\ 325 \text{ Pa/1 atm}) = 81.06 \text{ Pa}_。$

使用公式（5.52）计算平衡态的吸附容量，有：

$$q = a(P_{voc})^m = 0.283 \times (81.06)^{0.0703} = 0.385 \text{ kg/kg}_。$$

②实际吸附容量可以使用公式（5.53）计算，有：

$$q_{实际} = (50\%)(q_{理论}) = 0.5 \times (0.385 \text{ kg/kg}) = 0.193 \text{ kg/kg}_。$$

③活性炭达到饱和状态前吸附设备可以吸收间二甲苯的质量为：

$$（活性炭的质量）\times（实际吸附容量）= 453.6 \times 0.193 = 87.54 \text{ kg}_。$$

#### 5.3.4.2 热氧化

热处理也被普遍用于处理含 $VOC_S$ 的废气。常用的热处理工艺包括热氧化、催化焚烧、内燃机焚烧。热处理系统的关键参数设计归纳为燃烧三"T"，即焚烧温度、停留时间、湍流度。这3个参数巨鼎了焚烧设备的规格和对污染物的去除效率。例如，为了确保良好的热处理效果，含 $VOC_S$ 的废气应在高温下的热氧化器内停留足够长时间（一般为0.3～1.0 s），设备的焚烧温度应至少比废气中目标污染物的自然温度高出37.8 ℃。此外，焚烧设备内必须维持足够的湍流度，以确保气体充分混合均匀，使目标污染物得到完全焚烧。其他需要考虑的重要参数包括进气的热值、辅助燃料需求量及助燃空气的需求量。

实际的气体流量和标准气体流量可以使用下列公式进行转换，该公式假设理想气体定律有效，有：

$$\frac{Q_A}{Q_S} = \frac{273 + T}{237 + 25}° \tag{5.55}$$

式中，$Q_A$ 为实际气体流量，$\text{m}^3/\text{h}$；$Q_S$ 为标准气体流量，$\text{m}^3/\text{h}$；$T$ 为实际温度，℃。

## 5.4 土壤修复中的市政工程设计

### 5.4.1 深基坑

#### 5.4.1.1 定义

深基坑是指开挖深度超过5 m（含5 m），或者深度虽未超过5 m，但地质条件、周围环境及地下管线特别复杂的工程。

根据中华人民共和国住房和城乡建设部于2009年5月13日发布的《危险性较大的分部分项工程安全管理办法》中的附属文件，深基坑工程为：

①开挖深度超过5 m（含5 m）的基坑（槽）的土方开挖、支护、降水工程。

②开挖深度虽未超过5 m，但地质条件、周围环境和地下管线复杂，或者影响毗邻建筑（构筑）物安全的基坑（槽）的土方开挖、支护、降水工程。

#### 5.4.1.2 安全要求

超过一定规模的危险性较大的分部分项工程（深基坑）专项方案应当由施工单位组

织召开专家论证会。实行施工总承包的，由施工总承包单位组织召开专家论证会。下列人员应当参加专家论证会：

①专家组成员；

②建设单位项目负责人或技术负责人；

③监理单位项目总监理工程师及相关人员；

④施工单位分管安全的负责人、技术负责人、项目负责人、项目技术负责人、专项方案编制人员、项目专职安全生产管理人员；

⑤勘察、设计单位项目技术负责人及相关人员。

### 5.4.1.3　支护结构

基坑工程是由地面向下开挖一个地下空间，深基坑四周一般设置垂直的挡土围护结构，围护结构一般是在开挖面基底下有一定插入深度的板（桩）墙结构；板（桩）墙有悬臂式、单撑式、多撑式。支撑结构是为了减小围护结构的变形，控制墙体的弯矩，分为内撑和外锚两种。

（1）基坑围护结构体系

①基坑围护结构体系包括板（桩）墙、围檩（冠梁）及其他附属构件。板（桩）墙主要承受基坑开挖卸荷所产生的土压力和水压力，并将此压力传递到支撑，是稳定基坑的一种施工临时挡墙结构。

②地铁基坑所采用的围护结构形式很多，其施工方法、工艺和所用的施工机械也各不相同。因此，应根据基坑深度、工程地质和水文地质条件、地面环境条件等，特别要考虑到城市施工特点，经技术经济综合比较后确定。

（2）深基坑围护结构类型

在我国应用较多的深基坑围护结构类型有板柱式、柱列式、重力式挡墙、组合式及土层锚杆、逆筑法、沉井等。

1）工字钢桩围护结构

作为基坑围护结构主体的工字钢，一般采用Ⅰ50号、Ⅰ55号和Ⅰ60号大型工字钢。基坑开挖前，在地面用冲击式打桩机沿基坑设计边线将桩打入地下，桩间距一般为1.0～1.2 m。若为饱和淤泥等松软地层，也可采用静力压桩机和振动打桩机进行沉桩。基坑开挖时，在挖土方的同时，在桩间插入50 mm厚的水平木板，以挡住桩间土体。基坑挖至一定深度后，若悬臂工字钢的刚度和强度都够大，就需要设置腰梁和横撑或锚杆（索），腰梁多采用大型槽钢、工字钢制成，横撑则可采用钢管或组合钢梁。

工字钢桩围护结构适用于黏性土、砂性土和粒径不大于100 mm的砂卵石地层；当地下水位较高时，必须配合人工降水措施。打桩时，施工噪声一般都在100 dB以上，大大超过环境保护法规定的限值。因此，这种围护结构一般宜用于距居民点较远的基坑施工中。当基坑范围不大时，如地铁车站的出入口，临时施工竖井可以考虑采用工字钢作围护结构。

2）钢板桩围护结构

钢板桩强度高，桩与桩之间的连接紧密，隔水效果好，具有施工灵活、板状可重复使用等优点，是基坑常用的一种挡土结构。但是，板桩打入时有挤土现象，而拔出时又会将土带出，造成板桩位置出现空隙，这对周围环境都会造成一定影响。而且板桩的长度有限，其使用的开挖深度也受限制，一般最大开挖深度在 7～8 m。板桩的形式有多种，拉森型是最常用的，在基坑较浅时也可采用大规格的槽钢（采用槽钢且有地下水时要辅以必要的降水措施）。采用钢板桩作为支护结构时，在其上口及支撑位置需要用钢围檩将其连接成整体，并根据深度设置支撑或拉锚。

钢板桩常用断面形式，多为 U 型或 Z 型。我国地铁施工中多用 U 型钢板桩，其沉放和拔除方法、使用的机械均与工字钢桩相同，但其构成方法可分为单层钢板桩围堰、双层钢板桩围堰及屏幕等。如遇到施工基坑较深时，为保证其垂直度、方便施工且能封闭合龙，多采用帷幕式构造。

钢板桩与其他排桩围护相比，一般刚度较低，这就对围檩的强度、刚度和连续性提出了更高的要求。其止水效果也与钢板桩的新旧、整体性及施工质量有关。在含地下水的砂土地层施工时，要保证齿口咬合，并应使用专门的角桩，以保证止水效果。

为提高钢板桩的刚度以适合于更深的基坑，可采用组合式形式，也可用钢管桩。但钢管桩的施工难度相比钢板桩更高，由于锁口止水效果难以保证，需有防水措施相配合。

3）钻孔灌注桩围护结构

钻孔灌注桩一般采用机械成孔。地铁明挖基坑中多采用螺旋钻机、冲击式钻机和正反循环钻机等。对正反循环钻机，由于其采用泥浆护壁成孔，故成孔时噪声低，适于城区施工，在地铁基坑和高层建筑深基坑施工中得到广泛应用。

对悬臂式排桩，桩径宜大于或等于 600 mm；对拉锚式或支撑式排桩，桩径宜大于或等于 400 mm；排桩的中心距不宜大于桩直径的 2 倍。桩身混凝土强度等级不宜低于 C25。排桩顶部应设置混凝土冠梁。混凝土灌注桩宜采取间隔成桩的施工顺序；应在混凝土终凝后，再进行相邻桩的成孔施工。

4）深层搅拌桩挡土结构

深层搅拌桩是用搅拌机械将水泥、石灰等与地基土相拌和，从而达到加固地基的目的。作为挡土结构的搅拌桩，一般布置成格栅形，深层搅拌桩也可连续搭接布置形成止水帷幕。

5）SMW 桩

SMW 工法桩围护墙首先利用搅拌设备就地切削土体，然后注入水泥类混合液搅拌形成均匀的水泥土搅拌墙，最后在墙中插入型钢，即形成一种劲性复合围护结构。

型钢水泥土搅拌墙中三轴水泥土搅拌桩的直径宜采用 650 mm、850 mm、1000 mm；内插的型钢宜采用 H 型钢。搅拌桩 28 d 龄期无侧限抗压强度不应小于设计要求且不宜小于 0.5 MPa，水泥宜采用强度等级不低于 P·O42.5 级的普通硅酸盐水泥，材料用量和水胶比应结合土质条件和机械性能等指标通过现场试验确定。在填土、淤泥质土等特别软的土中及在较硬的砂性土、沙砾土中，钻进速度较慢时，水泥用量宜适当提高。在砂性土中搅拌桩施工宜外加膨润土。

当搅拌桩直径为 650 mm 时，内插 H 型钢截面宜采用 H500×300、H500×200；当搅拌桩直径为 850 mm 时，内插 H 型钢截面宜采用 H700×300。当搅拌桩直径为 1000 mm 时，内插 H 型钢截面宜采用 H800×300、H850×300。型钢水泥土搅拌墙中型钢的间距和平面布置形式应根据计算确定，常用的内插型钢布置形式可采用密插型、插二跳一型和插一跳一型 3 种。单根型钢中焊接接头不宜超过 2 个，焊接接头的位置应避免设在支撑位置或开挖面附近等型钢受力较大处；相邻型钢的接头竖向位置宜互相错开，错开距离不宜小于 1 m，且型钢接头距离基坑地面不宜小于 2 m。拟拔出回收的型钢，插入前应先在干燥条件下除锈，再在其表面涂刷减摩材料。

6）重力式水泥土挡墙

深层搅拌桩是用搅拌机械将水泥、石灰等与地基土相拌和，形成相互搭接的格栅状结构形式，也可相互搭接成实体结构形式。采用格栅形式时，要满足一定的面积转换率：对于淤泥质土，不宜小于 0.7；对于淤泥，不宜小于 0.8；对于一般黏性土、砂土，不宜小于 0.6。由于采用重力式结构，开挖深度不宜大于 7 m。对嵌固深度和墙体宽度也要有所限制：对于淤泥质土，嵌固深度不宜小于 1.2h（h 为基坑挖深），宽度不宜小于 0.7h；对于淤泥，嵌固深度不宜小于 1.3h，宽度不宜小于 0.8h。

水泥土挡墙的 20 d 无侧限抗压强度不宜小于 0.8 MPa。当需要增加墙体的抗压性能时，可在水泥土桩内插入钢筋、钢管或毛竹等杆筋。杆筋插入深度宜大于基坑深度，并应锚入板内。面板厚度不宜小于 150 mm，混凝土强度等级不宜低于 C15。

7）地下连续墙

地下连续墙主要有预制钢筋混凝土连续墙和现浇钢筋混凝土连续墙两类，通常指后者。地下连续墙有如下优点：施工时振动小、噪声低，墙体刚度大，对周边地层扰动小；可适用于多种土层，除夹有孤石、大颗粒卵砾石等局部障碍物时影响成槽效率外，对黏性土、无黏性土、卵砾石层等各种地层均能高效成槽。

地下连续墙施工采用专用的挖槽设备，沿着基坑的周边，按照事先划分好的幅段，开挖狭长的沟槽。挖槽方式可分为抓斗式、冲击式和回转式等类型。地下连续墙的一字形槽段长度宜取 4～6 m。在开挖过程中，为保证槽壁的稳定，采用特制的泥浆护壁。泥浆应根据地质和地面沉降控制要求经试配确定，并在泥浆配制和挖槽施工中对泥浆的相对密度、黏度、含砂率和 pH 等主要技术性能指标进行检验和控制。每个幅段的沟槽开挖结束后，在槽段内放置钢筋笼，并浇筑水下混凝土。然后将若干个幅段连成一个整体，形成一个连续的地下墙体，即现浇钢筋混凝土壁式连续墙。

## 5.4.2  边坡支护

### 5.4.2.1  基本规定

①下列建筑边坡应进行稳定性评价。选作建筑物场地的自然斜坡；由于开挖或填筑形成需要进行稳定性验算的边坡；施工期出现新的不利因素的边坡；运行期条件发生变化的边坡。

②计算沿结构面滑动的稳定性时，应根据结构面形态采用平面或折线形滑面。计算土质边坡、极软岩边坡、破碎或极破碎岩质边坡的稳定性时，可采用圆弧形滑面。

③边坡稳定性计算时，对基本烈度为 7 度及以上地区的永久性边坡应进行地震工况下边坡稳定性校核。

④塌滑区无重要建（构）筑物的边坡采用刚体极限平衡法和静力数值计算法计算稳定性时，滑体、条块或单元的地震作用可简化为一个所用于滑体、条块或单元重心处、指向坡外（滑动方向）的水平静力，其值应按下列公式计算：

$$Q_e = \alpha_W G ; \tag{5.56}$$

$$Q_{ei} = \alpha_W G_i 。 \tag{5.57}$$

式中，$Q_e$、$Q_{ei}$ 为滑体、第 $i$ 计算条块或单元单位宽度地震力，kN/m；$G$、$G_i$ 为滑体、第 $i$ 条块或计算单元单位宽度自重［含坡顶建（构）筑物作用］，kN/m；$\alpha_W$ 为边坡综合水平地震系数，由所在地区地震基本烈度（表5-3）确定。

表5-3  水平地震系数

| 地震基本烈度 | 7 度 | | 8 度 | | 9 度 |
|---|---|---|---|---|---|
| 地震峰值加速度 | $0.10g$ | $0.15g$ | $0.20g$ | $0.30g$ | $0.40g$ |
| 综合水平地震系数 | 0.025 | 0.038 | 0.050 | 0.075 | 0.100 |

⑤当边坡可能存在多个滑动面时，对各个可能的滑动面均应进行稳定性计算。

⑥当条件许可时，应优先采取坡率法控制边坡的高度和坡度。土质边坡的坡率允许值应根据经验，按工程类比原则并结合已有稳定边坡的坡率值分析确定。当无经验，并且土质均匀良好、地下水贫乏、无不良地质现象和地质环境条件简单时，可参照 GB 50330—2013《建筑边坡工程技术规范》（表5-4）的规定。

表5-4  土质边坡坡率允许值

| 边坡土体类别 | 状态 | 坡率允许值（高宽比） | |
|---|---|---|---|
| | | 坡高小于 5 m | 坡高 5～10 m |
| 碎石土 | 密实 | 1：0.35～1：0.50 | 1：0.50～1：0.75 |
| | 中密 | 1：0.50～1：0.75 | 1：0.75～1：1.00 |
| | 稍密 | 1：0.75～1：1.00 | 1：1.00～1：1.25 |
| 黏性土 | 坚硬 | 1：0.75～1：1.00 | 1：1.00～1：1.25 |
| | 硬塑 | 1：1.00～1：1.25 | 1：1.25～1：1.50 |

按是否设置分级过渡平台，边坡可分为一级放坡和分级放坡两种形式。在场地土质较好、基坑周围具备放坡条件、不影响相邻建筑物安全及正常使用的情况下，宜采用全深度放坡或部分深度放坡。而在分级放坡时，宜设置分级过渡平台。分级过渡平台的宽度应根

据土（岩）质条件、放坡高度及施工场地条件确定，对于岩石边坡不宜小于 0.5 m，对于土质边坡不宜小于 1.0 m。下级放坡坡度宜缓于上级放坡坡度。

#### 5.4.2.2　边坡稳定性评价标准

①除校核工况外，边坡稳定性状态分为稳定、基本稳定、欠稳定和不稳定 4 种状态，可根据边坡稳定性系数按表 5-5 确定。

表 5-5　边坡稳定性状态划分

| 边坡稳定性系数 $F_s$ | $F_s < 1.00$ | $1.00 \leqslant F_s < 1.05$ | $1.05 \leqslant F_s < F_{st}$ | $F_s > F_{st}$ |
|---|---|---|---|---|
| 边坡稳定性状态 | 不稳定 | 欠稳定 | 基本稳定 | 稳定 |

②边坡稳定安全系数 $F_{st}$ 应按表 5-6 确定，当边坡稳定性系数小于边坡稳定安全系数时应对边坡进行处理。

表 5-6　边坡稳定安全系数 $F_{st}$

| 边坡类型与工况 | | 边坡工程安全等级 | | |
|---|---|---|---|---|
| | | 一级 | 二级 | 三级 |
| 永久边坡 | 一般工况 | 1.35 | 1.30 | 1.25 |
| | 地震工况 | 1.15 | 1.10 | 1.05 |
| 临时边坡 | | 1.25 | 1.20 | 1.15 |

注：地震工况时，稳定安全系数仅适用于塌滑区内无重要建（构）筑物的边坡；对地质条件很复杂或破坏后果很严重的边坡工程，其稳定安全系数应适当提高。

#### 5.4.2.3　边坡稳定性分析方法

边坡稳定性分析通常采用较为实用的极限平衡方法，因此，土质边坡可采用瑞典条分法、毕肖普法进行分析；岩质边坡可用单平面、双平面滑动破坏的计算方法；任意滑面形状的边坡，可采用不平衡力传递系数法。具体方法可参见有关教材或讲义。

#### 5.4.2.4　锚固工程设计计算

（1）锚杆设计的基本原则

①设计锚杆的使用寿命应不小于边坡或被服务建筑物的正常使用期限，一般使用期限在两年以内的工程锚杆应按临时锚杆设计，使用期限在两年以上的锚杆应按永久性锚杆进行设计。对于永久性锚杆的锚固段不应设在有机质土、液限大于 50% 或相对密度小于 0.3 的土层中。

②当对支护结构变形量允许值要求较高、岩层边坡施工期稳定性较差、土层锚固性能较差或采用了钢绞线和精轧钢筋时，宜采用预应力锚杆。但预应力作用对支承结构的加载影响、对锚固地层的牵引作用及相邻构筑物的不利影响应控制在安全范围。

③设计的锚杆必须达到所设计的锚固力要求，防止边坡滑动剪断锚杆。锚杆选用的钢筋或钢绞线必须满足有关国家标准，特别是预应力钢绞线，必须保障钢筋或钢绞线有效防

腐，以避免锈蚀导致材料强度降低。

（2）锚杆的设计程序

对边坡锚杆加固设计，必须首先对边坡工程地质进行调查，在掌握地质情况的基础上，对边坡的破坏方式进行判断，并分析采用锚杆方案的可行性和经济性。如果采用锚杆方案可行，开始计算边坡作用在支挡结构物上的侧压力，根据侧压力的大小和边坡实际情况选择合理的锚杆型式，并确定锚杆数量、布置形式、承载力设计值。根据承载力设计值计算锚筋截面、选择锚筋材料和数量、计算锚固段长度。如果采用预应力锚杆还要确定预应力张拉值和锁定值，最后进行外锚头和防腐构造设计，并给出施工建议、试验、验收和监测要求。

在边坡锚杆加固中要选择合理的锚杆型式，必须结合被加固边坡的具体情况，根据锚固段所处的地层类型、工程特征、锚杆承载力的大小、锚杆材料、长度、施工工艺等条件综合考虑及选择。表5-7给出了土层、岩层中的预应力和非预应力常用锚杆类型的有关参数，可供边坡锚杆加固选型使用。

表5-7　常用边坡锚杆型式

| 锚杆类型 | 锚筋选料 | 承载力（kN） | 锚杆长度（m） | 应力状态 | 注浆方式 | 锚固体型式 | 适用条件 |
|---|---|---|---|---|---|---|---|
| 土层锚杆 | 钢筋（Ⅱ级、Ⅲ级） | <450 | <16 | 非预应力 | 常压灌浆压力灌浆 | 圆柱型扩孔型 | 锚固性较好的土层 |
| | 精轧螺纹钢筋Φ25～Φ32 | 400～1100 | >10 | 预应力 | 压力灌浆二次高压灌浆 | 连续球型、扩孔型 | 土层锚固性较差；边坡允许变形值小 |
| | 钢绞线 | 600～1600 | >10 | 预应力 | 同上 | 同上 | 同上 |
| 岩层锚杆 | 钢筋（Ⅱ级、Ⅲ级） | <450 | <16 | 非预应力 | 常压灌浆 | 圆柱型 | 边坡稳定性较好 |
| | 精轧螺纹钢筋Φ25～Φ32 | 400～1100 | >10 | 预应力 | 常压灌浆压力灌浆 | 圆柱型 | 边坡稳定性较差 |
| | 钢绞线 | 600～2000 | >10 | 预应力 | 常压灌浆压力灌浆 | 圆柱型 | 同上 |

（3）锚杆的布设要求

锚杆的布设原则上应根据实际地层情况及锚杆与其他支挡结构联合使用的具体情况确定，一般有如下基本要求：

①锚索间距应以所设计的锚固力能对边坡提供最大的张拉力为标准。一般情况下，锚杆水平与垂直间距宜采用3～6 m，不得小于1.5 m，以免发生群锚效应而降低锚固力。

②锚杆上覆土层厚度应不小于5 m，以避开车辆反复荷载的影响，也避免由于采用高

压灌浆使上覆土层隆起。

③锚固段与相邻基础或地下设施的距离应小于 3 m。

④在施工中应考虑施工偏差而造成锚索的相互影响。

⑤锚杆的钻孔直径除必须满足锚杆的拉力设计值外，钻孔内的预应力钢绞线面积应不超过钻孔面积的 15%。

⑥锚杆的倾角宜避开与水平向呈-10°～+10°的范围，该范围内锚杆的注浆应采取保证浆液灌注密实的措施。

⑦原则上预应力锚杆安设角度宜采用最优锚固角。实际采用的安设角度可根据潜在滑动体的实际情况和施工条件调整。最优锚固角为：

$$\theta = \alpha - \left( 45° + \frac{\varphi}{2} \right)。 \tag{5.58}$$

式中，$\theta$ 为最优锚固角，为预应力锚杆与水平面之间的夹角（正值为仰角，负值为俯角）；$\alpha$ 为滑动面（软弱结构面）的倾角；$\varphi$ 为滑动面的摩擦角。

（4）锚杆锚固设计荷载的计算

对于用于滑坡治理的锚杆，锚杆锚固设计荷载的确定应根据边坡的推力大小和支护结构的类型综合确定。先计算边坡的不平衡推力或侧压力，然后根据锚杆的布置形式计算该边坡要达到稳定需要锚杆提供的加固力，最后根据加固力和锚杆数量便可确定出每根锚杆平均承担的锚固荷载大小，并将该荷载作为锚筋截面计算和锚固体设计的重要依据。

1）单一滑面破坏边坡

使边坡稳定安全系数达到许用值时所需施加的锚固力为：

$$T = \frac{W(\sin \beta \cdot F - \cos \beta \tan \varphi) + U \tan \varphi + V(\cos \beta \cdot F + \sin \beta \tan \varphi) - cL}{\cos (\beta + \delta) \cdot F + \sin (\beta + \delta) \tan \varphi}。 \tag{5.59}$$

式中，$T$ 为作用于边坡滑体上的由锚索提供的加固力；$U$ 为作用在滑块底面上的水的浮托力；$V$ 为张拉裂缝中的水压力；$\delta$ 为锚杆与水平面之间的夹角；$L$ 为滑动面的长度；$F$ 为边坡的稳定安全系数；$\beta$ 为滑动面的倾角；$\varphi$ 为滑动面的摩擦角。具体见图 5-1。

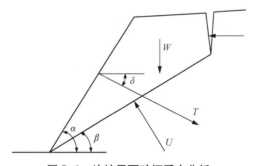

**图 5-1　边坡平面破坏受力分析**

2）双滑面破坏边坡

使边坡稳定安全系数达到许用值时所需施加的锚固力为：

$$T = \frac{W_1(\sin \beta_1 \cdot F - \cos\beta_1 \tan\varphi_1)}{\cos(\delta + \beta_1) \cdot F + \sin(\delta + \beta_1) \tan\varphi_1} +$$

$$\frac{P[\cos(\beta_2 - \beta_1) \cdot F - \sin(\beta_2 - \beta_1) \tan\varphi_1] + U_1\tan\varphi_1 - c_1L_1}{\cos(\delta + \beta_1) \cdot F + \sin(\delta + \beta_1) \tan\varphi_1}; \tag{5.60}$$

$$P = W_2(\sin\beta_2 - \cos\beta_2\tan\varphi_2) + U_2\tan\varphi_2 - c_2L_2 \text{。} \tag{5.61}$$

式中，$W_1$、$W_2$ 分别为滑块 1 和滑块 2 的自重；$U_1$、$U_2$ 分别为滑块 1 和滑块 2 的水压力；$c_1$、$c_2$ 分别为滑块 1 和滑块 2 的黏聚力；$\varphi_1$、$\varphi_2$ 分别为滑块 1 和滑块 2 的摩擦角；$L_1$、$L_2$ 分别为滑块 1 和滑块 2 的滑面长度；$\beta_1$、$\beta_2$ 分别为滑块 1 和滑块 2 的滑面倾角。具体见图 5-2。

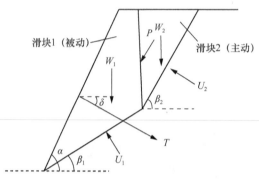

**图 5-2　边坡双滑面滑动的受力分析**

**3）多滑面破坏边坡**

多滑面破坏边坡的稳定分析比较复杂，如前文所述，目前工程上大都采用传递系数法近似确定边坡的稳定性。当计算出的最底部滑块的不平衡推力大于零时，说明边坡的稳定性不能保证。若采用预应力锚杆（索）加固滑坡时，锚杆应提供的锚固力可以近似地按照边坡的平衡条件用下式确定：

$$T = E / [\sin(\alpha + \delta) \tan\varphi + \cos(\alpha + \delta)] \text{。} \tag{5.62}$$

式中，$E$ 为滑坡推力，计算推力时应考虑一定的安全储备；$\alpha$ 为锚杆与滑动面相交处滑动面倾角；$\varphi$ 为滑动面内摩擦角；$\delta$ 为锚杆与水平面的夹角，以下倾为宜，不宜大于 $45°$，一般为 $15°\sim30°$。

### 5.4.3　降水井

（1）降水的作用

在地下水位以下开挖基坑时，采用降水的作用是：

①截住坡面及基底的渗水。

②增加边坡的稳定性，并防止边坡或基底的土粒流失。

③减少被开挖土体含水量，便于机械挖土、土方外运、坑内施工作业。

④有效提高土体的抗剪强度与基坑稳定性。对于放坡开挖而言，可提高边坡稳定性；

对于支护开挖，可增加被动土压区土抗力，减少主动土压土体侧压力，从而提高支护体系的稳定性，减少支护体系的变形。

⑤减少承压水头对基坑底板的顶托力，防止坑底突涌。

（2）工程降水方法的选用

工程降水有多种方法，可根据土层情况、渗透性、降水深度、地下水类型等因素参照表 5-8 选择设计。

表 5-8　工程降水方法的选用

| 降水方法 | | 适用地层 | 渗透系数（m/d） | 降水深度（m） | 地下水类型 |
|---|---|---|---|---|---|
| 集水明排 | | 黏性土、砂土 | — | <2 | 潜水、地表水 |
| 轻型井点 | 一级<br>二级<br>三级 | 砂土、粉土、含薄层粉砂的淤泥质（粉质）黏土 | 0.1～20.0 | 3～6<br>6～9<br>9～12 | 潜水 |
| 喷射井点 | | | | <20 | 潜水、承压水 |
| 管井 | 疏干 | 砂性土、粉土、含薄层粉砂的淤泥质（粉质）黏土 | 0.02～0.10 | 不限 | 潜水 |
| | 减压 | 砂性土、粉土 | >0.1 | 不限 | 承压水 |

（3）集水明排

①当基坑开挖不很深、基坑涌水量不大时，集水明排是应用最广泛、最简单经济的方法。明沟、集水井排水多是在基坑的两侧或四周设置排水明沟，在基坑四角或每隔 30～50 m 设置集水井，使基坑渗出的地下水通过排水明沟汇集于集水井内，然后用水泵将其排出基坑外。

②明沟宜布置在拟建建筑基础边 0.4 m 以外，沟边缘离开边坡坡脚应不小于 0.3 m。明沟的底面应比挖土面低 0.3～0.4 m。集水井底面应比沟底面低 0.5 m 以上，并随基坑的挖深而加深，以保持水流畅通。明沟的坡度不宜小于 0.3%，沟底应采取防渗措施。

③集水井的净截面尺寸应根据排水流量确定；集水井应采取防渗措施。

④明沟、集水井排水，视水量多少连续或间断抽水，直至基础施工完毕、回填土为止。

⑤集水明排设施与市政管网连接口之间应设置沉淀池。明沟、集水井、沉淀池使用时应保持排水畅通，并应随时清理淤积物。

⑥当基坑开挖的土层由多种土组成、中部夹有透水性好的砂类土、基坑侧壁出现渗水时，可在基坑边坡上透水处分别设置明沟和集水井构成集水明排系统，分层阻截和排出上部土层中的地下水，避免上层地下水冲刷基坑下部造成边坡塌方。

（4）井点降水

①基坑开挖较深、基坑用水量大且有围护结构时，应选择井点降水方法，即用轻型（真空）井点、喷射井点或管井深入含水层，用不断抽水的方式使地下水位下降至坑底以下，以便土方开挖。

②轻型井点布置应根据基坑平面形状与大小、地质和水文情况、工程性质、降水深度等确定。当基坑宽度小于 6 m 且降水深度不超过 6 m 时，可采用单排井点，布置在地下水上游一侧；当基坑宽度大于 6 m 或土质不良、渗透系数较大时，宜采用双排井点，布置在基坑的两侧；当基坑面积较大时，宜采用环形井点。挖土运输设备出入道可不封闭，间距可达 4 m，一般留在地下水下游方向。

③轻型井点宜采用金属管，井管距坑壁不应小于 1.0~1.5 m（距离太小易漏气）。井点间距一般为 0.8~1.6 m。集水总管标高宜尽量接近地下水位线并沿抽水水流方向有 0.25%~0.50% 的上仰坡度，水泵轴心与总管齐平。井管的入土深度应根据降水深度及储水层所在位置决定，但必须将滤水管埋入含水层内，并且比基坑底深 0.9~1.2 m。井点管的埋置深度应经计算确定。

④真空井点和喷射井点可选用清水或泥浆钻进、高压水套管冲击工艺（钻孔法、冲孔法或射水法），对不易塌孔、缩径地层也可选用长螺旋钻机成孔，成孔深度宜大于降水井设计深度 0.5~1.0 m。钻进到设计深度后，应注水冲洗钻孔，稀释孔内泥浆。孔壁与井管之间的滤料应填充密实、均匀，宜采用中粗砂。滤料上方宜使用黏土封堵，封堵至地面的厚度应大于 1 m。

⑤管井的滤管可采用无砂混凝土滤管、钢筋笼、钢管或铸铁管。成孔工艺应适合地层特点，对不易塌孔、缩径地层宜采用清水钻进；采用泥浆护壁钻孔时，应在钻进到孔底后清除孔底沉渣，并立即置入井管、注入清水，当泥浆相对密度不大于 1.05 时，方可投入滤料。滤管内径应按满足单井设计流量要求而配置的水泵规格确定，管井成孔直径应满足填充滤料的要求；滤管与孔壁之间填充的滤料宜选用磨圆度好的硬质岩石成分的圆砾，不宜采用棱角形石渣料、风化料或其他黏质岩石成分的砾石。井管底部应设置沉砂段。

（5）案例分析

**案例 5.16** 基坑降水井深及布井数计算。

①范围：为了不影响土方开挖和基础施工，降水井布置在基坑开挖线上外 1 m 处。

②要求将地下水降至标高 -8.0 m。

③水静止水位：$h_o = -2.0$ m。

④透系数：$K = 30.0$ m/d。

⑤坑为长方形箱体，取 83.1 m 长度计算和 33.3 m 宽度计算，则

假象半径：$r_o = 0.29(a+b) = 0.29(83.1+33.3) = 33.8$ m。

⑥坑降水降深：$S = 1$ m。

⑦井涌水量：$q = 120\pi rlk^{1/3} = 120 \times 3.14 \times 0.15 \times 2 \times 3.1 = 350$ m³/d。采用 600 直径的降水井，井管内径 0.15 m、壁厚 5 cm、滤管长度 2 m。

⑧坑涌水量：

$$Q = 1.366KS\left[\frac{l+S}{\lg\frac{2b}{r_0}} + \frac{l}{\lg\frac{0.66l}{r_0} - 0.22\mathrm{arsh}\frac{0.44l}{b}}\right]$$

$$= 1.366 \times 30 \times 7 \times \left[\frac{2+7}{\lg\frac{2\times50}{33.8}} + \frac{1}{\lg\frac{0.66\times2}{33.8} - 0.22\mathrm{arsh}\frac{0.44\times2}{50}}\right]$$

$$= 286.86 \times (9/0.47 + 2/(-1.41 - 0.22 \times 0.018))$$

$$= 286.86 \times 17.7$$

$$= 5077.4 \mathrm{\ m^3/d}_\circ$$

式中，$K$ 是渗透系数，为 30 m/d；$S$ 是基坑降水降深，为 1.0 m。

⑨所需井的数量：$1.1 \times 5077.4/350 = 16$ 个，建筑物总长度：$83.1 + 83.1 + 33.3 + 33.3 = 232.8$ m，则井点布置采用基坑西侧每 10 m 均匀设置，其余三侧每 15 m 均匀设置，自基坑坡顶线外 1 m 设置。

⑩井管的埋设深度：

$$H = H_{w1} + H_{w2} + H_{w3} + H_{w4} + H_{w5} + H_{w6}$$

$$= 8 + 1 + 0.1 \times 15 + 2 + 2 + 0.5$$

$$= 15 \mathrm{\ m}_\circ$$

式中，$H$ 是井管的埋设深度；$H_{w1}$ 是基坑深度，m；$H_{w2}$ 是降水水位距离基坑底要求的深度，m；$H_{w3}$ 是 $i$ 乘以 $r_0$，其中，$i$ 为水力坡度，在降水井分布范围内宜为 $1/15 \sim 1/10$，$r_0$ 为降水井分布范围的等效半径或降水井排间距的 $1/2$，m；$H_{w4}$ 是降水期间的地下水位变幅，m；$H_{w5}$ 是降水井过滤器工作长度，m；$H_{w6}$ 是沉砂管长度，m。

# 第6章 土壤修复工程管理

## 6.1 土壤修复工程招标投标

### 6.1.1 概述

　　招标投标是在市场经济条件下进行的一种通过充分竞争获得工程、货物和服务的采购方式。土壤修复工程招标投标是土壤修复工程项目发包与承包过程中采用的一种交易方式，是土壤修复工程的发包人通过招标以合同方式获得工程、投标人通过投标以合同方式获得报酬的交易行为。土壤修复工程招标是指招标人（即发包人）在发包项目之前，通过公共媒介告示或直接邀请潜在投标人，由投标人根据招标文件设定的标的，提出实施方案及报价进行投标，经开标、评标等环节，从所有投标人中择优选定中标人。土壤修复工程投标是指具有合法资格能力的投标人根据招标文件的要求，提出实施方案和报价，在规定的期限内提交标书，并参加开标，如果中标，则与招标人签订承包协议。

### 6.1.2 目的、特点和原则

　　①土壤修复工程招标投标的目的：通过竞争机制，为招标人更好地选择中标人，按照合同约定完成土壤修复任务，实现缩短工期、提高工程质量和节约成本的目标。

　　②土壤修复工程招标投标的特点：招标人公布项目需求，实行交易公开、公平、公正；引入竞争制度，优胜劣汰，防止垄断；通过科学化与规范化的监管制度与运作程序，选出最佳的承包人，保证修复工程的顺利完成。

　　③土壤修复工程招标投标的原则如下：

　　《中华人民共和国招标投标法》第五条规定，招标投标活动应当遵循公开、公平、公正和诚实信用的原则。

　　公开原则，即要求招标投标活动必须保证充分的透明度，招标投标程序、投标人的资格条件、评标标准和方法、评标和中标结果等信息要公开，保证每个投标人能够获得相同信息，公平参与投标竞争并依法维护自身的合法权益。同时，招标投标活动的公开透明，也为当事人、行政和社会监督提供了条件。公开是公平、公正的基础和前提。

公平原则，即要求招标人在招标投标各程序环节中一视同仁地给予潜在投标人或投标人平等竞争的机会，并使其享有同等的权利和义务。公平原则主要体现在两个方面：一方面，机会均等，即潜在投标人具有均等的投标竞争机会；另一方面，各方权利义务平等，即招标人和所有投标人之间权利义务均衡并合理承担民事责任。

公正原则，即要求招标人必须依法设定科学、合理和统一的程序、方法和标准，并严格据此接受和客观评审投标文件，真正择优确定中标人，不倾向、不歧视、不排斥，保证各投标人的合法平等权益。为此，招标投标法及其配套规定对招标、投标、开标、评标、中标、签订合同等做了相关规定，以保证招标投标的程序、方法、标准、权益及其实体结果的公正。

诚实信用原则，即要求招标投标各方当事人在招标投标活动和履行合同中应当以守法、诚实、守信、善意的意识和态度行使权利和履行义务，不得故意隐瞒真相或弄虚作假，不得串标、围标和恶意竞争，不能言而无信，甚至背信弃义，在追求自己合法利益的同时，不得损害他人的合法利益和社会利益，依法维护双方利益及与社会利益的平衡。诚实信用是市场经济的基石和民事活动的基本原则。

## 6.1.3　范围、类别

（1）土壤修复工程招标投标的范围

根据《工程建设项目招标范围和规模标准规定》，生态环境保护项目，包括项目的勘察、设计、施工、监理及与工程建设有关的重要设备、材料等的采购，达到下列标准之一的，必须进行招标：

①施工单项合同估算价在 400 万元人民币以上的；

②重要设备、材料等货物的采购，单项合同估算价在 200 万元人民币以上的；

③勘察、设计、监理等服务的采购，单项合同估算价在 100 万元人民币以上的。

省、自治区、直辖市人民政府根据实际情况，可以规定本地区必须进行招标的具体范围和规模标准，但不得缩小本规定确定的必须进行招标的范围。

（2）土壤修复工程招标投标的类别

目前，土壤修复工程主要招标投标类别有工程施工招标、工程监理招标、工程验收招标。

## 6.1.4　方式

自 2000 年 1 月 1 日施行的《中华人民共和国招标投标法》明确规定了招标方式有两种，即公开招标和邀请招标。

（1）公开招标

公开招标是一种无限竞争性招标。由招标单位公开发布招标公告，宣布招标项目的内容和要求。各承包企业不受地区限制，一律机会均等。凡有投标意向的承包商均可参加投标资格预审，审查合格的承包商都有权利购买招标文件，参加投标活动。招标单位则可在众多的承包商中优选出理想的承包商为中标单位。

（2）邀请招标

邀请招标又称有限竞争性招标、选择性招标。由招标单位根据工程特点，有选择地邀请若干个具有承包该项工程能力的承包人前来投标，是一种有限竞争性招标。它是招标单位根据见闻、经验和情报资料而获得这些承包商的能力、资信状况，加以选择后，以发投标邀请书的形式来进行的。邀请招标同样需进行资格预审等程序，经过评审标书择优选定中标人，并发出中标通知书。一般邀请5～10家承包商参加投标，最少不得少于3家。这种招标方式目标明确，经过选定的投标单位在施工经验、施工技术和信誉上都比较可靠，基本上能保证工程质量和进度。邀请招标整个组织管理工作比公开招标相对简单一些，但是前提是对承包商充分了解，同时，报价也可能高于公开招标方式。

（3）公开招标和邀请招标方式的区别

①发布信息的方式不同。公开招标是招标单位在国家指定的报刊、电子网络或其他媒体上发布招标公告。邀请招标采用投标邀请书的形式发布。

②竞争的范围或效果不同。公开招标是所有潜在的投标单位竞争，范围较广，优势发挥较好，易获得最优效果。邀请招标的竞争范围有限，易造成中标价不合理，遗漏某些技术和报价有优势的潜在投标单位。

③时间和费用不同。邀请招标的潜在投标单位一般为3～10家，同时又是招标单位自己选择的，从而缩短了招标的时间和费用。公开招标的资格预审工作量大、时间长、费用高。

④公开程度不同。公开招标必须按照规定程序和标准运行，透明度高。邀请招标的公开程度相对要低些。

⑤招标程序不同。公开招标必须对投标单位进行资格审查，审查其是否具有与工程要求相近的资质条件。邀请招标对投标单位不进行资格预审。

### 6.1.5　流程

#### 6.1.5.1　招标准备

（1）落实招标项目应当具备的条件

①履行项目审批手续：招标项目按照国家有关规定需要履行项目审批手续的，应当履行审批手续，并取得批准。土壤修复工程项目需要按照相关规定到当地环保局进行审批。

②资金落实：招标单位应当有进行招标项目的相应资金或资金来源已经落实，并在招标文件中写明。

（2）选择招标方式

应根据招标单位的条件和招标工程的特点做好以下工作：

①确定招标事宜是否自行办理或委托招标代理机构办理。

②确定发包范围、招标次数及每次的招标内容。

③选择合同计价方式。招标单位应在招标文件中明确规定合同的计价方式。计价方式主要有固定总价合同、单价合同和成本加酬金合同3种，同时规定合同价的调整范围和调整方法。

④确定招标方式。招标单位应当依法选定公开招标或邀请招标方式。

### 6.1.5.2 编制招标有关文件和标底

招标有关文件包括资格审查文件、招标公告、招标文件、合同协议条款、评标办法等，其中，招标文件是投标的主要依据和信息源。

招标文件必须表明：招标单位选择投标单位的原则和程序，如何投标，建设背景和环境，项目技术经济特点，招标单位对项目在进度、质量等方面的要求，工程管理方式等。归纳起来包括商务、技术、经济、合同等方面。

施工招标文件一般包含下列几个方面的内容，即投标邀请书、投标须知、合同通用条款、合同专用条款、合同格式、技术规范、投标书及其附录与投标保证格式、工程量清单与报价表、辅助资料表、资格审查表、图纸等。

标底是招标单位编制（包括委托他人编制）的招标项目的预期价格。在设立标底的招标投标过程中，它是一个十分敏感的指标。编制标底时，首先要保证其准确，应当由具备资格的机构和人员依据国家规定的技术经济标准定额及规范编制。其次要做好保密工作，对于泄漏标底的有关人员应追究其法律责任。为了防止泄漏标底，有些地区规定投标截止后编制标底。最后，一个招标工程只能编制一个标底。

### 6.1.5.3 办理招标备案手续

按照法律法规的规定，招标单位将招标文件报建设行政主管部门备案，接受建设行政主管部门依法实施的监督。建设行政主管部门在审查招标单位资格、招标工程条件和招标文件等的过程中，发现有违反法律法规的，应当责令招标单位改正。

### 6.1.5.4 土壤修复工程招标

（1）招标单位发布招标公告或发出投标邀请书

实行公开招标的工程项目，招标人要在报纸、杂志、广播、电视等大众媒体或工程交易中心公告栏上发布招标公告，邀请一切愿意参加投标的不特定的承包商申请投标资格审查或申请投标。实行邀请招标的工程项目应向 3 家以上符合资质条件的、资信良好的承包商发出投标邀请书，邀请其参加投标。招标公告或投标邀请书应写明招标单位的名称和地址，招标工程的性质、规模、地点，以及获取招标文件的办法等事项。

（2）资格审查

资格审查分为资格预审和资格后审两种。资格预审是指招标单位或招标代理机构在发放招标文件前，对报名参加投标的承包商的承包能力、业绩、资格和资质、注册建造师、纳税、财物状况和信誉等进行审查，并确定合格的投标单位名单；在评标时进行的资格审查称为资格后审。两种资格审查的内容基本相同。通常公开招标采用资格预审，邀请招标采用资格后审。

（3）发放招标文件

招标单位或招标代理机构按照资格预审确定的合格投标单位名单或者投标邀请书发放招标文件。招标文件是全面反映招标单位建设意图的技术经济文件，又是投标单位编制标书的主要依据。招标文件的内容必须正确，原则上不能修改或补充。如果必须修改或补充的，须报招标投标主管部门备案，并在投标截止时间 15 天前以书面形式通知每一个投标单位。招标单位发放招标文件可以收取工本费，对其中的设计文件可以收取押金，宣布中标人后收回设计文件并退还押金。

（4）现场勘察

必要时，招标单位可以组织投标单位进行现场勘察，了解工程场地和周围环境情况，收集有关信息，使投标单位能结合现场提出合理的报价。现场勘察可安排在招标预备会议前进行，以便在会上解答现场勘察中提出的疑问。

（5）标前会议

标前会议，又称招标预备会、答疑会，主要用来澄清招标文件中的疑问，解答投标单位提出的有关招标文件和现场勘察的问题。

### 6.1.5.5 土壤修复工程投标

（1）研究招标文件

招标文件具体的规定往往集中在投标单位须知与合同条件里。投标单位须知是投标单位进行工程项目投标的指南。此文件集中体现招标单位对投标单位投标的条件和基本要求。投标单位必须掌握该文件中招标单位关于工程说明的一般性情况的规定；关于投标、开标、评标、决标的时间，投标有效期，标书语言及格式要求等程序性的规定；尤其须把握关于工程内容、承包的范围、允许的偏离范围和条件、价格形式及价格调整条件、报价支付的货币规定、分包合同等实质性的规定，以指导投标单位正确的投标。

合同条件是工程项目承发包合同的重要组成部分，是整个投标过程必须遵循的准则。

合同条件中关于承发包双方权利、义务的条款，建设期限的条款，人员派遣条款，价格条款，保值条款，支付（结算）条款，保险条款，验收条款，维修条款，赔偿条款，不可抗力条款，仲裁条款等，都直接关系着工程承发包双方利益分配比例，关系投标单位报价中开办费、保险费、意外费、人工费等各项成本费用额数及日后可以索赔的费用额，因此，合同条件是影响投标单位的投标策略及报价高低的因素，必须反复推敲。

分析技术规范、图纸、工程量清单等关键文件，准确地把握招标单位对下列问题的要求：投标单位的施工对象，材料、设备的性能，工艺特点，竣工后应达到的质量标准，工程各部分的施工程序，应采用的施工方法，施工中各种计量程序、计量规则、计量标准，现场工程师实验室、办公室及其设备的标准，临时工程，现场清理等。

研究招标单位修正与澄清的事项，这些事项主要是指招标文件的差错、含混不清处及未尽事宜等对投标报价产生影响的问题。

（2）申报资格审查

投标单位申报资格审查，应当按招标公告或投标邀请书的要求，向招标人提供有关资料。经招标单位审查后，招标单位应将符合条件的投标单位的资格审查资料，报建设工程招标投标管理机构复查。经复查合格的，就具有了参加投标的资格。

（3）购领招标文件和有关资料

投标单位经资格审查合格后，便可向招标单位申购招标文件和有关资料，同时要缴纳投标保证金。投标保证金是在招标投标活动中，投标单位随投标文件一同递交给招标单位的一定形式、一定金额的投标责任担保。主要目的：一是对投标单位投标活动不负责任而设定的一种担保形式，担保投标单位在招标单位定标前不得撤销其投标；二是担保投标单位在被招标单位宣布为中标人后其即受合同成立的约束，不得反悔或者改变其投标文件中的实质性内容，否则其投标保证金将被招标单位没收。

（4）参加踏勘工程现场和投标预备会

投标单位拿到招标文件后，应进行全面细致的调查研究。若有疑问或不清楚的问题需要招标单位予以澄清和解答的，应在收到招标文件后的 7 日内以书面形式向招标单位提出。为获取与编制投标文件有关的必要的信息，投标单位要按照招标文件中注明的现场踏勘（亦称现场勘察、现场考察）和投标预备会的时间和地点，积极参加现场踏勘和投标预备会。

（5）编制和递交投标文件

经过现场踏勘和投标预备会后，投标单位可以着手编制投标文件。投标单位着手编制和递交投标文件的具体步骤和要求如下。

①结合现场踏勘和投标预备会的结果，进一步分析招标文件。招标文件是编制投标文件的主要依据，因此，必须结合已获取的有关信息认真细致地加以分析研究，特别是要重点研究其中的投标须知、专用条款、设计图纸、工程范围及工程量表等，要弄清到底有没有特殊要求或有哪些特殊要求。

②校核招标文件中的工程量清单。投标单位是否校核招标文件中的工程量清单或校核得是否准确，直接影响到投标报价和中标机会。因此，投标单位应认真对待。通过认真校核工程量，投标单位在大体确定了工程总报价之后，估计某些项目工程量可能增加或减少的，就可以相应地提高或降低单价。如发现工程量有重大出入的，特别是漏项的，可以找招标单位核对，要求招标单位认可，并给予书面确认。这对于总价固定合同来说，尤其重要。

③根据工程类型编制施工规划或施工组织设计。施工规划和施工组织设计都是关于施工方法、施工进度计划的技术经济文件，是指导施工生产全过程组织管理的重要设计文件，是进行现场科学管理的主要依据之一。但两者相比，施工规划的深度和范围没有施工组织设计详尽、精细，施工组织设计的要求比施工规划的要求详细得多，编制起来要比施工规划复杂些。所以，在投标时，投标单位一般只要编制施工规划即可，施工组织设计可以在中标以后再编制。这样，就可避免未中标的投标单位因编制施工组织设计而造成人力、物力、财力上的浪费。但有时在实践中，招标单位为了让投标单位更充分地展示实力，常常要求投标单位在投标时就要编制施工组织设计。

施工规划或施工组织设计的内容，一般包括施工程序、方案，施工方法，施工进度计划，施工机械、材料、设备的选定和临时生产、生活设施的安排，劳动力计划，以及施工现场平面和空间的布置。施工规划或施工组织设计的编制依据，主要是设计图纸、技术规范，复核了的工程量，招标文件要求的开工、竣工日期，以及对市场材料、机械设备、劳动力价格的调查。编制施工规划或施工组织设计，要在保证工期和工程质量的前提下，尽可能使成本最低、利润最大。具体要求：根据工程类型编制出最合理的施工程序，选择和确定技术上先进、经济上合理的施工方法，选择最有效的施工设备、施工设施和劳动组织、周密、均衡地安排人力、物力和生产,正确编制施工进度计划,合理布置施工现场的平面和空间。

④根据工程价格构成进行工程估价,确定利润方针,计算和确定报价。投标报价是投标的一个核心环节,投标人要根据工程价格构成对工程进行合理估价,确定切实可行的利润方针,正确计算和确定投标报价。投标单位不得以低于成本的报价竞标。

⑤形成、制作投标文件。投标文件应完全按照招标文件的各项要求编制。投标文件应当对招标文件提出的实质性要求和条件做出响应,一般不能带任何附加条件,否则将导致投标无效。

⑥递送投标文件。递送投标文件也称递标,是指投标单位在招标文件要求提交投标文件的截止时间前,将所有准备好的投标文件密封送达投标地点。招标单位收到投标文件后,应当签收保存,不得开启。投标单位在递交投标文件以后,投标截止时间之前,可以对所递交的投标文件进行补充、修改或撤回,并书面通知招标单位,但所递交的补充、修改或撤回通知必须按招标文件的规定编制、密封和标志。补充、修改的内容为投标文件的组成部分。

#### 6.1.5.6 土壤修复工程开标、评标与定标

招标人在规定的时间和地点,在要求投标人参加的情况下,当众公开拆开投标文件,宣布各投标人的名称、投标报价、工期等情况,这个过程叫作工程开标。公开招标和邀请招标均应举行开标会议,体现招标的公平、公开和公正原则。

#### 6.1.5.7 评标程序

招标人根据招标文件的要求,对投标人所报送的投标资料进行审查,对工程施工组织设计、报价、质量、工期等条件进行评比和分析,这个过程叫作评标。

评标是指根据招标文件确定的标准和方法,对每个投标人的标书进行评价比较,以便最终确定中标人。评标是招投标的核心工作。投标的目的也是为了中标,而决定目标能否实现的关键是评标。

## 6.2 土壤修复工程合同管理

合同管理是当事人双方或数方确定各自权利和义务关系的协议,虽不等于法律,但依法成立的合同具有法律约束力,工程合同属于经济合同的范畴,受经济和刑法法则的约束。

### 6.2.1 合同管理的概念及合同主要组成部分

合同是平等主体间的自然人、法人、其他组织之间设立、变更、终止民事权利义务关系的协议。通俗的说法:当事人就某项事项权利义务自愿达成的协议。

合同管理是指企业对以自身为当事人的合同依法进行订立、履行、变更、解除、转让、终止及审查、监督、控制等一系列行为的总称。

合同主要组成部分包括签约主体名称、时间、地点、标的名称、数量、价款、履约期

限、履约方式、履约地点、标的质量、违约责任及合同解除、争议解决条款。

## 6.2.2 合同管理的基本业务内容

合同管理通常包括合同准备、合同签订、合同履行及合同归档4个部分。合同准备包括前期的调查、谈判、条款的拟定、审核；合同签订可以是双方同时、同地签署，抑或是异地寄送签署；合同履行包括按照合同条款的执行、变更、补充、结算、中止、终止；合同归档是指合同执行完毕后合同本身即成为历史档案，需要按档案管理的办法进行归档保存。

## 6.2.3 合同的风险管理

调查阶段：在承包或者采购服务合同签署前，尤其是金额较大、技术要求较为复杂的项目，应对签约对方的真实身份、履约能力进行相关的调查；长期合作伙伴，宜建立客户诚信清单或合格供应商库，对合作关系进行记录、评估。

合同谈判：在招投标或进行商务谈判时，宜就关键条款进行授权性谈判，避免业务代表为获得订单而在谈判时采取较多妥协，使公司在履约时陷入被动状态。

合同拟定：合同拟定时，对于签约主体、地点、时间、标的名称、数量、税费方式、履约时限、履约方式、履约地点、质量即违约责任等内容需要着重关注。

合同评审：无论采购、销售承包合同均需进行审核。在兼顾效率的同时建议采取业务单位、财务部门、分管领导三级审核制。业务部门内业务员对文本内容的正确性、合理性负责，业务主管对业务实施的决策负责；财务部门对合同资金的合理性及整体财务资金规划负责；分管领导对所授予的分管内容进行负责。

合同签订：公司应按照合同重要性划分合同签署权限，并严格遵循设定的权限和流程与合同相对方签署合同；公司应严格规范合同印章的保管。合同经编号、审批及公司法定代表人或有权代表签署后，方可加盖合同印章。公司合同签订方式：公司可以现场、邮寄、传真、电子邮件等方式签订合同，但重大合同应禁止以传真、电子邮件方式签约。

合同履行：公司应加强合同履行情况及效果的检查、分析和验收，确保合同全面有效履行。竞争对手动向预测承办部门应当对合同相对方的合同履行情况进行全过程跟踪监控管理，一旦发现有违约可能或违约行为，应当及时提示风险，并立即采取相应措施，避免合同损失的发生或扩大，将违约损失降到最低。内部环境分析公司应当妥善保管各项履约凭证，包括双方往来的传真、信函、发票或发票收据、送货单、签收单、验收单、对账资料等。

合同的补充、变更和解除：对于合同没有约定或约定不明确的内容，可通过双方协商一致的方式对原有合同进行补充。合同补充应采用书面形式，无法达成补充协议的，按照国家相关法律法规、合同有关条款或者交易习惯确定。对于显失公平、条款有误或存在欺诈行为的合同，以及因政策调整、市场变化等客观因素已经或可能导致所在公司利益受损的合同，公司应及时与合同相对方沟通，经双方协商一致办理合同变更或解除事宜。已生效的合同确需书面补充、变更或解除的，应当按照原合同审核流程进行审核并办理签章手续；变更后的合同应及时提交合同归档管理部门，合同编号亦应与原合同相关联，并共同存放。合同相对方提出的中止、转让、解除合同，并造成所在公司经济损失的，应向合同相对方书面提出索赔。

合同归档：公司企业管理部应当加强合同登记管理，建立电子台账，充分利用信息化手段对合同进行分类和归档，详细记录合同的订立、变更和终结等情况；合同签订完毕后，各承办部门应及时向企业管理部归档下列合同资料：合同原件，包括补充协议、变更协议、解除协议等，承办部门或财务部门可复印备用。公司应建立合同文本统一分类和连续编号规则，以防止或及早发现合同文本的遗失。公司应明确合同管理人员的职责，明确合同流转、借阅和归还的职责权限和审批程序，对合同保管情况实施定期和不定期的检查；已归档的合同不得随意出借，如有特殊需要，经公司既定审批程序批准后可以借阅。借阅人员不得涂画、拆分和抽换合同资料，并保持合同资料整洁。

# 6.3 土壤修复工程造价管理

工程造价是指建设一项工程预期开支或实际开支的全部固定资产投资费用。也就是一项工程通过建设形成相应的固定资产、无形资产所需用一次性费用的总和。这一含义是从投资者——业主的角度来定义的。从这个意义上说，工程造价就是指工程价格。即为建成一项工程，预计或实际在土地市场、设备市场、技术劳务市场，以及承包市场等交易活动中所形成的建筑安装工程的价格和建设工程总价格。通常是把工程造价的第二种含义只认定为工程承发包价格。它是在建筑市场通过招投标，由需求主体投资者和供给主体建筑商共同认可的价格。

工程造价管理是按照经济规律的要求，根据市场经济的发展形势，利用科学管理和先进管理手段，合理地确定造价和有效地控制造价，以提高投资效益和建筑企业经营效果。加强工程造价的全过程动态管理，强化工程造价的约束机制，维护有关方面的经济利益，规范价格行为，促进微观效益和宏观效益的统一。

## 6.3.1 工程造价管理任务

依据国家法律法规和行业主管部门的有关规定，对建设项目实施以造价管理为中心的项目管理，以控制项目造价为基础，优化方案，控制投资风险，尽可能缩小投资偏差，以实现建设项目的投资期望。

## 6.3.2 工程造价管理框架

工程造价管理框架包括工程造价管理法规体系、工程造价管理标准体系、工程计价定额体系、工程计价信息体系。其中，工程造价管理标准体系包括基础标准、管理规范、操作规程、质量标准。

### 6.3.3　造价管理的业务类型

造价管理的业务类型包括传统意义的造价（估算、概算、预算、结算、决算等）、投资决策、预算评审、结算审核、决算审查、工程调解、司法鉴定等。

### 6.3.4　影响修复工程造价的因素及控制关键点

影响修复工程造价的因素主要有决策、设计、招标采购、项目管理、业主关系、竣工收官及不可抗力等因素。

（1）实施决策

项目决策阶段是整个项目建设全过程的起始阶段，对全过程造价起着宏观控制的作用，主要体现在运作资金估算的编制、选择和决策投资方案，对不同方案对比、判断及决定的过程。其主要包括可行性研究和运作资金估算。

关键点在于：第一，成本分析，包括材料装备、实施、资金成本及风险预防成本等，预算越接近真实情况，项目成果概率越高；第二，风险防范，对于各种可能存在的风险加以分析，确认风险防范与风险发生时的代价。

（2）设计水平与质量

具体包括污染场地的调查情况、修复方案的选择（包括但不限于工艺、装备、药剂等）、工程量清单等。

关键点在于：第一，设计方案的技术经济性与优化；第二，确定项目造价控制目标，将估算、概算、预算逐级控制，确定合理的造价控制目标值；第三，构建造价控制体系；第四，避免重大错项、漏项。

（3）招投标与工程相关市场管理

包括采购与合同管理、材料、设备、人工及能源价格的变动。

关键点在于：第一，常规物资的采购对供应商的质量、成本、交期和服务综合考评后进行选择与合同签订并执行；第二，涉及特种工程分包的情况时，需要严格合适分包部分的工程量及相关费用，并以闭口价形式进行确定。

（4）项目管理

包括项目开工前准备、修复工程管理的系统性、工程进度和计划管理、修复效果。

关键点在于：第一，工程预付、进度款控制；第二，变更与签证的控制；第三，主材、设备及价格审核；第四，过程控制报告；第五，工程索赔。

（5）政府与业主管理

包括政府、业主对修复项目的程序管理；修复实施的相关标准、规范；政府有关社会保障、劳动保护、文明施工等要求。

（6）竣工结算与决算

竣工结算时，第一，要严格审核结算工程量；第二，合理确定结算单价。加强预结算管理，定期进行中间核算，及时办理竣工结算，这既是全过程造价管理的内在要求，也是检验全过程造价管理成效的重要手段。

# 6.4 土壤修复工程现场管理概述

## 6.4.1 土壤修复工程现场管理内容与程序

①修复工程现场管理的内容与程序应体现企业管理层和修复工程现场管理层参与的修复工程现场管理活动。

②修复工程现场管理的每一过程都应体现计划、实施、检查、处理的持续改进过程。

③项目经理部的管理内容应由企业法定代表人向项目经理下达的"修复工程现场管理目标责任书"确定，并应由项目经理负责组织实施。在修复工程现场管理期间，由发包人或其委托的监理工程师或企业管理层按规定程序提出的、以施工指令形式下达的工程变更导致的额外施工任务或工作，均应列入修复工程现场管理范围。

④修复工程现场管理应体现管理的规律，企业应利用制度保证修复工程现场管理按规定程序运行。

⑤项目经理部应按监理机构提供的"监理规划"和"监理实施细则"的要求，接受并配合监理工作。

⑥修复工程现场管理的内容应包括编制"修复工程现场管理规划大纲"和"修复工程现场管理实施规划"、项目进度控制、项目质量控制、项目安全控制、项目成本控制、项目人力资源管理、项目材料管理、项目机械设备管理、项目技术管理、项目资金管理、项目合同管理、项目信息管理、项目现场管理、项目组织协调、项目竣工验收、项目考核评价、项目回访保修。

⑦修复工程现场管理的程序应依次为：编制修复工程现场管理规划大纲，编制投标书并进行投标，签订施工合同，选定项目经理，项目经理接受企业法定代表人的委托组建项目经理部，企业法定代表人与项目经理签订"修复工程现场管理目标责任书"，项目经理部编制"修复工程现场管理实施规划"，进行项目开工前的准备，施工期间按"修复工程现场管理实施规划"进行管理，在项目竣工验收阶段进行竣工结算、清理各种债权债务、移交资料和工程，进行经济分析，做出修复工程现场管理总结报告并送企业管理层有关职能部门，企业管理层组织考核委员会对修复工程现场管理工作进行考核评价并兑现"修复工程现场管理目标责任书"中的奖惩承诺，项目经理部解体，在保修期满前企业管理层根据"工程质量保修书"的约定进行项目回访保修。

## 6.4.2 土壤修复工程现场管理规划

### 6.4.2.1 一般规定

①修复工程现场管理规划应分为修复工程现场管理规划大纲和修复工程现场管理实施规划。

②当承包人以编制施工组织设计代替修复工程现场管理规划时，施工组织设计应满足修复工程现场管理规划的要求。

#### 6.4.2.2　修复工程现场管理规划大纲

①修复工程现场管理规划大纲应由企业管理层依据下列资料编制：

招标文件及发包人对招标文件的解释；企业管理层对招标文件的分析研究结果；工程现场情况；发包人提供的信息和资料；有关市场信息；企业法定代表人的投标决策意见。

②修复工程现场管理规划大纲应包括下列内容：

项目概况；项目实施条件分析；项目投标活动及签订施工合同的策略；修复工程现场管理目标；项目组织结构；质量目标和施工方案；工期目标和施工总进度计划；成本目标；项目风险预测和安全目标；项目现场管理和施工平面图；投标和签订施工合同；文明施工及环境保护。

#### 6.4.2.3　修复工程现场管理实施规划

①修复工程现场管理实施规划必须由项目经理组织项目经理部在工程开工之前编制完成。

②修复工程现场管理实施规划应依据下列资料编制：

修复工程现场管理规划大纲；修复工程现场管理目标责任书；施工合同。

③修复工程现场管理实施规划应包括下列内容：

工程概况；施工部署；施工方案；施工进度计划；资源供应计划；施工准备工作计划；施工平面图；技术组织措施计划；项目风险管理；信息管理；技术经济指标分析。

④编制修复工程现场管理实施规划应遵循下列程序：

对施工合同和施工条件进行分析；对修复工程现场管理目标责任书进行分析；编写目录及框架；分工编写；汇总协调；统一审查；修改定稿；报批。

⑤工程概况应包括下列内容：

工程特点；建设地点及环境特征；施工条件；修复工程现场管理特点及总体要求。

⑥施工部署应包括下列内容：

项目的质量、进度、成本及安全目标；拟投入的最高人数和平均人数；分包计划，劳动力使用计划，材料供应计划，机械设备供应计划；施工程序；项目管理总体安排。

⑦施工方案应包括下列内容：

施工流向和施工顺序；施工阶段划分；施工方法和施工机械选择；安全施工设计；环境保护内容及方法。

⑧施工进度计划应包括下列内容：

施工总进度计划；分项工程施工进度计划。

⑨资源需求计划应包括下列内容：

劳动力需求计划；主要材料和周转材料需求计划；机械设备需求计划；预制品订货和需求计划；大型工具、器具需求计划。

⑩施工准备工作计划应包括下列内容：

施工准备工作组织及时间安排；技术准备及编制质量计划；施工现场准备；管理人员和作业队伍的准备；项目主要成员包括技术负责人、生产经理、商务经理、安全经理、技术工程师、现场工程师、电气工程师、测量工程师、行政后勤主管、资料员、材料员；物资准备；资金准备。

⑪施工平面图应包括下列内容：

施工平面图说明；施工平面图；施工平面图管理规划。

施工平面图应按现行制图标准和制度要求进行绘制。施工总平面图具体内容包括红线范围、施工围挡、施工现场大门、场内临时道路、施工区（各污染区地块用淡彩色填充）、办公区、停车场、修复车间、药剂仓库、污水处理站、尾气处理系统、洗轮机、临水临电、场内原有构筑物、场地周围主干道、周围居民区、绿化带、市政雨污水管网、临水临电使用说明等。

施工总平面图布置的原则：因地制宜、便于施工、科学务实、紧凑有序、体现效率、杜绝窝工、减少二次搬运、便于验收和交付，工作噪声大的设备远离居民区，污染土暂存区、修复区可能存在气味扩散尽量远离道路和居民区一侧，修复区、修复车间、污水处理站尽量建设在非污染区上，也可以根据业主的需求，对先期开发交付的地块先修复。

⑫施工技术组织措施计划应包括下列内容：

保证进度目标的措施；保证质量目标的措施；保证安全目标的措施；保证成本目标的措施；保证季度施工的措施；保护环境的措施；文明施工措施。

各项措施应包括技术措施、组织措施、经济措施及合同措施。

⑬项目风险管理规划应包括以下内容：

风险项目因素识别一览表；风险可能出现的概率及损失值估计；风险管理要点；风险防范对策；风险责任管理。

⑭项目信息管理规划应包括下列内容：

与项目组织相适应的信息流通系统；信息中心的建立规划；修复工程现场管理软件的选择与使用规划；信息管理实施规划。

⑮技术经济指标的计算与分析应包括下列内容：

规划的指标；规划指标水平高低的分析和评价；实施难点的对策。

⑯修复工程现场管理实施规划的管理应符合下列规定：

修复工程现场管理实施规划应经会审后，由项目经理签字并报企业主管领导人审批；当监理机构对修复工程现场管理实施规划有异议时，经协商后可由项日经理主持修改；修复工程现场管理实施规划应按专业和子项目进行交底，落实执行责任；执行修复工程现场管理实施规划过程中应进行检查和调整；修复工程现场管理结束后，必须对修复工程现场管理实施规划的编制、执行的经验和问题进行总结分析，并归档保存。

# 6.5 土壤修复工程质量管理

## 6.5.1 一般规定

①项目质量控制应按 HJ 25.5—2018《污染地块风险管控与土壤修复效果评估技术导则（试行）》和修复工程现场质量管理体系的要求进行。

②项目质量控制应坚持"质量第一，预防为主"的方针和计划、执行、检查、处理循环工作方法，不断改进过程控制。

③项目质量控制应满足修复工程技术标准、工程施工技术标准和发包人的要求。

④项目质量控制因素应包括人、材料、机械、方法、修复效果、环境。

⑤项目质量控制必须实行样板制。施工过程均应按要求进行自检、互检和交接检。隐蔽工程、指定部位和分项工程未经检验或已经检验定为不合格的，严禁转入下道工序。

⑥项目经理部应建立项目质量责任制和考核评价办法。项目经理应对项目质量控制负责。过程质量控制应由每一道工序和岗位的责任人负责。

⑦分项修复工程完成后，必须经监理工程师检验和认可。

⑧承包人应对项目质量和质量保修工作向发包人负责。分包工程的质量应由分包人向承包人负责。承包人应对分包人的工程质量向发包人承担连带责任。

⑨分包人应接受承包人的质量管理。

⑩质量控制应按下列程序实施：

确定项目质量目标；编制项目质量计划；实施项目质量计划，包括施工准备阶段质量控制、施工阶段质量控制、竣工验收阶段质量控制。

## 6.5.2　质量计划

①质量计划的编制应符合下列规定：

应由项目经理主持编制项目质量计划；质量计划应体现从工序、分项工程、分部工程到单位工程的过程控制，且应体现从资源投入到完成工程质量最终检验和试验的全过程控制；质量计划应成为对外质量保证和对内质量控制的依据。

②质量计划应包括下列内容：

质量控制及管理组织协调的系统描述；必要的质量控制手段、施工过程、服务、检验和试验程序等；确定关键工序和特殊过程及作业的指导书；与施工阶段相适应的检验、试验、测量、验证要求；更改和完善质量计划的程序。

③质量计划的实施应符合下列规定：

质量管理人员应按照分工控制质量计划的实施，并应按规定保存控制记录；当发生质量缺陷或事故时，必须分析原因，分清责任，进行整改。

④质量计划的验证应符合下列规定：

项目技术负责人应定期组织具有资格的质量检查人员和内部质量审核员验证质量计划的实施效果，当项目质量控制中存在问题或隐患时，应提出解决措施；对重复出现的不合格和质量问题，责任人应按规定承担责任，并应依据验证评价的结果进行处罚。

## 6.5.3　施工准备阶段的质量控制

①施工合同签订后，项目经理部应索取设计图纸和技术资料，指定专人管理并公布有效文件清单。

②项目经理部应依据设计文件和设计技术交底的工程控制点进行复测。当发现问题

时，应与设计人协商处理，并应形成记录。

③项目技术负责人应主持对技术方案、专项施工方案和施工图纸进行审核及技术交底，并应形成会审、交底记录。

④项目经理应按质量计划中工程分包和物资采购的规定，选择并评价分包人和供应人，并应保存评价记录。

⑤企业应对全体施工人员进行质量知识、修复技术等专项培训，并应保存培训记录。

### 修复工程在施工准备阶段的注意事项

①签订总包合同之后，及时与业主单位办理施工场地移交手续。办理场地移交手续，需要填写"场地移交单"，需业主、监理单位、施工单位三方签字盖章。在移交单里需说明交接场地时现场的大概情况，存在的问题必须说清楚。如果存在未拆迁的建筑物或者构筑物占用污染区或者修复区，或者影响正常施工，需要与业主单位确认搬离拆迁的时间，在"场地移交单"里说明，以免拆迁延误影响施工工期。

②施工场地交接后，场地的管理责任由业主单位转移到项目部，所以必须尽快完全封闭起来。对于场地内深坑、危墙、裸露的电线、较深的臭水坑等可能存在安全隐患的区域，须安装明显安全提醒标志，必要时安装护栏，使用密目网封闭。

③施工现场交接手续办理的过程中，需要和业主单位确认场内临水临电的情况，如果原有市政临水临电已经破坏无法使用，需要项目部向属地电业局、自来水公司、通信公司等提出新装开户申请。正常情况下，申请临时用电，从申请到受理、上会、审批、安装、验收、备案、通电，一般需要 45~60 天。自来水新装时间较短，一般两周内可以解决。宽带网络一般一周内可以安装好。

④场地交接的过程中，需要业主单位一并交接"场内原有地下管线布置图"。如果业主单位没有该项资料，可以请业主单位协调当地建设局主管部门提供，也可以协调市政管网企业各部门到现场确认场内是否存在地埋管网。开挖作业施工前对地下设施进行确认，包括但不限于市政管道、电缆、光缆、煤气管道、军用通信设施等，明确位置及走向。避免在施工过程中挖断各类地埋管线，造成经济损失或安全风险。

⑤施工场地和控制点坐标移交之后，首先对场内红线范围内原始地貌进行测量。由测量工程师负责测量工作，建议测量布点间距不超过 5 m，平原地区可以增加布点间距，坑洼不平的地区可以加密布点，测量仪器建议使用 RTK，测量数据导出后妥善保存存档，同时导出至 CAD，编辑得出场地地形图。原始地面高程作为后续施工工程量核算的重要资料需要妥善保存。高程测量的过程中需要监理单位参与，共同确认测量结果并签字。非污染区的高程数据，可以作为场地平整、建筑垃圾清理工程量的计算依据。污染区的高程数据，可以作为建筑垃圾清理、污染土壤修复工程量的计算依据。

## 6.5.4 施工阶段的质量控制

①技术交底应符合下列规定：

单位工程、分部工程和分项工程开工前，项目技术负责人应向承担施工的负责人或分包人进行书面技术交底，技术交底资料应办理签字手续并归档；

在施工过程中,项目技术负责人对发包人或监理工程师提出的有关施工方案、技术措施及设计变更的要求,应在执行前向执行人员进行书面技术交底。

②工程测量应符合下列规定:

在项目开工前应编制测量控制方案,经项目技术负责人批准后方可实施,测量记录应归档保存;

在施工过程中应对测量点线妥善保护,严禁擅自移动;

施工设计图纸交接完成后,使用 GPS/全站仪/RTK 将图纸标明的施工场地边界拐点坐标测放到地面上,拐点坐标钉上钢钉,使用砖砌外部抹灰保护,插上彩旗,用红色喷灌喷出点位的编号。

### 施工案例:以修复工程污染土方开挖为例

①土壤开挖前:在场地平整过后的地表放出污染区拐点坐标,撒白灰线。对于雨水较多或者刮风频繁的地区,灰线容易被雨水冲刷或者污损,建议在拐点坐标插上彩色旗子,砖砌抹灰固定,避免反复测放坐标。污染区拐点坐标根据污染土壤分层情况分层测放。

②土壤清挖时:一般情况下,污染土壤分层分布。根据污染土壤的污染种类,建议分层分类开挖,分类堆放,分类修复。清挖的原则:先开挖小基坑后开挖大基坑,先开挖浅基坑后开挖深基坑,根据项目实际情况编制具体开挖方案,对于分层开挖的土壤做好分层测量工作并记录,便于施工,便于验收。

③深基坑开挖:在深基坑开挖的过程中,一般会出现渗水现象。从周围土层中渗出的地下水,需要采样检测确认是否存在污染,没有污染可以抽入蓄水池沉淀后排入污水管网,如果水中污染物超标,须抽入调节池进行水处理达标后排放,处理达标后的地下水可以在场内用于渗水降尘、洗轮机洗车等。降水的方式,一般采用集水井明排,开挖后立即排水,避免地下水汇集后浸泡边坡造成坍塌。如果地下土层中潜水较多,孔隙率较大,参考施工方案和地勘报告在污染土壤开挖前进行井点降水,降低污染土壤中的含水率之后再进行挖开。

超过 5 m 深的深基坑,需要施工单位组织专家对专项施工方案进行论证,确保施工安全。对于深基坑的支护,一般优先采用基坑放坡的方式,如果土质较差,含水率较高,可以使用土钉墙加喷锚工艺进行护坡,排水孔的设置和施工质量尤其重要。如果基坑内的地下水需要隔离,或者基坑边紧贴市政道路没有足够放坡距离,可采用混凝土搅拌桩或钢板桩方式形成支护和止水帷幕,然后进行土方开挖作业。对于临近地铁和建筑物的深基坑,为了确保安全,一般除了采用搅拌桩或钢板桩形成止水帷幕之外,在搅拌桩的外侧还需增加一排钻孔灌注桩增加基坑侧壁的抗剪强度,如果对支护强度要求较高,还可以增加横向支撑进行加固,严格控制施工质量,确保安全有效。在深基坑的开挖作业中,测量工程师须对周围建筑物、支护结构、边坡等部位位移、沉降数据进行监测,形成记录,防止意外发生。

③材料的质量控制应符合下列规定:

项目经理部应在质量计划确定的合格材料供应人名录中按计划招标采购材料、半成品和构配件;

材料的搬运和贮存应按搬运贮存规定进行，并应建立台账；

项目经理部应对材料、半成品、构配件进行标识；

未经检验和已经检验为不合格的材料、半成品、构配件和工程设备等，不得投入使用；

对发包人提供的材料、半成品、构配件、工程设备和检验设备等，必须按规定进行检验和验收；

监理工程师应对承包人自行采购的物资进行验证。

### 施工案例：以修复工程中药剂使用为例

药剂在进场之前，技术工程师须对材料员和现场工程师进行药剂运输、存储、使用方法培训，了解药剂的危险性和特性，确保在运输、存储、使用过程中的安全。在修复施工前，现场工程师须对施工分包单位进行药剂专项安全、技术交底。对于危险性大、性质不稳定的药剂，须存放在远离办公区的单独药剂仓库中。药剂在修复工程中，主要控制两个方面：一是药剂的质量，包括成分组成、纯度、出厂合格证等。材料员在药剂进场验收过程中，须检查以上资料和文件，确保药剂符合技术质量标准。二是药剂添加的比例，在修复施工过程中，药剂的添加比例是修复质量管理的重要环节。药剂进场需提供药剂使用安全说明书（MSDS），明确此药剂化学特性和物理特性、毒性、燃点、爆炸点、挥发性、腐蚀性、使用贮存运输要求、应急救援方案等。针对每一个修复案例的独一性具体的药剂添加比例应通过现场的小试、中试确定。同时，在修复实施过程中应该通过频繁的数据检测实时的反应修复效果，以及对修复目标污染物所处介质的环境现状进行监测，并将数据及时反馈与技术工程师实时控制调整药剂添加的比例，针对不同的污染物投放药剂种类不一，现场主要监测污染物载体的颜色、气味、pH等指标，而针对污染物的修复效果监测则需要采样送至实验室检测。

④机械设备的质量控制应符合下列规定：

应按设备进场计划进行施工设备的调配；现场的施工机械应满足施工需要；应对专业机械设备操作人员的资格进行确认，无证或资格不符合者，严禁上岗。

⑤计量人员应按规定控制计量器具的使用、保管、维修和检验，计量器具应符合有关规定。

### 施工案例：以原位多点加药设备为例

在修复施工过程中采用原位多点注药的治理方法，主要是需要对注药的压力和流量进行监控，同时每一个注药井都是由独立的流量计和压力表进行控制的。注药的压力和流量通过中试确认，在注药施工过程中需要实时监测每一口注药井的注药流量和压力及注药井的地理现状——有无发生反渗、回流、汇流等不良现象，通过实时调整流量和压力解决一系列不良现状。

⑥工序控制应符合下列规定：

施工作业人员应按规定经考核后持证上岗；施工管理人员及作业人员应按操作规程、作业指导书和技术交底文件进行施工；工序的检验和试验应符合过程检验和试验的规定，对查出的质量缺陷应按不合格控制程序及时处置；施工管理人员应记录工序施工情况。

⑦特殊过程控制应符合下列规定：

对在项目质量计划中界定的特殊过程，应设置工序质量控制点进行控制；对特殊过程的控制，除应执行一般过程控制的规定外，还应由专业技术人员编制专门的作业指导书，经项目技术负责人审批后执行。

⑧工程变更应严格执行工程变更程序，经有关单位批准后方可实施。

⑨建筑产品或半成品应采取有效措施妥善保护。

⑩施工中发生的质量事故，必须按合同的有关规定处理。

## 6.5.5　竣工验收阶段的质量控制

①单位工程竣工后，必须进行最终检验。项目技术负责人应按编制竣工资料的要求收集、整理质量记录。

②项目技术负责人应组织有关专业技术人员按最终检验和试验规定，根据合同要求进行全面验证。

③对查出的施工质量缺陷，应按不合格控制程序进行处理。

④项目经理部应组织有关专业技术人员按合同要求编制工程竣工文件，并应做好工程移交准备。

⑤在最终检验和试验合格后，应对建筑产品采取防护措施。

⑥工程交工后，项目经理部应编制符合文明施工和环境保护要求的撤场计划。

## 6.5.6　质量持续改进

①项目经理部应分析和评价修复工程现场管理现状，识别质量持续改进区域，确定改进目标，实施选定的解决办法。

②质量持续改进应按全面质量管理的方法进行。

③项目经理部对不合格控制应符合下列规定：

应按企业的不合格控制程序，控制不合格物资进入项目施工现场，严禁不合格工序未经处置而转入下道工序；

对验证中发现的不合格产品和过程，应按规定进行鉴别、记录、评价、隔离和处置；

应进行不合格评审；

不合格处置应根据不合格严重程度，按返工、返修或让步接收、降级使用、拒收或报废 4 种情况进行处理，构成等级质量事故的不合格，应按国家法律、行政法规进行处置；

对返修或返工后的产品，应按规定重新进行检验和试验，并应保存记录；

进行不合格让步接收时，项目经理部应向发包人提出书面让步申请，记录不合格程度和返修的情况，双方签字确认让步接收协议和接收标准；

对影响建筑主体结构安全和使用功能的不合格，应邀请发包人代表或监理工程师、设计人，共同确定处理方案，报建设主管部门批准；

检验人员必须按规定保存不合格控制的记录。

④纠正措施应符合下列规定：

对发包人或监理工程师、设计人、质量监督部门提出的质量问题，应分析原因，制定纠正措施；

对已发生或潜在的不合格信息，应分析并记录结果；

对检查发现的工程质量问题或不合格报告提及的问题，应由项目技术负责人组织有关人员判定不合格程度，制定纠正措施；

对严重不合格或重大质量事故，必须实施纠正措施；

实施纠正措施的结果应由项目技术负责人验证并记录，对严重不合格或等级质量事故的纠正措施和实施效果应验证，并报企业管理层；

项目经理部或责任单位应定期评价纠正措施的有效性。

⑤预防措施应符合下列规定：

项目经理部应定期召开质量分析会，对影响工程质量潜在原因采取预防措施；

对可能出现的不合格，应制定防止再发生的措施并组织实施；

对质量通病应采取预防措施；

对潜在的严重不合格，应实施预防措施控制程序；

项目经理部应定期评价预防措施的有效性。

### 6.5.7 检查、验证

①项目经理部应对项目质量计划执行情况组织检查、内部审核和考核评价，验证实施效果。

②项目经理应依据考核中出现的问题、缺陷或不合格，召开有关专业人员参加的质量分析会，并制定整改措施。

## 6.6 土壤修复工程成本管理

### 6.6.1 一般规定

①项目成本控制包括成本预测、计划、实施、核算、分析、考核、整理成本资料与编制成本报告。

②项目经理部应对施工过程发生的、在项目经理部管理职责权限内能控制的各种消耗和费用进行成本控制。项目经理部承担的成本责任与风险应在"修复工程现场管理目标责任书"中明确。

③企业应建立和完善修复工程现场管理层作为成本控制中心的功能和机制，并为项目成本控制创造优化配置生产要素，实施动态管理的环境和条件。

④项目经理部应建立以项目经理为中心的成本控制体系，按内部各岗位和作业层进行成本目标分解，明确各管理人员和作业层的成本责任、权限及相互关系。

⑤成本控制应按下列程序进行：

企业进行项目成本预测；项目经理部编制成本计划；项目经理部实施成本计划；项目经理部进行成本核算；项目经理部进行成本分析并编制月度及项目的成本报告，编制成本资料并按规定存档。

## 6.6.2　成本计划

①企业应按下列程序确定项目经理部的责任目标成本：

在施工合同签订后，由企业根据合同造价、施工图和招标文件中的工程量清单，确定正常情况下的企业管理费、财务费用和制造成本；

将正常情况下的制造成本确定为项目经理的可控成本，形成项目经理的责任目标成本。

②项目经理在接受企业法定代表人委托之后，应通过主持编制修复工程现场管理实施规划寻求降低成本的途径，组织编制施工预算，确定项目的计划目标成本。

③项目经理部编制施工预算应符合下列规定：

以施工方案和管理措施为依据，按照本企业的管理水平、消耗定额、作业效率等进行工料分析，根据市场价格信息编制施工预算；

当某些环节或分部分项工程施工条件尚不明确时，可按照类似工程施工经验或招标文件所提供的计量依据计算暂估费用；

施工预算应在工程开工前编制完成。

④项目经理部进行目标成本分解应符合下列要求：

按工程部位进行项目成本分解，为分部分项工程成本核算提供依据；

按成本项目进行成本分解，确定项目的人工费、材料费、机械台班费、其他直接费和间接成本的构成，为施工生产要素的成本核算提供依据。

⑤项目经理部应编制"目标成本控制措施表"，并将备分部分项工程成本控制目标和要求、各成本要素的控制目标和要求，落实到成本控制的责任者，并应对确定的成本控制措施、方法和时间进行检查和改善。

## 6.6.3　成本控制运行

①项目经理部应坚持按照增收节支、全面控制、责权利相结合的原则，用目标管理方法对实际施工成本的发生过程进行有效控制。

②项目经理部应根据计划目标成本的控制要求，做好施工采购策划，通过生产要素的优化配置、合理使用、动态管理，有效控制实际成本。

③项目经理部应加强施工定额管理和施工任务单管理，控制活劳动和物化劳动的消耗。

④项目经理部应加强施工调度，避免因施工计划不周和盲目调度造成窝工损失、机械利用率降低、物料积压等而使施工成本增加。

⑤项目经理部应加强施工合同管理和施工索赔管理，证确运用施工合同条件和有关法

规，及时进行索赔。

### 6.6.4 成本核算

①项目经理部应根据财务制度和会计制度的有关规定，在企业职能部门的指导下，建立项目成本核算制，明确项目成本核算的原则、范围、程序、方法、内容、责任及要求，并设置核算台账，记录原始数据。

②施工过程中项目成本的核算，宜以每月为一核算期，在月末进行。核算对象应按单位工程划分，并与施工修复工程现场管理责任目标成本的界定范围相一致。项目成本核算应坚持施工形象进度、施工产值统计、实际成本归集"三同步"的原则。施工产值及实际成本的归集，宜按照下列方法进行：

当期工程结算收入应按照统计人员提供的当月完成工程量的价值及有关规定，扣减各项上缴税费后得到；

人工费应按照劳动管理人员提供的用工分析和受益对象进行账务处理，计入工程成本；

材料费应根据当月项目材料消耗和实际价格，计算当期消耗，计入工程成本；周转材料应实行内部调配制，按照当月使用时间、数量、单价计算，计入工程成本；

机械使用费按照项目当月使用台班和单价计入工程成本；

其他直接费应根据有关核算资料进行账务处理，计入工程成本；

间接成本应根据现场发生的间接成本项目的有关资料进行账务处理，计入工程成本。

③项目成本核算应采取会计核算、统计核算和业务核算相结合的方法，并应做下列比较分析：

实际成本与责任目标成本的比较分析；实际成本与计划目标成本的比较分析。

④项目经理部应在跟踪核算分析的基础上，编制月度项目成本报告，上报企业成本主管部门进行指导检查和考核。

⑤项目经理部应在每月分部、分项成本的累计偏差和相应的计划目标成本余额的基础上，预测后期成本的变化趋势和状况；根据偏差原因制定改善成本控制的措施，控制下月施工任务的成本。

### 6.6.5 成本分析与考核

①项目经理部进行成本分析可采用下列方法：

按照量价分离的原则，用对比法分析影响成本节超的主要因素，包括实际工程量与预算工程量的对比分析、实际消耗量与计划消耗量的对比分析、实际采用价格与计划价格的对比分析、各种费用实际发生额与计划支出额的对比分析；

在确定施工项目成本各因素对计划成本影响的程度时，可采用连环替代法或差额计算法进行成本分析。

②项目经理部应将成本分析的结果形成文件，为成本偏差的纠正与预防、成本控制方法的改进，制定降低成本措施、改进成本控制体系等提供依据。

③项目成本考核应分层进行：

企业对项目经理部进行成本管理考核；项目经理部对项目内部各岗位及各作业队进行成本管理考核。

④项目成本考核内容应包括计划目标成本完成情况考核、成本管理工作业绩考核。

⑤项目成本考核应按照下列要求进行：

企业对施工项目经理部进行考核时，应以确定的责任目标成本为依据；项目经理部应以控制过程的考核为重点，控制过程的考核应与竣工考核相结合；各级成本考核应与进度、质量、安全等指标的完成情况相联系；项目成本考核的结果应形成文件，为奖罚责任人提供依据。

# 6.7　土壤修复工程环境健康安全（EHS）管理

## 6.7.1　EHS 管理总要求

修复工程现场应根据现场实际要求建立、实施、保持和持续改进 EHS 管理体系，确定如何满足各监管单位方要求，并形成文件。

修复工程现场应界定其 EHS 管理体系的范围，并形成文件。

## 6.7.2　EHS 管理方针

现场项目经理部应确定本修复工程的 EHS 管理方针，并确保 EHS 管理方针在界定的 EHS 管理体系范围内，同时满足以下条件：

适合于修复工程现场的 EHS 管理的性质和规模；

包括防止人身伤害与健康损害和持续改进 EHS 管理；

包括至少遵守与修复工程现场健康危险源有关的适用法律法规要求及修复工程现场应遵守的其他监管单位要求的承诺；

为制定和评审 EHS 目标提供框架；

形成文件，付诸实施，并予以保持；

传达到所有在项修复工程现场的工作的人员，旨在使其认识到各自的 EHS 义务；可为相关方所获取；

定期评审，以确保其与项目经理部保持相关和适宜。

## 6.7.3　EHS 管理体系建立策划内容

（1）危险源辨识、风险评价和控制措施的确定

项目经理部应建立、实施并保持程序，以便持续进行危险源辨识、风险评价和必要控制措施的确定。危险源辨识和风险评价的程序应考虑以下内容：

常规和非常规活动；

所有进入工作场所的人员（包括承包方人员和访问者）的活动；

人的行为、能力和其他人为因素；

已识别的源于工作场所外，能够对工作场所内项目经理部控制下的人员的健康安全产生不利影响的危险源；

在工作场所附近，由项目经理部控制下的工作相关活动所产生的危险源（注：按环境因素对此类危险源进行评价）；

由本修复工程现场或外界所提供的工作场所的基础设施、设备和材料；

修复工程现场及其活动、材料的变更，或计划的变更；

EHS 管理体系的更改包括临时性变更等，以及其对修复施工过程和活动的影响；

任何与风险评价和实施必要控制措施相关的适用法律义务；

对工作区域、过程、装置、机器和（或）设备、操作程序和工作组织的设计，包括其对人的能力的适应性。

（2）项目经理部用于危险源辨识和风险评价

项目经理部用于危险源辨识和风险评价的方法包括以下内容：

在范围、性质和时机方面进行界定，以确保其是主动的而非被动的；

提供风险的确认、风险优先次序的区分和风险文件的形成及适当时控制措施的运用。

（3）变更管理

对于变更管理，项目经理部应在变更前，识别在修复工程内、EHS 管理体系中或组织活动中与该变更相关的 EHS 管理危险源和 EHS 管理风险。

（4）确定控制措施或变更现有控制措施时注意事项

项目经理部在确定控制措施或考虑变更现有控制措施时，应按如下顺序考虑降低风险：

消除；替代；工程控制措施；标志、警告和（或）管理控制措施；个体防护装备。

（5）其他

项目经理部应将危险源辨识、风险评价和控制措施的确定的结果形成文件并及时更新。

在建立、实施和保持 EHS 管理体系时，项目经理部应确保对 EHS 管理的风险和确定的控制措施能够加以考虑（注：关于危险源辨识、风险评价和控制措施参见 GB/T 28002—2011《职业健康安全管理体系　实施指南》）。

**施工案例：以污染土壤开挖、外运为例**

开挖过程的污染土壤中一般含有有机物或重金属，为防止开挖过程对于周边敏感点的影响，应根据施工方案采取多种气味控制和降尘措施。每次开挖土壤时，应该尽量减小开挖面，减少扬尘和气味的产生。开挖出的土方及时进行覆盖。在运输过程中，注意车厢的覆盖和密闭。同时，在运输过程中，加强监管，采用运输联单来管理，在运输车辆上安装GPS，记录运输路线，防止非法填埋和乱倒。污染土倾倒造成的二次污染，总包单位将承担巨大风险，严重的将追究刑事责任，造成严重后果；所以需要项目经理牵头制定详细务实的运输管理方案，并亲自督查落实，确保污染土外运过程合规合法，不出任何纰漏。在污染土外运结束后，还需要继续跟踪污染土的处理进度，在规定时限内拿到处理企业污染土处理结束的证明文件。如果存在气味的污染土露天堆放，应使用塑料薄膜进行覆盖，防止气味扩散至周围居民区造成不良影响。在开挖的过程中，做好场地周边道路、居民区、学校等场所的空气质量监控，如发现气味超标，应立即采取措施，必要时停工整改。开挖之后的基坑，除了喷洒气味抑制剂，还需对基坑进行覆盖，完全阻断气味向外挥发。

## 6.7.4　法律法规和其他要求

项目经理部应建立、实施并保持程序，以识别和获取适用于本修复工程现场的法律法规和其他 EHS 管理要求。

在建立、实施和保持 EHS 管理体系时，项目经理部应确保对适用法律法规要求和应遵守的其他监管单位的要求加以考虑。

项目经理部应使 EHS 现场管理的信息处于最新状态。

项目经理部应向在修复工程现场工作的人员和其他有关的相关方传达相关法律法规和其他要求的信息。

## 6.7.5　EHS 管理目标和方案

项目经理部应在其内部相关职能和层次建立、实施和保持形成文件的修复工程现场 EHS 管理目标。可行时，目标应可测量。目标符合 EHS 方针，包括对防止人身伤害与健康损害，符合适用法律法规要求与修复工程现场应遵守的其他要求，以及持续改进的承诺。

在建立和评审目标时，项目经理部应考虑法律法规要求和应遵守的其他要求及其 EHS 风险。项目经理部还应考虑其可选技术方案，财务、运行和经营要求，以及有关的相关方的观点。

项目经理部应建立、实施和保持实现修复工程现场 EHS 管理目标的方案。方案至少应包括：

为实现目标而对项目经理部相关职能和层次的职责和权限的指定；实现目标的方法和时间表。

项目经理部应定期和按计划的时间间隔对方案进行评审，必要时进行调整，以确保目标得以实现。

## 6.7.6　EHS 管理实施和运行

### 6.7.6.1　能力、培训和意识

项目经理部应确保在修复工程现场对 EHS 有影响的任务的人员都具有相应的能力，该能力应依据适当的教育、培训或经历来确定。项目经理部应保存相关记录。

项目经理部应确定与 EHS 风险及 EHS 管理体系相关的需求，应提供培训或采取其他措施来满足这些需求。评价培训或所采取的措施的有效性，并保存相关记录。

项目经理部应当建立、实施并保持程序，使在修复工程现场工作的人员意识到：

他们的工作活动和行为的实际或潜在的 EHS 后果，以及改进个人表现对 EHS 的益处；

他们在实现符合 EHS 管理方针、程序和 EHS 管理体系要求，包括应急准备和响应要求方面的作用、职责和重要性；

偏离规定程序的潜在后果；

培训程序应当考虑不同层次的：

职责、能力、语言技能和文化程度；

风险管控。

### 6.7.6.2 沟通、参与和协商

（1）沟通

针对其 EHS 危险源和 EHS 管理体系，项目经理部应建立、实施和保持沟通程序，用于：

在项目经理部内不同层次和职能进行内部沟通；与进入工作场所的承包方和其他访问者进行沟通；接收、记录和回应来自外部相关方的相关沟通。

（2）参与和协商

项目经理部应建立、实施并保持参与和协商程序。

①工作人员：适当参与危险源辨识、风险评价和控制措施的确定；适当参与事件调查；参与 EHS 管理方针和目标的制定和评审；对影响他们 EHS 的任何变更进行协商；对 EHS 管理事务发表意见，应告知工作人员关于他们的参与安排，包括谁是他们的 EHS 事务代表。

②项目经理部与承包方就影响他们的 EHS 的变更进行协商。适当时，项目经理部应确保与相关的外部相关方就有关的 EHS 事务进行协商。

（3）文件

EHS 管理体系文件应包括：

EHS 管理方针和目标；

对 EHS 管理体系覆盖范围的描述；

对 EHS 管理体系的主要要素及其相互作用的描述，以及相关文件的查询途径；

修复工程现场 EHS 管理所要求的文件，包括记录；

修复工程现场为确保对涉及其 EHS 风险管理过程进行有效策划、运行和控制所需的文件，包括记录（注：重要的是，文件要与修复工程现场的复杂程度、相关的危险源和风险相匹配，按有效性和效率的要求使文件数量尽可能少）。

（4）文件控制

应对修复工程现场和 EHS 管理体系所要求的文件进行控制。记录是一种特殊类型的文件，应依据各方要求进行控制。

项目经理部应建立、实施并保持文件控制程序，应遵循：

在文件发布前进行审批，确保其充分性和适宜性；

必要时对文件进行评审和更新，并重新审批；

确保对文件的更改和现行修订状态做出标识；

确保在使用处能得到适用文件的有关版本；

确保文件字迹清楚，易于识别；

确保对策划和运行 EHS 管理体系所需的外来文件做出标识，并对其发放予以控制；

防止对过期文件的非预期使用。若须保留，则应做出适当的标识。

（5）运行控制

项目经理部应确定那些与已辨识的、需实施必要控制措施的危险源相关的运行和活动，以管理 EHS 风险。这些运行和活动应包括变更管理。

对于这些运行和活动，项目经理部应实施并保持：

适合项目经理部及其活动的运行控制措施，项目经理部应把这些运行控制措施纳入其总体的 EHS 管理体系之中；

与采购的货物、设备和服务相关的控制措施；

与进入工作场所的承包方和访问者相关的控制措施；

形成文件的程序，以避免因其缺乏而可能偏离 EHS 方针和目标；

规定的运行准则，以避免因其缺乏而可能偏离 EHS 方针和目标。

（6）应急准备和响应

项目经理部应建立、实施并保持应急准备和响应程序，用于：

识别潜在的紧急情况；对此紧急情况做出响应。

项目经理部应对实际的紧急情况做出响应，防止和减少相关的 EHS 不良后果。

项目经理部在策划应急响应时，应考虑相关方的需求，如应急服务机构、相邻组织或居民。

可行时，项目经理部也应定期测试其响应紧急情况的程序，并让相关方适当参与其中。

项目经理部应定期评审其应急准备和响应程序，必要时对其进行修订，特别是在定期测试和紧急情况发生后。

## 6.7.7　检查

### 6.7.7.1　合规性评价

①为了履行遵守法律法规要求的承诺，项目经理部应建立、实施并保持程序，以定期评价对适用法律法规的遵守情况；

②项目经理部应评价对应遵守的其他要求的遵守情况；

③项目经理部应保存定期评价结果的记录（注：对于不同的修复施工现场应遵守的其他要求，定期评价的频次可以有所不同）。

### 6.7.7.2　事件调查及质量控制

（1）事件调查

项目经理部应建立、实施并保持程序，记录、调查和分析事件，以便：

确定内在的、可能导致或有助于事件发生的 EHS 缺陷和其他因素；识别对采取纠正措施的需求；识别采取预防措施的可能性；识别持续改进的可能性；沟通调查结果。

调查应及时开展，对任何已识别的纠正措施的需求或预防措施的机会，应依据相关要求进行处理。

事件调查的结果应形成文件并予以保存。

（2）纠正及预防措施

项目经理部应建立、实施并保持程序，以处理实际和潜在的不符合，并采取纠正措施和预防措施。程序应明确下述要求：

识别和纠正不符合，采取措施以减轻后果；调查不符合，确定其原因，并采取措施以避免其再度发生；评价预防不符合的措施需求，并采取适当措施以避免再度发生；记录和沟通所采取的纠正措施和预防措施的结果；评审所采取的纠正措施和预防措施的有效性。

如果在纠正措施或预防措施中识别出新的或变化的危险源，或者对新的或变化的控制措施的需求，则程序应要求对拟定的措施在其实施前先进行风险评价。

为消除实际和潜在不符合的原因而采取的任何纠正或预防措施，应与问题的严重性相适应，并与面临的 EHS 风险相匹配。

对因纠正措施和预防措施而引起的任何必要变化，项目经理部应确保其体现在 EHS 管理体系文件中。

（3）记录控制

项目经理部应建立并保持必要的记录，用于证实符合 EHS 管理体系要求和本标准要求，以及所实现的结果。

项目经理部应建立、实施并保持程序，用于记录的标识、贮存、保护、检索、保留和处置。

记录应保持字迹清楚，标识明确，并可追溯。

（4）内部审核

项目经理部应确保按照计划的时间间隔对 EHS 管理体系进行内部审核。目的是：

①确定 EHS 管理体系是否：

符合项目经理部对 EHS 管理的策划安排，包括本标准的要求；得到了正确的实施和保持；有效满足项目经理部的方针和目标。

②向管理者报告审核结果的信息。

③项目经理部应基于修复工程现场的风险评价结果和以前的审核结果，策划、制定、实施和保持审核方案。

应建立、实施和保持审核程序，以明确：

①策划和实施审核、报告审核结果和保存相关记录的职责、能力和要求；

②审核准则、范围、频次和方法的确定；

③审核员的选择和审核的实施均应确保审核过程的客观性和公正性。

# 6.8　污染地块风险管控与土壤修复效果评估

## 6.8.1　适用范围

适用于建设用地污染地块风险管控与土壤修复效果的评估，不适用含有放射性物质与致病性生物污染地块治理与修复效果的评估。

## 6.8.2　基本原则、工作内容与工作程序

### 6.8.2.1　基本原则

污染地块风险管控与土壤修复效果评估应对土壤是否达到修复目标、风险管控是否达到规定要求、地块风险是否达到可接受水平等情况进行科学、系统地评估，提出后期环境监管建议，为污染地块管理提供科学依据。

### 6.8.2.2　工作内容

污染地块风险管控与土壤修复效果评估的工作内容包括更新地块概念模型、布点采样与实验室检测、风险管控与修复效果评估、提出后期环境监管建议、编制效果评估报告。

### 6.8.2.3　工作程序

（1）更新地块概念模型

更新地块概念模型应根据风险管控与修复进度，以及掌握的地块信息对地块概念模型进行实时更新，为制定效果评估布点方案提供依据。

（2）布点采样与实验室检测

布点方案包括效果评估的对象和范围、采样节点、采样周期和频次、布点数量和位置、检测指标等内容，并说明这些内容确定的依据。原则上应在风险管控与修复实施方案编制阶段编制效果评估初步布点方案，并在地块风险管控与修复效果评估工作开展之前，根据更新后的概念模型进行完善和更新。根据布点方案，制订采样计划，确定检测指标和实验室分析方法，开展现场采样与实验室检测，明确现场和实验室质量保证与质量控制要求。

（3）风险管控与土壤修复效果评估

风险管控与土壤修复效果评估根据检测结果，评估土壤修复是否达到修复目标或可接受水平，评估风险管控是否达到规定的要求。对于土壤修复效果，可采用逐一对比和统计分析的方法进行评估，若达到修复效果，则根据情况提出后期环境监管建议并编制修复效果评估报告；若未达到修复效果，则应开展补充修复。对于风险管控效果，若工程性能指标和污染物指标均达到评估标准，则判定风险管控达到预期效果，可继续开展运行与维护；若工程性能指标或污染物指标未达到评估标准，则判定风险管控未达到预期效果，须对风险管控措施进行优化或调整。

（4）提出后期环境监管建议

根据风险管控与修复工程实施情况与效果评估结论，提出后期环境监管建议。

（5）编制效果评估报告

汇总前述工作内容，编制效果评估报告。报告应包括风险管控与修复工程概况、环境保护措施落实情况、效果评估布点与采样、检测结果分析、效果评估结论及后期环境监管建议等内容。

污染地块风险管控与土壤修复效果评估工作程序见图6-1。

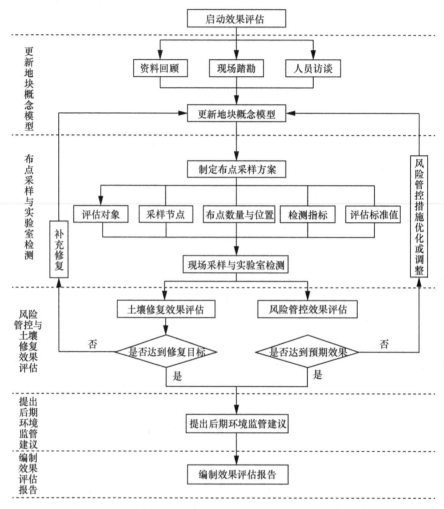

**图6-1　污染地块风险管控与土壤修复效果评估工作程序**

## 6.8.3　更新地块概念模型

### 6.8.3.1　总体要求

效果评估机构应收集地块风险管控与修复相关资料，开展现场踏勘工作，并通过与地块责任人、施工负责人、监理人员等进行沟通和访谈，了解地块调查评估结论、风险管控与修复工程实施情况、环境保护措施落实情况等，掌握地块地质与水文地质条件、污染物空间分布、污染土壤去向、风险管控与修复设施设置、风险管控与修复过程监测数据等关键信息，更新地块概念模型。

### 6.8.3.2　资料回顾

（1）资料回顾清单

在效果评估工作开展之前，应收集污染地块风险管控与修复的相关资料。

资料清单主要包括地块环境调查报告、风险评估报告、风险管控与修复方案、工程实施方案、工程设计资料、施工组织设计资料、工程环境影响评价及其批复、施工与运行过程中监测数据、监理报告和相关资料、工程竣工报告、实施方案变更协议、运输与接收的协议和记录、施工管理文件等。

（2）资料回顾要点

资料回顾要点主要包括风险管控与修复工程概况和环保措施落实情况。

风险管控与修复工程概况回顾主要通过风险管控与修复方案、实施方案及风险管控与修复过程中的其他文件，了解修复范围、修复目标、修复工程设计、修复工程施工、修复起始时间、运输记录、运行监测数据等，掌握风险管控与修复工程实施的具体情况。

环保措施落实情况回顾主要通过对风险管控与修复过程中二次污染防治相关数据、资料和报告的梳理，分析风险管控与修复工程可能造成的土壤和地下水二次污染等。

### 6.8.3.3　现场踏勘

①应开展现场踏勘工作，了解污染地块风险管控与修复工程情况、环境保护措施落实情况，包括修复设施运行情况、修复工程施工进度、基坑清理情况、污染土暂存和外运情况、地块内临时道路使用情况、修复施工管理情况等。

②调查人员可通过照片、视频、录音、文字等方式，记录现场踏勘情况。

### 6.8.3.4　人员访谈

①应开展人员访谈工作，对地块风险管控与修复工程情况、环境保护措施落实情况进行全面了解。

②访谈对象包括地块责任单位、地块调查单位、地块修复方案编制单位、监理单位、修复施工单位等单位的参与人员。

### 6.8.3.5　更新地块概念模型

在资料回顾、现场踏勘、人员访谈的基础上，掌握地块风险管控与修复工程情况，结合地块地质与水文地质条件、污染物空间分布、修复技术特点、修复设施布局等，对地块概念模型进行更新，完善地块风险管控与修复实施后的概念模型。

地块概念模型一般包括下列信息：

①地块风险管控与修复概况，修复起始时间、修复范围、修复目标、修复设施设计参数、修复过程运行监测数据、技术调整和运行优化、修复过程中废水和废气排放数据、药剂添加量等；

②关注污染物情况，目标污染物原始浓度、运行过程中的浓度变化、潜在二次污染物和中间产物产生情况、土壤异位修复地块污染源清挖和运输情况、修复技术去除率、污染

物空间分布特征的变化及潜在二次污染区域等；

③地质与水文地质情况，关注地块地质与水文地质条件，以及修复设施运行前后地质和水文地质条件的变化、土壤理化性质变化等，运行过程是否存在优先流路径等；

④潜在受体与周边环境情况，结合地块规划用途和建筑结构设计资料，分析修复工程结束后污染介质与受体的相对位置关系、受体的关键暴露途径等。

地块概念模型可用文字、图、表等方式表达，作为确定效果评估范围、采样节点、布点位置等的依据。

## 6.8.4　布点采样与实验室检测

### 6.8.4.1　土壤修复效果评估布点

（1）基坑清理效果评估布点

1）评估对象

基坑清理效果评估对象为地块修复方案中确定的基坑。

2）采样节点

①污染土壤清理后遗留的基坑底部与侧壁，应在基坑清理之后、回填之前进行采样；

②若基坑侧壁采用基础围护，则宜在基坑清理同时进行基坑侧壁采样，或于基础围护实施后在围护设施外边缘采样；

③可根据工程进度对基坑进行分批次采样。

3）布点数量与位置

①基坑底部和侧壁推荐最少采样点数量见表6-1，具体位置见图6-2；

表6-1　基坑底部和侧壁推荐最少采样点数量

| 基坑面积/$m^2$ | 坑底采样点数量/个 | 侧壁采样点数量/个 |
| --- | --- | --- |
| $x < 100$ | 2 | 4 |
| $100 \leqslant x < 1000$ | 3 | 5 |
| $1000 \leqslant x < 1500$ | 4 | 6 |
| $1500 \leqslant x < 2500$ | 5 | 7 |
| $2500 \leqslant x < 5000$ | 6 | 8 |
| $5000 \leqslant x < 7500$ | 7 | 9 |
| $7500 \leqslant x < 12\,500$ | 8 | 10 |
| $x > 12\,500$ | 网格大小不超过40 m×40 m | 采样点间隔不超过40 m |

②基坑底部采用系统布点法、基坑侧壁采用等距离布点法、布点位置参见图6-2；

③当基坑深度大于1 m时，侧壁应进行垂向分层采样，应考虑地块土层性质与污染垂向分布特征，在污染物易富集位置设置采样点，各层采样点之间垂向距离不大于3 m，具体根据实际情况确定；

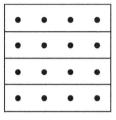 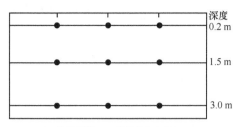

　　a　基坑底部——系统布点法　　　　　b　基坑侧壁——等距离布点法

**图 6-2　基坑底部与侧壁布点示意**

　　④基坑坑底和侧壁的样品以去除杂质后的土壤表层样为主（0～20 cm），不排除深层采样；

　　⑤对于重金属和半挥发性有机物，在一个采样网格和间隔内可采集混合样，采样方法参照 HJ 25.2—2014《场地环境监测技术导则》执行。

　　（2）土壤异位修复效果评估布点

　　1）评估对象

　　异位修复后土壤效果评估的对象为异位修复后的土壤堆体。

　　2）采样节点

　　①异位修复后的土壤应在修复完成后、再利用之前采样；

　　②按照堆体模式进行异位修复的土壤，宜在堆体拆除之前进行采样；

　　③异位修复后的土壤堆体，可根据修复进度进行分批次采样。

　　3）布点数量与位置

　　①修复后土壤原则上每个采样单元（每个样品代表的土方量）不应超过 500 m³；也可根据修复后土壤中污染物浓度分布特征参数计算修复差变系数，根据不同差变系数查询计算对应的推荐采样数量，见表 6-2。

**表 6-2　修复后土壤最少采样点数量**

| 差变系数 | 采样单元大小/m³ |
|---|---|
| 0.05～0.20 | 100 |
| 0.20～0.40 | 300 |
| 0.40～0.60 | 500 |
| 0.60～0.80 | 800 |
| 0.80～1.00 | 1000 |

　　②对于按批次处理的修复技术，在符合前述要求的同时，每批次至少采集 1 个样品。

　　③对于按照堆体模式处理的修复技术，若在堆体拆除前采样，在符合前述要求的同时，应结合堆体大小设置采样点，推荐数量参见表 6-3。

表6-3　堆体模式修复后土壤最少采样点数量

| 堆体体积/m³ | 采样单元数量/个 |
| --- | --- |
| <100 | 1 |
| 100~300 | 2 |
| 300~500 | 3 |
| 500~1000 | 4 |
| 每增加500 | 增加1个 |

④修复后土壤一般采用系统布点法设置采样点，同时应考虑修复效果空间差异，在修复效果薄弱区增设采样点。重金属和半挥发性有机物可在采样单元内采集混合样，采样方法参照 HJ 25.2—2014《场地环境监测技术导则》执行。

⑤修复后土壤堆体的高度应便于修复效果评估采样工作的开展。

（3）土壤原位修复效果评估布点

1）评估对象

土壤原位修复效果评估的对象为原位修复后的土壤。

2）采样节点

①原位修复后的土壤应在修复完成后进行采样；

②原位修复的土壤可按照修复进度、修复设施设置等情况分区域采样。

3）布点数量与位置

①原位修复后的土壤水平方向上采用系统布点法，推荐采样数量参照表6-1；

②原位修复后的土壤垂直方向上采样深度应不小于调查评估确定的污染深度及修复可能造成污染物迁移的深度，根据土层性质设置采样点，原则上垂向采样点之间距离不大于3 m，视具体情况而定；

③应结合地块污染分布、土壤性质、修复设施设置等，在高浓度污染物聚集区、修复效果薄弱区、修复范围边界处等位置增设采样点。

（4）土壤修复二次污染区域布点

1）评估范围

①土壤修复效果评估范围应包括修复过程中的潜在二次污染区域；

②潜在二次污染区域包括污染土壤暂存区、修复设施所在区、固体废物或危险废物堆存区、运输车辆临时道路、土壤或地下水待检区、废水暂存处理区、修复过程中污染物迁移涉及的区域、其他可能的二次污染区域。

2）采样节点

①潜在二次污染区域土壤应在此区域开发使用之前进行采样；

②可根据工程进度对潜在二次污染区域进行分批次采样。

3）布点数量与位置

①潜在二次污染区域土壤原则上根据修复设施设置、潜在二次污染来源等资料判断布

点，也可采用系统布点法设置采样点，采样点数量参照表6-1；

②潜在二次污染区域样品以去除杂质后的土壤表层样为主（0~20 cm），不排除深层采样。

### 6.8.4.2　风险管控效果评估布点

风险管控包括固化/稳定化、封顶、阻隔填埋、地下水阻隔墙、可渗透反应墙等管控措施。

（1）采样周期和频次

①风险管控效果评估的目的是评估工程措施是否有效，一般在工程设施完工1年内开展；

②工程性能指标应按照工程实施评估周期和频次进行评估；

③污染物指标应采集4个批次的数据，建议每个季度采样一次。

（2）布点数量与位置

①需结合风险管控措施的布置，在风险管控范围上游、内部、下游，以及可能涉及的潜在二次污染区域设置地下水监测井；

②可充分利用地块调查评估与修复实施等阶段设置的监测井，现有监测井须符合修复效果评估采样条件。

### 6.8.4.3　现场采样与实验室检测

（1）检测指标

①基坑土壤的检测指标一般为对应修复范围内土壤中目标污染物。存在相邻基坑时，应考虑相邻基坑土壤中的目标污染物。

②异位修复后土壤的检测指标为修复方案中确定的目标污染物，若外运到其他地块，还应根据接收地环境要求增加检测指标。

③原位修复后土壤的检测指标为修复方案中确定的目标污染物。

④化学氧化/还原修复、微生物修复后土壤的检测指标应包括产生的二次污染物，原则上二次污染物指标应根据修复方案中的可行性分析结果确定。

⑤风险管控效果评估指标包括工程性能指标和污染物指标。工程性能指标包括抗压强度、渗透性能、阻隔性能、工程设施连续性与完整性等，污染物指标包括关注污染物浓度、浸出浓度、土壤气、室内空气等。

⑥必要时可增加土壤理化指标、修复设施运行参数等作为土壤修复效果评估的依据，可增加地下水水位、地下水流速、地球化学参数等作为风险管控效果的辅助判断依据。

（2）现场采样与实验室检测

风险管控与修复效果评估现场采样与实验室检测按照 HJ 25.1—2014《场地环境调查技术导则》和 HJ 25.2—2014《场地环境监测技术导则》的规定执行。

## 6.8.5　风险管控与土壤修复效果评估

### 6.8.5.1　土壤修复效果评估

（1）土壤修复效果评估标准值

①基坑土壤评估标准值为地块调查评估、修复方案或实施方案中确定的修复目标值。

②异位修复后土壤的评估标准值应根据其最终去向确定：

若修复后土壤回填到原基坑，评估标准值为调查评估、修复方案或实施方案中确定的目标污染物的修复目标值；

若修复后土壤外运到其他地块，应根据接收地土壤暴露情景进行风险评估确定评估标准值，或采用接收地土壤背景浓度与 GB 36600—2018《土壤环境质量 建设用地土壤污染风险管控标准》中接收地用地性质对应筛选值较高者作为评估标准值，并确保接收地的地下水和环境安全，风险评估可参照 HJ 25.3—2014《污染场地风险评估技术导则》执行。

③原位修复后土壤的评估标准值为地块调查评估、修复方案或实施方案中确定的修复目标值。

④化学氧化/还原修复、微生物修复潜在二次污染物的评估标准值可参照 GB 36600—2018《土壤环境质量 建设用地土壤污染风险管控标准》中一类用地筛选值执行，或根据暴露情景进行风险评估确定其评估标准值，风险评估可参照 HJ 25.3—2014《污染场地风险评估技术导则》执行。

（2）土壤修复效果评估方法

①可采用逐一对比和统计分析的方法进行土壤修复效果评估。

②当样品数量＜8 h，应将样品检测值与修复效果评估标准值逐个对比：

若样品检测值低于或等于修复效果评估标准值，则认为达到修复效果；若样品检测值高于修复效果评估标准值，则认为未达到修复效果。

③当样品数量≥8 h，可采用统计分析方法进行修复效果评估。一般采用样品均值的95%置信上限与修复效果评估标准值进行比较，下述条件全部符合方可认为地块达到修复效果：

样品均值的95%置信上限小于等于修复效果评估标准值；样品浓度最大值不超过修复效果评估标准值的2倍。

④若采用逐个对比方法，当同一污染物平行样数量≥4 组时，可结合 $t$ 检验分析采样和检测过程中的误差，确定检测值与修复效果评估标准值的差异：

若各样品的检测值显著低于修复效果评估标准值或与修复效果评估标准值差异不显著，则认为该地块达到修复效果；若某样品的检测结果显著高于修复效果评估标准值，则认为地块未达到修复效果。

⑤原则上统计分析方法应在单个基坑或单个修复范围内分别进行。

⑥对于低于报告限的数据，可用报告限数值进行统计分析。

### 6.8.5.2 风险管控效果评估

（1）风险管控效果评估标准

①风险管控工程性能指标应满足设计要求或不影响预期效果；

②风险管控措施下游地下水中污染物浓度应持续下降，固化/稳定化后土壤中污染物的浸出浓度应达到接收地地下水用途对应标准值，或不会对地下水造成危害。

（2）风险管控效果评估方法

①若工程性能指标和污染物指标均达到评估标准，则判断风险管控达到预期效果，可

对风险管控措施继续开展运行与维护；

②若工程性能指标或污染物指标未达到评估标准，则判断风险管控未达到预期效果，须对风险管控措施进行优化。

### 6.8.6　后期环境监管建议

#### 6.8.6.1　后期环境监管要求

①下列情景下，应提出后期环境监管建议：

修复后土壤中污染物浓度未达到 GB 36600—2018《土壤环境质量　建设用地土壤污染风险管控标准》第一类用地筛选值的地块；实施风险管控的地块。

②后期环境监管的方式一般包括长期环境监测与制度控制，两种方式可结合使用。

③原则上后期环境监管直至地块土壤中污染物浓度达到 GB 36600—2018《土壤环境质量　建设用地土壤污染风险管控标准》第一类用地筛选值、地下水中污染物浓度达到 GB/T 14747 中地下水使用功能对应标准值。

#### 6.8.6.2　长期环境监测

①实施风险管控的地块应开展长期监测；

②一般通过设置地下水监测井进行周期性采样和检测，也可设置土壤气监测井进行土壤气样品采集和检测，监测井位置应优先考虑污染物浓度高的区域、敏感点所处等；

③应充分利用地块内符合采样条件的监测井；

④原则上长期监测 1～2 年开展一次，可根据实际情况进行调整。

#### 6.8.6.3　制度控制

①修复后土壤中污染物浓度未达到 GB 36600—2018《土壤环境质量　建设用地土壤污染风险管控标准》第一类用地筛选值的地块及实施风险管控的地块均需开展制度控制；

②制度控制包括限制地块使用方式、限制地下水利用方式、通知和公告地块潜在风险、制定限制进入或使用条例等方式，多种制度控制方式可同时使用。

# 附录

场地环境调查技术导则
污染场地风险评估技术导则
场地环境监测技术导则
污染场地土壤修复技术导则
污染地块风险管控与土壤修复效果评估技术导则（试行）
土壤环境质量　建设用地土壤污染风险管控标准（试行）

# 中华人民共和国国家环境保护标准

HJ 25.1—2014
代替 HJ/T 25—1999

# 场地环境调查技术导则

## Technical guidelines for environmental site investigation

（发布稿）

本电子版为发布稿。请以中国环境科学出版社出版的正式标准文本为准。

2014-02-19 发布 　　　　　　　　　　2014-07-01 实施

# 环 境 保 护 部 发 布

# 前　言

根据《中华人民共和国环境保护法》，保护生态环境，保障人体健康，加强污染场地环境监督管理，规范场地环境调查，制定本标准。

本标准与以下标准同属污染场地系列环境保护标准：

《场地环境监测技术导则》（HJ 25.2—2014）；

《污染场地风险评估技术导则》（HJ 25.3—2014）；

《污染场地土壤修复技术导则》（HJ 25.4—2014）。

自以上标准实施之日起，《工业企业土壤环境质量风险评价基准》（HJ/T 25—1999）废止。

本标准规定了场地环境调查的原则、内容、程序和技术要求。

本标准由环境保护部科技标准司组织制订。

本标准主要起草单位：轻工业环境保护研究所、环境保护部环境标准研究所、环境保护部南京环境科学研究所、上海市环境科学研究院、沈阳环境科学研究院。

本标准环境保护部 2014 年 2 月 19 日批准。

本标准自 2014 年 7 月 1 日起实施。

本标准由环境保护部负责解释。

# 场地环境调查技术导则

## 1 适用范围

本标准规定了场地土壤和地下水环境调查的原则、内容、程序和技术要求。

本标准适用于场地环境调查，为污染场地环境管理提供基础数据和信息。

本标准不适用于含有放射性污染的场地调查。

## 2 规范性引用文件

本标准内容引用了下列文件中的条款。凡是不注明日期的引用文件，其有效版本适用于本标准。

GB 15618        土壤环境质量标准

GB/T 14848      地下水质量标准

HJ/T 164        地下水环境监测技术规范

HJ/T 166        土壤环境监测技术规范

HJ 25.2         场地环境监测技术导则

HJ 25.3         污染场地风险评估技术导则

HJ 25.4         污染场地土壤修复技术导则

## 3 术语和定义

下列术语和定义适用于本标准。

### 3.1 场地 site

某一地块范围内的土壤、地下水、地表水以及地块内所有构筑物、设施和生物的总和。

### 3.2 潜在污染场地 potential contaminated site

指因从事生产、经营、处理、贮存有毒有害物质，堆放或处理处置潜在危险废物，以及从事矿山开采等活动造成污染，且对人体健康或生态环境构成潜在风险的场地。

### 3.3 场地环境调查 environmental site investigation

采用系统的调查方法，确定场地是否被污染及污染程度和范围的过程。

### 3.4 敏感目标 potential sensitive targets

指污染场地周围可能受污染物影响的居民区、学校、医院、饮用水源保护区以及重要公共场所等。

## 4 基本原则和工作程序

### 4.1 基本原则

#### 4.1.1 针对性原则

针对场地的特征和潜在污染物特性，进行污染物浓度和空间分布调查，为场地的环境管理提供依据。

### 4.1.2 规范性原则

采用程序化和系统化的方式规范场地环境调查过程,保证调查过程的科学性和客观性。

### 4.1.3 可操作性原则

综合考虑调查方法、时间和经费等因素,结合当前科技发展和专业技术水平,使调查过程切实可行。

## 4.2 工作程序

场地环境调查可分为三个阶段,调查的工作程序如图1所示。

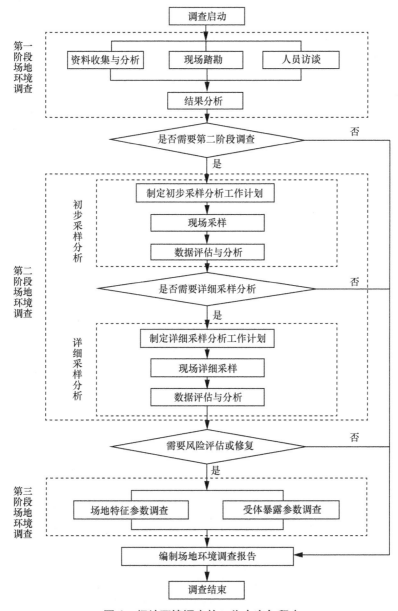

**图1 场地环境调查的工作内容与程序**

4.2.1　第一阶段场地环境调查

　　第一阶段场地环境调查是以资料收集、现场踏勘和人员访谈为主的污染识别阶段，原则上不进行现场采样分析。若第一阶段调查确认场地内及周围区域当前和历史上均无可能的污染源，则认为场地的环境状况可以接受，调查活动可以结束。

4.2.2　第二阶段场地环境调查

4.2.2.1　第二阶段场地环境调查是以采样与分析为主的污染证实阶段，若第一阶段场地环境调查表明场地内或周围区域存在可能的污染源，如化工厂、农药厂、冶炼厂、加油站、化学品储罐、固体废物处理等可能产生有毒有害物质的设施或活动；以及由于资料缺失等原因造成无法排除场地内外存在污染源时，作为潜在污染场地进行第二阶段场地环境调查，确定污染物种类、浓度（程度）和空间分布。

4.2.2.2　第二阶段场地环境调查通常可以分为初步采样分析和详细采样分析两步进行，每步均包括制定工作计划、现场采样、数据评估和结果分析等步骤。初步采样分析和详细采样分析均可根据实际情况分批次实施，逐步减少调查的不确定性。

4.2.2.3　根据初步采样分析结果，如果污染物浓度均未超过国家和地方等相关标准以及清洁对照点浓度（有土壤环境背景的无机物），并且经过不确定性分析确认不需要进一步调查后，第二阶段场地环境调查工作可以结束，否则认为可能存在环境风险，须进行详细调查。标准中没有涉及的污染物，可根据专业知识和经验综合判断。详细采样分析是在初步采样分析的基础上，进一步采样和分析，确定场地污染程度和范围。

4.2.3　第三阶段场地环境调查

　　若需要进行风险评估或污染修复时，则要进行第三阶段场地环境调查。第三阶段场地环境调查以补充采样和测试为主，获得满足风险评估及土壤和地下水修复所需的参数。本阶段的调查工作可单独进行，也可在第二阶段调查过程中同时开展。

# 5　第一阶段场地环境调查

## 5.1　资料收集与分析

5.1.1　资料的收集

　　主要包括：场地利用变迁资料、场地环境资料、场地相关记录、有关政府文件，以及场地所在区域的自然和社会信息。当调查场地与相邻场地存在相互污染的可能时，须调查相邻场地的相关记录和资料。

5.1.1.1　场地利用变迁资料包括：用来辨识场地及其相邻场地的开发及活动状况的航片或卫星图片，场地的土地使用和规划资料，其他有助于评价场地污染的历史资料，如土地登记信息资料等。场地利用变迁过程中的场地内建筑、设施、工艺流程和生产污染等的变化情况。

5.1.1.2　场地环境资料包括：场地土壤及地下水污染记录、场地危险废物堆放记录以及场地与自然保护区和水源地保护区等的位置关系等。

5.1.1.3　场地相关记录包括：产品、原辅材料及中间体清单、平面布置图、工艺流程图、地下管线图、化学品储存及使用清单、泄漏记录、废物管理记录、地上及地下储罐清单、环境监测数据、环境影响报告书或表、环境审计报告和地勘报告等。

5.1.1.4　由政府机关和权威机构所保存和发布的环境资料，如区域环境保护规划、环境质量公告、企业在政府部门相关环境备案和批复，以及生态和水源保护区规划等。

5.1.1.5　场地所在区域的自然和社会信息包括：自然信息包括地理位置图、地形、地貌、土壤、水文、地质和气象资料等；社会信息包括人口密度和分布，敏感目标分布，土地利用方式，区域所在地的经济现状和发展规划，相关国家和地方的政策、法规与标准，以及当地地方性疾病统计信息等。

5.1.2 资料的分析

调查人员应根据专业知识和经验识别资料中的错误和不合理的信息，如资料缺失影响判断场地污染状况时，应在报告中说明。

## 5.2 现场踏勘

5.2.1 安全防护准备

在现场踏勘前，根据场地的具体情况掌握相应的安全卫生防护知识，并装备必要的防护用品。

5.2.2 现场踏勘的范围

以场地内为主，并应包括场地的周围区域，周围区域的范围应由现场调查人员根据污染物可能迁移的距离来判断。

5.2.3 现场踏勘的主要内容

现场踏勘的主要内容包括：场地的现状与历史情况，相邻场地的现状与历史情况，周围区域的现状与历史情况，区域的地质、水文地质和地形的描述等。

5.2.3.1 场地现状与历史情况：可能造成土壤和地下水污染的物质的使用、生产、贮存，三废处理与排放以及泄漏状况，场地过去使用中留下的可能造成土壤和地下水污染异常迹象，如罐、槽泄漏以及废物临时堆放污染痕迹。

5.2.3.2 相邻场地的现状与历史情况：相邻场地的使用现况与污染源，以及过去使用中留下的可能造成土壤和地下水污染的异常迹象，如罐、槽泄漏以及废物临时堆放污染痕迹。

5.2.3.3 周围区域的现状与历史情况：对于周围区域目前或过去土地利用的类型，如住宅、商店和工厂等，应尽可能观察和记录；周围区域的废弃和正在使用的各类井，如水井等；污水处理和排放系统；化学品和废弃物的储存和处置设施；地面上的沟、河、池；地表水体、雨水排放和径流以及道路和公用设施。

5.2.3.4 地质、水文地质和地形的描述：场地及其周围区域的地质、水文地质与地形应观察、记录，并加以分析，以协助判断周围污染物是否会迁移到调查场地，以及场地内污染物迁移到地下水和场地之外。

5.2.4 现场踏勘的重点

重点踏勘对象一般应包括：有毒有害物质的使用、处理、储存、处置；生产过程和设备，储槽与管线；恶臭、化学品味道和刺激性气味，污染和腐蚀的痕迹；排水管或渠、污水池或其他地表水体、废物堆放地、井等。

同时应该观察和记录场地及周围是否有可能受污染物影响的居民区、学校、医院、饮用水源保护区以及其他公共场所等，并在报告中明确其与场地的位置关系。

5.2.5 现场踏勘的方法

可通过对异常气味的辨识、摄影和照相、现场笔记等方式初步判断场地污染的状况。踏勘期间，可以使用现场快速测定仪器。

## 5.3 人员访谈

5.3.1 访谈内容

应包括资料收集和现场踏勘所涉及的疑问，以及信息补充和已有资料的考证。

5.3.2 访谈对象

受访者为场地现状或历史的知情人，应包括：场地管理机构和地方政府的官员，环境保护行政主管部门的官员，场地过去和现在各阶段的使用者，以及场地所在地或熟悉场地的第三方，如相邻场地的工作人员和附近的居民。

### 5.3.3 访谈方法

可采取当面交流、电话交流、电子或书面调查表等方式进行。

### 5.3.4 内容整理

应对访谈内容进行整理，并对照已有资料，对其中可疑处和不完善处进行核实和补充，作为调查报告的附件。

## 5.4 结论与分析

本阶段调查结论应明确场地内及周围区域有无可能的污染源，并进行不确定性分析。若有可能的污染源，应说明可能的污染类型、污染状况和来源，并应提出第二阶段场地环境调查的建议。

# 6 第二阶段场地环境调查

## 6.1 初步采样分析工作计划

根据第一阶段场地环境调查的情况制定初步采样分析工作计划，内容包括核查已有信息、判断污染物的可能分布、制定采样方案、制定健康和安全防护计划、制定样品分析方案和确定质量保证和质量控制程序等任务。

### 6.1.1 核查已有信息

对已有信息进行核查，包括第一阶段场地环境调查中重要的环境信息，如土壤类型和地下水埋深；查阅污染物在土壤、地下水、地表水或场地周围环境的可能分布和迁移信息；查阅污染物排放和泄漏的信息。应核查上述信息的来源，以确保其真实性和适用性。

### 6.1.2 判断污染物的可能分布

根据场地的具体情况、场地内外的污染源分布、水文地质条件以及污染物的迁移和转化等因素，判断场地污染物在土壤和地下水中的可能分布，为制定采样方案提供依据。

### 6.1.3 制定采样方案

采样方案一般包括：采样点的布设、样品数量、样品的采集方法、现场快速检测方法，样品收集、保存、运输和储存等要求。

6.1.3.1 采样点水平方向的布设参照表 1 进行，并应说明采样点布设的理由，具体见 HJ 25.2。

**表 1 几种常见的布点方法及适用条件**

| 布点方法 | 适用条件 |
| --- | --- |
| 系统随机布点法 | 适用于污染分布均匀的场地。 |
| 专业判断布点法 | 适用于潜在污染明确的场地。 |
| 分区布点法 | 适用于污染分布不均匀，并获得污染分布情况的场地。 |
| 系统布点法 | 适用于各类场地情况，特别是污染分布不明确或污染分布范围大的情况。 |

6.1.3.2 采样点垂直方向的土壤采样深度可根据污染源的位置、迁移和地层结构以及水文地质等进行判断设置。若对场地信息了解不足，难以合理判断采样深度，可按 0.5~2 米等间距设置采样位置。

6.1.3.3 对于地下水，一般情况下应在调查场地附近选择清洁对照点。地下水采样点的布设应考虑地下水的流向、水力坡降、含水层渗透性、埋深和厚度等水文地质条件及污染源和污染物迁移转化等因素；对于场地内或临近区域内的现有地下水监测井，如果符合地下水环境监测技术规范，则可以作为地下水的取样点或对照点。

### 6.1.4　制定健康和安全防护计划

根据有关法律法规和工作现场的实际情况，制定场地调查人员的健康和安全防护计划。

### 6.1.5　制定样品分析方案

检测项目应根据保守性原则，按照第一阶段调查确定的场地内外潜在污染源和污染物，同时考虑污染物的迁移转化，判断样品的检测分析项目；对于不能确定的项目，可选取潜在典型污染样品进行筛选分析。一般工业场地可选择的检测项目有：重金属、挥发性有机物、半挥发性有机物、氰化物和石棉等。如土壤和地下水明显异常而常规检测项目无法识别时，可采用生物毒性测试方法进行筛选判断。

### 6.1.6　质量保证和质量控制

现场质量保证和质量控制措施应包括：防止样品污染的工作程序，运输空白样分析，现场重复样分析，采样设备清洗空白样分析，采样介质对分析结果影响分析，以及样品保存方式和时间对分析结果的影响分析等，具体参见 HJ 25.2。实验室分析的质量保证和质量控制的具体要求见 HJ/T 164 和 HJ/T 166。

## 6.2　详细采样分析工作计划

在初步采样分析的基础上制定详细采样分析工作计划。详细采样分析工作计划主要包括：评估初步采样分析工作计划和结果，制定采样方案，以及制定样品分析方案等。详细调查过程中监测的技术要求按照 HJ 25.2 中的规定执行。

### 6.2.1　评估初步采样分析的结果

分析初步采样获取的场地信息，主要包括土壤类型、水文地质条件、现场和实验室检测数据等；初步确定污染物种类、程度和空间分布；评估初步采样分析的质量保证和质量控制。

### 6.2.2　制定采样方案

根据初步采样分析的结果，结合场地分区，制定采样方案。应采用系统布点法加密布设采样点。对于需要划定污染边界范围的区域，采样单元面积不大于 1600 平方米（40 米×40 米网格）。垂直方向采样深度和间隔根据初步采样的结果判断。

### 6.2.3　制定样品分析方案

根据初步调查结果，制定样品分析方案。样品分析项目以已确定的场地关注污染物为主。

### 6.2.4　其他

详细采样工作计划中的其他内容可在初步采样分析计划基础上制定，并针对初步采样分析过程中发现的问题，对采样方案和工作程序等进行相应调整。

## 6.3　现场采样

### 6.3.1　采样前的准备

现场采样应准备的材料和设备包括：定位仪器、现场探测设备、调查信息记录装备、监测井的建井材料、土壤和地下水取样设备、样品的保存装置和安全防护装备等。

### 6.3.2　定位和探测

采样前，可采用卷尺、GPS 卫星定位仪、经纬仪和水准仪等工具在现场确定采样点的具体位置和地面标高，并在采样布点图中标出。可采用金属探测器或探地雷达等设备探测地下障碍物，确保采样位置避开地下电缆、管线、沟、槽等地下障碍物。采用水位仪测量地下水水位，采用油水界面仪探测地下水非水相液体。

### 6.3.3　现场检测

可采用便携式有机物快速测定仪、重金属快速测定仪、生物毒性测试等现场快速筛选技术手段进行定性或定量分析，可采用直接贯入设备现场连续测试地层和污染物垂向分布情况，也可采用土壤气体现场检测手段和地球物理手段初步判断场地污染物及其分布，指导样品采集及监测点位布设。采用便携式设备现场测定地下水水温、pH 、电导率、浊度和氧化还原电位等。

### 6.3.4 土壤样品采集

6.3.4.1 土壤样品分表层土和深层土。深层土的采样深度应考虑污染物可能释放和迁移的深度（如地下管线和储槽埋深）、污染物性质、土壤的质地和孔隙度、地下水位和回填土等因素。可利用现场探测设备辅助判断采样深度。

6.3.4.2 采集含挥发性污染物的样品时，应尽量减少对样品的扰动，严禁对样品进行均质化处理。

6.3.4.3 土壤样品采集后，应根据污染物理化性质等，选用合适的容器保存。含汞或有机污染物的土壤样品应在 4℃以下的温度条件下保存和运输，具体参照 HJ 25.2。

6.3.4.4 土壤采样时应进行现场记录，主要内容包括：样品名称和编号、气象条件、采样时间、采样位置、采样深度、样品质地、样品的颜色和气味、现场检测结果以及采样人员等。

### 6.3.5 地下水水样采集

6.3.5.1 地下水采样一般应建地下水监测井。监测井的建设过程分为设计、钻孔、过滤管和井管的选择和安装、滤料的选择和装填，以及封闭和固定等。监测井的建设可参照 HJ/T 164 中的有关要求。所用的设备和材料应清洗除污，建设结束后需及时进行洗井。

6.3.5.2 监测井建设记录和地下水采样记录的要求参照 HJ/T 164。样品保存、容器和采样体积的要求参照 HJ/T 164 附录 A。

### 6.3.6 其他注意事项

现场采样时，应避免采样设备及外部环境等因素污染样品，采取必要措施避免污染物在环境中扩散。现场采样的具体要求参照 HJ 25.2。

### 6.3.7 样品追踪管理

应建立完整的样品追踪管理程序，内容包括样品的保存、运输和交接等过程的书面记录和责任归属，避免样品被错误放置、混淆及保存过期。

## 6.4 数据评估和结果分析

### 6.4.1 实验室检测分析

委托有资质的实验室进行样品检测分析。

### 6.4.2 数据评估

整理调查信息和检测结果，评估检测数据的质量，分析数据的有效性和充分性，确定是否需要补充采样分析等。

### 6.4.3 结果分析

根据土壤和地下水检测结果进行统计分析，确定场地关注污染物种类、浓度水平和空间分布。

# 7 第三阶段场地环境调查

## 7.1 主要工作内容

主要工作内容包括场地特征参数和受体暴露参数的调查。

### 7.1.1 调查场地特征参数

场地特征参数包括：不同代表位置和土层或选定土层的土壤样品的理化性质分析数据，如土壤 pH 、容重、有机碳含量、含水率和质地等；场地（所在地）气候、水文、地质特征信息和数据，如地表年平均风速和水力传导系数等。根据风险评估和场地修复实际需要，选取适当的参数进行调查。

受体暴露参数包括：场地及周边地区土地利用方式、人群及建筑物等相关信息。

## 7.2 调查方法

场地特征参数和受体暴露参数的调查可采用资料查询、现场实测和实验室分析测试等方法。

## 7.3 调查结果

该阶段的调查结果供场地风险评估和污染修复使用。

# 8 报告编制

## 8.1 第一阶段场地环境调查报告编制

### 8.1.1 报告内容和格式

对第一阶段调查过程和结果进行分析、总结和评价。内容主要包括场地环境调查的概述、场地的描述、资料分析、现场踏勘、人员访谈、结果和分析、调查结论与建议、附件等。报告格式可参照附录 A。

### 8.1.2 结论和建议

调查结论应尽量明确场地内及周围区域有无可能的污染源，若有可能的污染源，应说明可能的污染类型、污染状况和来源。应提出是否需要第二阶段场地环境调查的建议。

### 8.1.3 不确定性分析

报告应列出调查过程中遇到的限制条件和欠缺的信息，以及对调查工作和结果的影响。

## 8.2 第二阶段场地环境调查报告编制

### 8.2.1 报告内容和格式

对第二阶段调查过程和结果进行分析、总结和评价。内容主要包括工作计划、现场采样和实验室分析、数据评估和结果分析、结论和建议、附件。报告的格式可参照附录 A。

### 8.2.2 结论和建议

结论和建议中应提出场地关注污染物清单和污染物分布特征等内容。

### 8.2.3 不确定性分析

报告应说明第二阶段场地环境调查与计划的工作内容的偏差，以及限制条件对结论的影响。

## 8.3 第三阶段场地环境调查报告编制

按照 HJ 25.3 和 HJ 25.4 的要求，提供相关内容和测试数据。

# 附录 A

## （资料性附录）
## 调查报告编制大纲

**A.1　场地环境调查第一阶段报告编制大纲**

1　前言
2　概述
　　2.1　调查的目的和原则
　　2.2　调查范围
　　2.3　调查依据
　　2.4　调查方法
3　场地概况
　　3.1　区域环境概况
　　3.2　敏感目标
　　3.3　场地的现状和历史
　　3.4　相邻场地的现状和历史
　　3.5　场地利用的规划
4　资料分析
　　4.1　政府和权威机构资料收集和分析
　　4.2　场地资料收集和分析
　　4.3　其他资料收集和分析
5　现场踏勘和人员访谈
　　5.1　有毒有害物质的储存、使用和处置情况分析
　　5.2　各类槽罐内的物质和泄漏评价
　　5.3　固体废物和危险废物的处理评价
　　5.4　管线、沟渠泄漏评价
　　5.5　与污染物迁移相关的环境因素分析
　　5.6　其他
6　结果和分析
7　结论和建议
8　附件（地理位置图、平面布置图、周边关系图、照片和法规文件等）

**A.2　场地环境调查第二阶段报告编制大纲**

1　前言
2　概述
　　2.1　调查的目的和原则
　　2.2　调查范围
　　2.3　调查依据
　　2.4　调查方法
3　场地概况
　　3.1　区域环境状况
　　3.2　敏感目标
　　3.3　场地的使用现状和历史
　　3.4　相邻场地的使用现状和历史
　　3.5　第一阶段场地环境调查总结
4　工作计划
　　4.1　补充资料的分析
　　4.2　采样方案
　　4.3　分析检测方案
5　现场采样和实验室分析
　　5.1　现场探测方法和程序
　　5.2　采样方法和程序
　　5.3　实验室分析
　　5.4　质量保证和质量控制
6　结果和评价
　　6.1　场地的地质和水文地质条件
　　6.2　分析检测结果
　　6.3　结果分析和评价
7　结论和建议
8　附件（现场记录照片、现场探测的记录、监测井建设记录、实验室报告、质量控制结果和样品追踪监管记录表等）

# 附录 B

## （资料性附录）
## 常见场地类型及特征污染物

常见场地类型及特征污染物可参考表 B.1。实际调查过程中应根据具体情况确定。

**表 B.1　常见场地类型及特征污染物**

| 行业分类 | 场地类型 | 潜在特征污染物类型 |
|---|---|---|
| 制造业 | 化学原料及化学品制造 | 挥发性有机物、半挥发性有机物、重金属、持久性有机污染物、农药 |
| | 电气机械及器材制造 | 重金属、有机氯溶剂、持久性有机污染物 |
| | 纺织业 | 重金属、氯代有机物 |
| | 造纸及纸制品 | 重金属、氯代有机物 |
| | 金属制品业 | 重金属、氯代有机物 |
| | 金属冶炼及延压加工 | 重金属 |
| | 机械制造 | 重金属、石油烃 |
| | 塑料和橡胶制品 | 半挥发性有机物、挥发性有机物、重金属 |
| | 石油加工 | 挥发性有机物、半挥发性有机物、重金属、石油烃 |
| | 炼焦厂 | 挥发性有机物、半挥发性有机物、重金属、氰化物 |
| | 交通运输设备制造 | 重金属、石油烃、持久性有机污染物 |
| | 皮革、皮毛制造 | 重金属、挥发性有机物 |
| | 废弃资源和废旧材料回收加工 | 持久性有机污染物、半挥发性有机物、重金属、农药 |
| 采矿业 | 煤炭开采和洗选业 | 重金属 |
| | 黑色金属和有色金属矿采选业 | 重金属、氰化物 |
| | 非金属矿物采选业 | 重金属、氰化物、石棉 |
| | 石油和天然气开采业 | 石油烃、挥发性有机物、半挥发性有机物 |
| 电力燃气及水的生产和供应 | 火力发电 | 重金属、持久性有机污染物 |
| | 电力供应 | 持久性有机污染物 |
| | 燃气生产和供应 | 半挥发性有机物、半挥发性有机物、重金属 |

| 行业分类 | 场地类型 | 潜在特征污染物类型 |
|---|---|---|
| 水利、环境和公共设施管理业 | 水污染治理 | 持久性有机污染物、半挥发性有机物、重金属、农药 |
| | 危险废物的治理 | 持久性有机污染物、半挥发性有机物、重金属、挥发性有机物 |
| | 其他环境治理（工业固废、生活垃圾处理） | 持久性有机污染物、半挥发性有机物、重金属、挥发性有机物 |
| 其他 | 军事工业 | 半挥发性有机物、重金属、挥发性有机物 |
| | 研究、开发和测试设施 | 半挥发性有机物、重金属、挥发性有机物 |
| | 干洗店 | 挥发性有机物、有机氯溶剂 |
| | 交通运输工具维修 | 重金属、石油烃 |

# 中华人民共和国国家环境保护标准

HJ 25.3—2014

代替 HJ/T 25—1999

## 污染场地风险评估技术导则

Technical guidelines for risk assessment of contaminated sites

（发布稿）

本电子版为发布稿。请以中国环境科学出版社出版的正式标准文本为准。

2014-02-19 发布　　　　　　　　　　　　　2014-07-01 实施

环 境 保 护 部 发 布

# 前　言

　　为贯彻《中华人民共和国环境保护法》，保护生态环境，保障人体健康，加强污染场地环境保护监督管理，规范污染场地人体健康风险评估，制定本标准。

　　本标准与以下标准同属污染场地系列环境保护标准：

　　《场地环境调查技术导则》（HJ 25.1—2014）

　　《场地环境监测技术导则》（HJ 25.2—2014）

　　《污染场地土壤修复技术导则》（HJ 25.4—2014）

　　自以上标准实施之日起，《工业企业土壤环境质量风险评价基准》（HJ/T 25—1999）废止。

　　本标准规定了污染场地风险评估的原则、内容、程序、方法和技术要求。

　　本标准由环境保护部科技标准司组织制订。

　　本标准主要起草单位：环境保护部南京环境科学研究所、环境保护部环境标准研究所、轻工业环境保护研究所、上海市环境科学研究院、沈阳环境科学研究院。

　　本标准由环境保护部 2014 年 2 月 19 日批准。

　　本标准自 2014 年 7 月 1 日起实施。

　　本标准由环境保护部解释。

# 污染场地风险评估技术导则

## 1 适用范围

本标准规定了开展污染场地人体健康风险评估的原则、内容、程序、方法和技术要求。

本标准适用于污染场地人体健康风险评估和污染场地土壤和地下水风险控制值的确定。

本标准不适用于铅、放射性物质、致病性生物污染以及农用地土壤污染的风险评估。

## 2 规范性引用文件

本标准内容引用了下列文件中的条款。未注明日期的引用文件，其有效版本适用于本标准。

| | |
|---|---|
| GB 50137 | 城市用地分类与规划建设用地标准 |
| GB/T 14848 | 地下水质量标准 |
| HJ 25.1 | 场地环境调查技术导则 |
| HJ 25.2 | 场地环境监测技术导则 |
| HJ 25.4 | 污染场地土壤修复技术导则 |

## 3 术语和定义

下列术语和定义适用于本标准。

### 3.1 场地 site

某一地块范围内的土壤、地下水、地表水以及地块内所有构筑物、设施和生物的总和。

### 3.2 潜在污染场地 potential contaminated site

因从事生产、经营、处理、贮存有毒有害物质，堆放或处理处置潜在危险废物，以及从事矿山开采等活动造成污染，且对人体健康或生态环境构成潜在风险的场地。

### 3.3 污染场地 contaminated site

对潜在污染场地进行调查和风险评估后，确认污染危害超过人体健康或生态环境可接受风险水平的场地，又称污染地块。

### 3.4 土壤 soil

由矿物质、有机质、水、空气及生物有机体组成的地球陆地表面的疏松层。

### 3.5 关注污染物 contaminant of concern

根据场地污染特征和场地利益相关方意见，确定需要进行调查和风险评估的污染物。

### 3.6 暴露路径 exposure pathway

污染物从污染源经由各种途径到达暴露受体的路线。

### 3.7 暴露途径 exposure route

场地土壤和浅层地下水中污染物迁移到达和暴露于人体的方式，如经口摄入、皮肤接触、呼吸吸入等。

**3.8 污染场地健康风险评估 health risk assessment for contaminated site**

在场地环境调查的基础上，分析污染场地土壤和地下水中污染物对人群的主要暴露途径，评估污染物对人体健康的致癌风险或危害水平。

**3.9 致癌风险 carcinogenic risk**

人群暴露于致癌效应污染物，诱发致癌性疾病或损伤的概率。

**3.10 危害商 hazard quotient**

污染物每日摄入剂量与参考剂量的比值，用于表征人体经单一途径暴露于非致癌污染物而受到危害的水平。

**3.11 危害指数 hazard index**

人群经多种途径暴露于单一污染物的危害商之和，用于表征人体暴露于非致癌污染物受到危害的水平。

**3.12 可接受风险水平 acceptable risk level**

对暴露人群不会产生不良或有害健康效应的风险水平，包括致癌物的可接受致癌风险水平和非致癌物的可接受危害商。本标准中单一污染物的可接受致癌风险水平为 $10^{-6}$，单一污染物的可接受危害商为 1。

**3.13 土壤和地下水风险控制值 risk control values for soil and groundwater**

根据本标准规定的用地方式、暴露情景和可接受风险水平，采用本标准规定的风险评估方法和场地调查获得相关数据，计算获得的土壤中污染物的含量限值和地下水中污染物的浓度限值。

# 4 工作程序和内容

污染场地风险评估工作内容包括危害识别、暴露评估、毒性评估、风险表征，以及土壤和地下水风险控制值的计算。污染场地健康风险评估程序见图 4.1。

## 4.1 危害识别

收集场地环境调查阶段获得的相关资料和数据，掌握场地土壤和地下水中关注污染物的浓度分布，明确规划土地利用方式，分析可能的敏感受体，如儿童、成人、地下水体等。

## 4.2 暴露评估

在危害识别的基础上，分析场地内关注污染物迁移和危害敏感受体的可能性，确定场地土壤和地下水污染物的主要暴露途径和暴露评估模型，确定评估模型参数取值，计算敏感人群对土壤和地下水中污染物的暴露量。

## 4.3 毒性评估

在危害识别的基础上，分析关注污染物对人体健康的危害效应，包括致癌效应和非致癌效应，确定与关注污染物相关的参数，包括参考剂量、参考浓度、致癌斜率因子和呼吸吸入单位致癌因子等。

## 4.4 风险表征

在暴露评估和毒性评估的基础上，采用风险评估模型计算土壤和地下水中单一污染物经单一途径的致癌风险和危害商，计算单一污染物的总致癌风险和危害指数，进行不确定性分析。

## 4.5 土壤和地下水风险控制值的计算

在风险表征的基础上，判断计算得到的风险值是否超过可接受风险水平。如污染场地风险评估结果未超过可接受风险水平，则结束风险评估工作；如污染场地风险评估结果超过可接受风险水平，则计算土壤、地下水中关注污染物的风险控制值；如调查结果表明，土壤中关注污染物可迁移进入地下水，则计算保护地下水的土壤风险控制值；根据计算结果，提出关注污染物的土壤和地下水风险控制值。

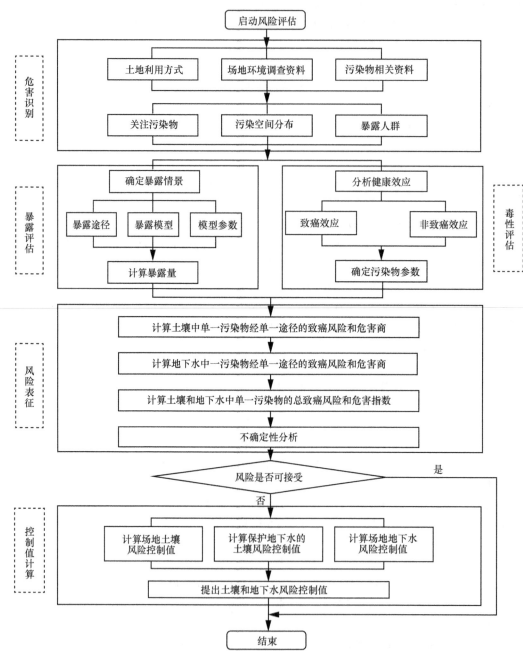

**图 4.1　污染场地风险评估程序与内容**

## 5　危害识别技术要求

### 5.1　收集相关资料

按照 HJ 25.1 和 HJ 25.2 对场地进行环境调查及污染识别，获得以下信息：

1） 较为详尽的场地相关资料及历史信息；

2） 场地土壤和地下水等样品中污染物的浓度数据；

3） 场地土壤的理化性质分析数据；

4） 场地（所在地）气候、水文、地质特征信息和数据；

5） 场地及周边地块土地利用方式、敏感人群及建筑物等相关信息。

## 5.2 确定关注污染物

根据场地环境调查和监测结果，将对人群等敏感受体具有潜在风险需要进行风险评估的污染物，确定为关注污染物。

# 6 暴露评估技术要求

## 6.1 分析暴露情景

6.1.1 暴露情景是指特定土地利用方式下，场地污染物经由不同暴露路径迁移和到达受体人群的情况。根据不同土地利用方式下人群的活动模式，本标准规定了 2 类典型用地方式下的暴露情景，即以住宅用地为代表的敏感用地（简称"敏感用地"）和以工业用地为代表的非敏感用地（简称"非敏感用地"）的暴露情景。

6.1.2 敏感用地方式下，儿童和成人均可能会长时间暴露于场地污染而产生健康危害。对于致癌效应，考虑人群的终生暴露危害，一般根据儿童期和成人期的暴露来评估污染物的终生致癌风险；对于非致癌效应，儿童体重较轻、暴露量较高，一般根据儿童期暴露来评估污染物的非致癌危害效应。

敏感用地方式包括 GB 50137 规定的城市建设用地中的居住用地（R）、文化设施用地（A2）、中小学用地（A33）、社会福利设施用地（A6）中的孤儿院等。

6.1.3 非敏感用地方式下，成人的暴露期长、暴露频率高，一般根据成人期的暴露来评估污染物的致癌风险和非致癌效应。

非敏感用地包括 GB 50137 规定的城市建设用地中的工业用地（M）、物流仓储用地（W）、商业服务业设施用地（B）、公用设施用地（U）等。

6.1.4 除本标准 6.1.2 和 6.1.3 以外的 GB 50137 规定的城市建设用地，应分析特定场地人群暴露的可能性、暴露频率和暴露周期等情况，参照敏感用地或非敏感用地情景进行评估或构建适合于特定场地的暴露情景进行风险评估。

## 6.2 确定暴露途径

6.2.1 对于敏感用地和非敏感用地，本标准规定了 9 种主要暴露途径和暴露评估模型，包括经口摄入土壤、皮肤接触土壤、吸入土壤颗粒物、吸入室外空气中来自表层土壤的气态污染物、吸入室外空气中来自下层土壤的气态污染物、吸入室内空气中来自下层土壤的气态污染物共 6 种土壤污染物暴露途径和吸入室外空气中来自地下水的气态污染物、吸入室内空气中来自地下水的气态污染物、饮用地下水共 3 种地下水污染物暴露途径。

6.2.2 特定用地方式下的主要暴露途径应根据实际情况分析确定，暴露评估模型参数应尽可能根据现场调查获得。场地及周边地区地下水受到污染时，应在风险评估时考虑地下水相关暴露途径。

## 6.3 计算敏感用地土壤和地下水暴露量

### 6.3.1 经口摄入土壤途径

敏感用地方式下，人群可因经口摄入土壤而暴露于污染土壤。对于单一污染物的致癌和非致癌效应，计算该途径对应土壤暴露量的推荐模型见附录 A 公式（A.1）和公式（A.2）。

#### 6.3.2 皮肤接触土壤途径

敏感用地方式下，人群可因皮肤接触土壤而暴露于污染土壤。对于单一污染物的致癌和非致癌效应，计算该途径对应土壤暴露量的推荐模型见附录 A 公式（A.3）、公式（A.4）、公式（A.5）和公式（A.6）。

#### 6.3.3 吸入土壤颗粒物途径

敏感用地方式下，人群可因吸入空气中来自土壤的颗粒物而暴露于污染土壤。对于单一污染物的致癌和非致癌效应，计算该途径对应土壤暴露量的推荐模型见附录 A 公式（A.7）和公式（A.8）。

#### 6.3.4 吸入室外空气中来自表层土壤的气态污染物途径

敏感用地方式下，人群可因吸入室外空气中来自表层土壤的气态污染物而暴露于污染土壤。对于单一污染物的致癌和非致癌效应，计算该途径对应土壤暴露量的推荐模型见附录 A 公式（A.9）和公式（A.10）。

#### 6.3.5 吸入室外空气中来自下层土壤的气态污染物途径

敏感用地方式下，人群可因吸入室外空气中来自下层土壤的气态污染物而暴露于污染土壤。对于单一污染物的致癌和非致癌效应，计算该途径对应土壤暴露量的推荐模型见附录 A 公式（A.11）和公式（A.12）。

#### 6.3.6 吸入室外空气中来自地下水的气态污染物途径

敏感用地方式下，人群可因吸入室外空气中来自地下水的气态污染物而暴露于受污染地下水。对于单一污染物的致癌和非致癌效应，计算该途径对应地下水暴露量的推荐模型见附录 A 公式（A.13）和公式（A.14）。

#### 6.3.7 吸入室内空气中来自下层土壤的气态污染物途径

敏感用地方式下，人群可因吸入室内空气中来自下层土壤的气态污染物而暴露于污染土壤。对于污染物的致癌和非致癌效应，计算该途径对应土壤暴露量的推荐模型见附录 A 公式（A.15）和公式（A.16）。

#### 6.3.8 吸入室内空气中来自地下水的气态污染物途径

敏感用地方式下，人群吸入室内空气中来自地下水的气态污染物而暴露于受污染地下水。对于污染物的致癌和非致癌效应，计算该途径对应地下水暴露量的推荐模型见附录 A 公式（A.17）和公式（A.18）。

#### 6.3.9 饮用地下水途径

敏感用地方式下，人群可因饮用地下水而暴露于场地地下水污染物。对于单一污染物的致癌和非致癌效应，计算该途径对应地下水暴露量的推荐计算模型见附录 A 公式（A.19）和公式（A.20）。

### 6.4 计算非敏感用地土壤和地下水暴露量

#### 6.4.1 经口摄入土壤途径

非敏感用地方式下，人群可因经口摄入土壤而暴露于污染土壤。对于污染物的致癌和非致癌效应，计算该途径对应土壤暴露量的推荐模型见附录 A 公式（A.21）和公式（A.22）。

#### 6.4.2 皮肤接触土壤途径

非敏感用地方式下，人群可因皮肤直接接触而暴露于污染土壤。对于污染物的致癌和非致癌效应，计算该途径对应土壤暴露量的推荐模型见附录 A 公式（A.23）和公式（A.24）。

#### 6.4.3 吸入土壤颗粒物途径

非敏感用地方式下，人群可因吸入空气中来自土壤的颗粒物而暴露于污染土壤。对于污染物的致癌和非致癌效应，计算该途径对应土壤暴露量的推荐模型见附录 A 公式（A.25）和公式（A.26）。

### 6.4.4　吸入室外空气中来自表层土壤的气态污染物途径

非敏感用地方式下，人群可因吸入室外空气中来自表层土壤的气态污染物而暴露于污染土壤。对于污染物的致癌和非致癌效应，计算该途径对应土壤暴露量的推荐模型见附录 A 公式（A.27）和公式（A.28）。

### 6.4.5　吸入室外空气中来自下层土壤的气态污染物途径

非敏感用地方式下，人群可因吸入室外空气中来自下层土壤的气态污染物而暴露于污染土壤。对于污染物的致癌和非致癌效应，计算该途径对应土壤暴露量的推荐模型见附录 A 公式（A.29）和公式（A.30）。

### 6.4.6　吸入室外空气中来自地下水的气态污染物途径

非敏感用地方式下，人群可因吸入室外空气中来自地下水的气态污染物而暴露于污染地下水。对于污染物的致癌和非致癌效应，计算该途径对应地下水暴露量的推荐模型见附录 A 公式（A.31）和公式（A.32）。

### 6.4.7　吸入室内空气中来自下层土壤的气态污染物途径

非敏感用地方式下，人群可因吸入室内空气中来自下层土壤的气态污染物而暴露于污染土壤。对于污染物的致癌和非致癌效应，计算该途径对应土壤暴露量的推荐模型见附录 A 公式（A.33）和公式（A.34）。

### 6.4.8　吸入室内空气中来自地下水的气态污染物途径

非敏感用地方式下，人群可因吸入室内空气中来自地下水的气态污染物而暴露于污染地下水。对于污染物的致癌和非致癌效应，计算该途径对应地下水暴露量的推荐模型见附录 A 公式（A.35）和公式（A.36）。

### 6.4.9　饮用地下水途径

非敏感用地方式下，人群可因饮用地下水而暴露于地下水污染物。对于单一污染物的致癌和非致癌效应，计算该途径对应地下水暴露量的推荐模型见附录 A 公式（A.37）和公式（A.38）。

## 7　毒性评估技术要求

### 7.1　分析污染物毒性效应

分析污染物经不同途径对人体健康的危害效应，包括致癌效应、非致癌效应、污染物对人体健康的危害机理和剂量-效应关系等。

### 7.2　确定污染物相关参数

7.2.1　致癌效应毒性参数

致癌效应毒性参数包括呼吸吸入单位致癌因子（IUR）、呼吸吸入致癌斜率因子（$SF_i$）、经口摄入致癌斜率因子（$SF_o$）和皮肤接触致癌斜率因子（$SF_d$）。部分污染物的致癌效应毒性参数的推荐值见附录 B 表 B.1。

呼吸吸入致癌斜率因子（$SF_i$）根据附录 B 表 B.1 中的呼吸吸入单位致癌因子（IUR）外推获得；皮肤接触致癌斜率系数（$SF_d$）根据附录 B 表 B.1 中的经口摄入致癌斜率系数（$SF_o$）外推获得。用于外推 $SF_i$ 和 $SF_d$ 的推荐模型分别见附录 B 公式（B.1）和公式（B.3）。

7.2.2　非致癌效应毒性参数

非致癌效应毒性参数包括呼吸吸入参考浓度（RfC）、呼吸吸入参考剂量（$RfD_i$）、经口摄入参考剂量（RfD$_o$）和皮肤接触参考剂量（RfD$_d$）。部分污染物的非致癌效应毒性参数推荐值见附录 B 表 B.1。

呼吸吸入参考剂量（RfD$_i$）根据表 B.1 中的呼吸吸入参考浓度（RfC）外推得到。皮肤接触参考剂量（RfD$_d$）根据表 B.1 中的经口摄入参考剂量（RfD$_o$）外推获得。用于外推 RfD$_i$ 和 RfD$_d$ 的推荐模型分别见附录 B 公式（B.2）和公式（B.4）。

### 7.2.3　污染物的理化性质参数

风险评估所需的污染物理化性质参数包括无量纲亨利常数（H'）、空气中扩散系数（D$_a$）、水中扩散系数（D$_w$）、土壤-有机碳分配系数（K$_{oc}$）、水中溶解度（S）。部分污染物的理化性质参数的推荐值见附录 B 表 B.2。

### 7.2.4　污染物其他相关参数

其他相关参数包括消化道吸收因子（ABS$_{gi}$）、皮肤吸收因子（ABS$_d$）和经口摄入吸收因子（ABS$_o$）。部分污染物消化道吸收因子（ABS$_{gi}$）、皮肤吸收因子（ABS$_d$）的推荐参数值见附录 B 表 B.1，经口摄入吸收因子（ABS$_o$）推荐参数值见附录 G 表 G.1。

## 8　风险表征技术要求

### 8.1　一般性技术要求

8.1.1　应根据每个采样点样品中关注污染物的检测数据，通过计算污染物的致癌风险和危害商进行风险表征。如某一地块内关注污染物的检测数据呈正态分布，可根据检测数据的平均值、平均值置信区间上限值或最大值计算致癌风险和危害商。

8.1.2　风险表征得到的场地污染物的致癌风险和危害商，可作为确定场地污染范围的重要依据。计算得到单一污染物的致癌风险值超过 $10^{-6}$ 或危害商超过 1 的采样点，其代表的场地区域应划定为风险不可接受的污染区域。

### 8.2　计算场地土壤和地下水污染风险

#### 8.2.1　土壤中单一污染物致癌风险

对于单一污染物，计算经口摄入土壤、皮肤接触土壤、吸入土壤颗粒物、吸入室外空气中来自表层土壤的气态污染物、吸入室外空气中来自下层土壤的气态污染物、吸入室内空气中来自下层土壤的气态污染物暴露途径致癌风险的推荐模型，分别见附录 C 公式（C.1）、（C.2）、（C.3）、（C.4）、（C.5）和（C.6）。计算土壤中单一污染物经上述 6 种暴露途径致癌风险的推荐模型，见附录 C 公式（C.7）。

#### 8.2.2　土壤中单一污染物危害商

对于单一污染物，计算经口摄入土壤、皮肤接触土壤、吸入土壤颗粒物、吸入室外空气中来自表层土壤的气态污染物、吸入室外空气中来自下层土壤的气态污染物、吸入室内空气中来自下层土壤的气态污染物暴露途径危害商的推荐模型，分别见附录 C 公式（C.8）、（C.9）、（C.10）、（C.11）、（C.12）和（C.13）。计算土壤中单一污染物经上述 6 种途径危害指数的推荐模型，见附录 C 公式（C.14）计算。

#### 8.2.3　地下水中单一污染物致癌风险

对于单一污染物，计算吸入室外空气中来自地下水的气态污染物、吸入室内空气中来自地下水的气态污染物、饮用地下水暴露途径致癌风险的推荐模型，分别见附录 C 公式（C.15）、（C.16）、（C.17）。计算地下水中单一污染物经上述 3 种暴露途径致癌风险的推荐模型见附录 C 公式（C.18）。

#### 8.2.4　地下水中单一污染物危害商

对于单一污染物，计算吸入室外空气中来自地下水的气态污染物、吸入室内空气中来自地下水的气态污染物、饮用地下水暴露途径危害商的推荐模型，分别见附录 C 公式（C.19）、（C.20）和（C.21）。

计算地下水中单一污染物经上述 3 种暴露途径危害指数的推荐模型见附录 C 公式（C.22）。

### 8.3 不确定性分析

8.3.1 应分析造成污染场地风险评估结果不确定性的主要来源，包括暴露情景假设、评估模型的适用性、模型参数取值等多个方面。

8.3.2 暴露风险贡献率分析

单一污染物经不同暴露途径的致癌风险和危害商贡献率分析推荐模型，分别见附录 D 公式（D.1）和公式（D.2）。

根据上述公式计算获得的百分比越大，表示特定暴露途径对于总风险的贡献率越高。

8.3.3 模型参数敏感性分析

8.3.3.1 敏感参数确定原则

选定需要进行敏感性分析的参数（P）一般应是对风险计算结果影响较大的参数，如人群相关参数（体重、暴露期、暴露频率等）、与暴露途径相关的参数（每日摄入土壤量、皮肤表面土壤黏附系数、每日吸入空气体积、室内空间体积与蒸气入渗面积比等）。

单一暴露途径风险贡献率超过 20%时，应进行人群和与该途径相关参数的敏感性分析。

8.3.3.2 敏感性分析方法

模型参数的敏感性可用敏感性比值来表示，即模型参数值的变化（从 P1 变化到 P2）与致癌风险或危害商（从 X1 变化到 X2）发生变化的比值。计算敏感性比值的推荐模型见附录 D 公式（D.3）。

敏感性比值越大，表示该参数对风险的影响也越大。进行模型参数敏感性分析，应综合考虑参数的实际取值范围确定参数值的变化范围。

## 9 计算风险控制值的技术要求

### 9.1 可接受致癌风险和危害商

本标准计算基于致癌效应的土壤和地下水风险控制值时，采用的单一污染物可接受致癌风险为 $10^{-6}$；计算基于非致癌效应的土壤和地下水风险控制值时，采用的单一污染物可接受危害商为 1。

### 9.2 计算场地土壤和地下水风险控制值

9.2.1 基于致癌效应的土壤风险控制值

对于单一污染物，计算基于经口摄入土壤、皮肤接触土壤、吸入土壤颗粒物、吸入室外空气中来自表层土壤的气态污染物、吸入室外空气中来自下层土壤的气态污染物、吸入室内空气中来自下层土壤的气态污染物暴露途径致癌效应的土壤风险控制值的推荐模型，分别见附录 E 公式（E.1）、（E.2）、（E.3）、（E.4）、（E.5）和（E.6）。计算单一污染物基于上述 6 种土壤暴露途径致癌效应的土壤风险控制值的推荐模型，见附录 E 公式（E.7）。

9.2.2 基于非致癌效应的土壤风险控制值

对于单一污染物，计算基于经口摄入土壤、皮肤接触土壤、吸入土壤颗粒物、吸入室外空气中来自表层土壤的气态污染物、吸入室外空气中来自下层土壤的气态污染物、吸入室内空气中来自下层土壤的气态污染物暴露途径非致癌效应的土壤风险控制值的推荐模型，分别见附录 E 公式（E.8）、（E.9）、（E.10）、（E.11）、（E.12）和（E.13）。计算单一污染物基于上述 6 种土壤暴露途径非致癌效应的土壤风险控制值的推荐模型，见附录 E 公式（E.14）。

9.2.3 保护地下水的土壤风险控制值

污染场地地下水作为饮用水源时，应计算保护地下水的土壤风险控制值。对于单一污染物，依据《地下水质量标准》（GB/T 14848）计算保护地下水的土壤风险控制值的推荐模型见附录 E 公式

（E.15）。

**9.2.4 基于致癌效应的地下水风险控制值**

对于单一污染物，计算基于吸入室外空气中来自地下水的气态污染物、吸入室内空气中来自地下水的气态污染物、饮用地下水暴露途径致癌效应的地下水风险控制值的推荐模型，分别见附录 E 公式（E.16）、（E.17）和（E.18）。计算单一污染物基于上述 3 种地下水暴露途径致癌效应的地下水风险控制值的推荐模型见附录 E 公式（E.19）。

**9.2.5 基于非致癌效应的地下水风险控制值**

对于单一污染物，计算基于吸入室外空气中来自地下水的气态污染物、吸入室内空气中来自地下水的气态污染物、饮用地下水暴露途径非致癌效应的地下水风险控制值的推荐模型，分别见附录 E 公式（E.20）、（E.21）和（E.22）。计算单一污染物基于上述 3 种地下水暴露途径非致癌效应的地下水风险控制值的推荐模型见附录 E 公式（E.23）。

**9.3 分析确定土壤和地下水风险控制值**

9.3.1 比较上述计算得到的基于致癌效应和基于非致癌效应的土壤风险控制值，以及基于致癌效应和基于非致癌风险的地下水风险控制值，选择较小值作为污染场地的风险控制值。如场地及周边地下水作为饮用水源，则应充分考虑到对地下水的保护，提出保护地下水的土壤风险控制值。

9.3.2 按照 HJ 25.4 确定污染场地土壤和地下水修复目标值时，应将基于风险评估模型计算出的土壤和地下水风险控制值作为主要参考值。

# 中华人民共和国国家环境保护标准

### HJ 25.2—2014
代替 HJ/T 25—1999

## 场地环境监测技术导则

## Technical guidelines for environmental site monitoring

## （发布稿）

本电子版为发布稿。请以中国环境科学出版社出版的正式标准文本为准。

2014-02-19 发布　　　　　　　　　　2014-07-01 实施

## 环 境 保 护 部 发 布

# 前　言

为贯彻《中华人民共和国环境保护法》，保护生态环境，保障人体健康，加强污染场地环境监督管理，规范场地环境监测，制定本标准。

本标准与以下标准同属污染场地系列环境保护标准：

《场地环境调查技术导则》（HJ 25.1—2014）；

《污染场地风险评估技术导则》（HJ 25.3—2014）；

《污染场地土壤修复技术导则》（HJ 25.4—2014）。

自以上标准实施之日起，《工业企业土壤环境质量风险评价基准》（HJ/T 25—1999）废止。

本标准规定了场地环境监测的原则、程序、工作内容和技术要求。

本标准由环境保护部科技标准司组织制订。

本标准主要起草单位：沈阳环境科学研究院、环境保护部环境标准研究所、轻工业环境保护研究所、环境保护部南京环境科学研究所、上海市环境科学研究院。

本标准环境保护部 2014 年 2 月 19 日批准。

本标准自 2014 年 7 月 1 日起实施。

本标准由环境保护部解释。

# 场地环境监测技术导则

## 1 适用范围

本标准规定了场地环境监测的原则、程序、工作内容和技术要求。

本标准适用于场地环境调查、风险评估,以及污染场地土壤修复工程环境监理、工程验收、回顾性评估等过程的环境监测。

本标准不适用于场地的放射性及致病性生物污染监测。

## 2 规范性引用文件

本标准内容引用了下列文件中的条款。凡是不注明日期的引用文件,其有效版本适用于本标准。

| | |
|---|---|
| GB 3095 | 环境空气质量标准 |
| GB 5085 | 危险废物鉴别标准 |
| GB 14554 | 恶臭污染物排放标准 |
| GB 50021 | 岩土工程勘查规范 |
| HJ/T 20 | 工业固体废物采样制样技术规范 |
| HJ/T 91 | 地表水和污水监测技术规范 |
| HJ/T 164 | 地下水环境监测技术规范 |
| HJ/T 166 | 土壤环境监测技术规范 |
| HJ/T 194 | 环境空气质量手工监测技术规范 |
| HJ/T 298 | 危险废物鉴别技术规范 |
| HJ 493 | 水质样品的保存和管理技术规定 |
| HJ 25.1 | 场地环境调查技术导则 |
| HJ 25.3 | 污染场地风险评估技术导则 |
| HJ 25.4 | 污染场地土壤修复技术导则 |

## 3 术语和定义

下列术语和定义适用于本标准。

### 3.1 场地 site

某一地块范围内的土壤、地下水、地表水及地块内所有构筑物、设施和生物的总和。

### 3.2 污染场地 contaminated site

对潜在污染场地进行调查和风险评估后,确认污染危害超过人体健康或生态环境可接受风险水平的场地,又称污染地块。

### 3.3 关注污染物 contaminant of concern

根据场地污染特征和场地利益相关方意见,确定需要进行调查和风险评估的污染物。

### 3.4 土壤混合样 soil mixture sample

指表层或同层土壤经混合均匀后的土壤样品,组成混合样的采样点数应为 5~20 个。

## 4 基本原则、工作内容及工作程序

### 4.1 基本原则

#### 4.1.1 针对性原则

污染场地环境监测应针对环境调查与风险评估、治理修复、工程验收及回顾性评估等各阶段环境管理的目的和要求开展，确保监测结果的代表性、准确性和时效性，为场地环境管理提供依据。

#### 4.1.2 规范性原则

以程序化和系统化的方式规范污染场地环境监测应遵循的基本原则、工作程序和工作方法，保证污染场地环境监测的科学性和客观性。

#### 4.1.3 可行性原则

在满足污染场地环境调查与风险评估、治理修复、工程验收及回顾性评估等各阶段监测要求的条件下，综合考虑监测成本、技术应用水平等方面因素，保证监测工作切实可行及后续工作的顺利开展。

### 4.2 工作内容

#### 4.2.1 场地环境调查监测

场地环境调查和风险评估过程中的环境监测，主要工作是采用监测手段识别土壤、地下水、地表水、环境空气、残余废弃物中的关注污染物及水文地质特征，并全面分析、确定场地的污染物种类、污染程度和污染范围。

#### 4.2.2 污染场地治理修复监测

污染场地治理修复过程中的环境监测，主要工作是针对各项治理修复技术措施的实施效果所开展的相关监测，包括治理修复过程中涉及环境保护的工程质量监测和二次污染物排放的监测。

#### 4.2.3 污染场地修复工程验收监测

对污染场地治理修复工程完成后的环境监测，主要工作是考核和评价治理修复后的场地是否达到已确定的修复目标及工程设计所提出的相关要求。

#### 4.2.4 污染场地回顾性评估监测

污染场地经过治理修复工程验收后，在特定的时间范围内，为评价治理修复后场地对地下水、地表水及环境空气的环境影响所进行的环境监测，同时也包括针对场地长期原位治理修复工程措施的效果开展验证性的环境监测。

### 4.3 工作程序

污染场地环境监测的工作程序主要包括监测内容确定、监测计划制定、监测实施及监测报告编制。监测内容确定是监测启动后按照 4.2 中的要求确定具体工作内容；监测计划制定包括资料收集分析，确定监测范围、监测介质、监测项目及监测工作组织等过程；监测实施包括监测点位布设、样品采集及样品分析等过程。

## 5 监测计划制定

### 5.1 资料收集分析

根据场地环境调查结论，同时考虑污染场地治理修复监测、工程验收监测、回顾性评估监测各阶段的目的和要求，确定各阶段监测工作应收集的污染场地信息，主要包括场地环境调查阶段所获得的信息和各阶段监测补充收集的信息。

### 5.2 监测范围

5.2.1 场地环境调查监测范围为前期环境调查初步确定的场地边界范围。

5.2.2 污染场地治理修复监测范围应包括治理修复工程设计中确定的场地修复范围，以及治理修复中废水、废气及废渣影响的区域范围。

5.2.3 污染场地修复工程验收监测范围应与污染场地治理修复的范围一致。

5.2.4 污染场地回顾性评估监测范围应包括可能对地下水、地表水及环境空气产生环境影响的范围，以及场地长期治理修复工程可能影响的区域范围。

## 5.3 监测对象

监测对象主要为土壤，必要时也应包括地下水、地表水及环境空气等。

5.3.1 土壤

土壤包括场地内的表层土壤和深层土壤，表层土壤和深层土壤的具体深度划分应根据场地环境调查结论确定。场地中存在的硬化层或回填层一般可作为表层土壤。

5.3.2 地下水

地下水主要为场地边界内的地下水或经场地地下径流到下游汇集区的浅层地下水。在污染较重且地质结构有利于污染物向深层土壤迁移的区域，则对深层地下水进行监测。

5.3.3 地表水

地表水主要为场地边界内流经或汇集的地表水，对于污染较重的场地也应考虑流经场地地表水的下游汇集区。

5.3.4 环境空气

环境空气是指场地污染区域中心的空气和场地下风向主要环境敏感点的空气。

5.3.5 残余废弃物

场地环境调查的监测对象中还应考虑场地残余废弃物，主要包括场地内遗留的生产原料、工业废渣，废弃化学品及其污染物，残留在废弃设施、容器及管道内的固态、半固态及液态物质，其他与当地土壤特征有明显区别的固态物质。

5.3.6 场地治理修复监测的对象还应包括治理修复过程中排放的物质，如废气、废水及废渣等。

## 5.4 监测项目

5.4.1 场地环境调查监测项目

5.4.1.1 场地环境调查初步采样监测项目应根据前期环境调查阶段性结论与本阶段工作计划确定，具体按照 HJ 25.1 相关要求确定。可能涉及的危险废物监测项目应参照 GB 5085 中相关指标确定。

5.4.1.2 场地环境调查详细采样监测项目包括环境调查确定的场地特征污染物和场地特征参数，应根据 HJ 25.1 相关要求确定。

5.4.2 污染场地治理修复、工程验收及回顾性评估监测项目

5.4.2.1 土壤的监测项目为风险评估确定的需治理修复的各项指标。地下水、地表水及环境空气的监测项目应根据治理修复的技术要求确定。

5.4.2.2 监测项目还应考虑污染场地治理修复过程中可能产生的污染物，具体应根据场地治理修复工艺技术要求确定，可参见 HJ 25.4 中相关要求。

## 5.5 监测工作的组织

5.5.1 监测工作的分工

监测工作的分工一般包括信息收集整理、监测计划编制、监测点位布设、样品采集及现场分析、样品实验室分析、数据处理、监测报告编制等。承担单位应根据监测任务组织好单位内部及合作单位间的责任分工。

5.5.2  监测工作的准备

监测工作的准备一般包括人员分工、信息的收集整理、工作计划编制、个人防护准备、现场踏勘、采样设备和容器及分析仪器准备等。

5.5.3  监测工作的实施

监测工作的实施主要包括监测点位布设、样品采集、样品分析，以及后续的数据处理和报告编制。一般情况下，监测工作实施的核心是布点采样，因此应及时落实现场布点采样的相关工作条件。在样品的采集、制备、运输及分析过程中，应采取必要的技术和管理措施，保证监测人员的安全防护。

# 6  监测点位布设

## 6.1  监测点位布设方法

### 6.1.1  土壤监测点位布设方法

根据场地环境调查相关结论确定的地理位置、场地边界及各阶段工作要求，确定布点范围。在所在区域地图或规划图中标注出准确地理位置，绘制场地边界，并对场界角点进行准确定位。污染场地土壤环境监测常用的监测点位布设方法包括系统随机布点法、系统布点法及分区布点法等，参见图1。

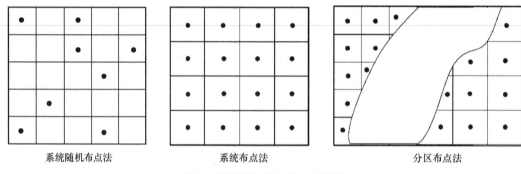

| 系统随机布点法 | 系统布点法 | 分区布点法 |

**图1  监测点位布设方法示意图**

6.1.1.1  对于场地内土壤特征相近、土地使用功能相同的区域，可采用系统随机布点法进行监测点位的布设。

  1）系统随机布点法是将监测区域分成面积相等的若干地块，从中随机（随机数的获得可以利用掷骰子、抽签、查随机数表的方法）抽取一定数量的地块，在每个地块内布设一个监测点位。

  2）抽取的样本数要根据场地面积、监测目的及场地使用状况确定。

6.1.1.2  如场地土壤污染特征不明确或场地原始状况严重破坏，可采用系统布点法进行监测点位布设。系统布点法是将监测区域分成面积相等的若干地块，每个地块内布设一个监测点位。

6.1.1.3  对于场地内土地使用功能不同及污染特征明显差异的场地，可采用分区布点法进行监测点位的布设。

  1）分区布点法是将场地划分成不同的小区，再根据小区的面积或污染特征确定布点的方法。

  2）场地内土地使用功能的划分一般分为生产区、办公区、生活区。原则上生产区的地块划分应以构筑物或生产工艺为单元，包括各生产车间、原料及产品储库、废水处理及废渣贮存场、场内物料流通道路、地下贮存构筑物及管线等。办公区包括办公建筑、广场、道路、绿地等，生活区包括食堂、宿舍及公用建筑等。

  3）对于土地使用功能相近、单元面积较小的生产区也可将几个单元合并成一个监测地块。

**6.1.1.4 土壤对照监测点位的布设方法**

1) 一般情况下,应在场地外部区域设置土壤对照监测点位。

2) 对照监测点位可选取在场地外部区域的四个垂直轴向上,每个方向上等间距布设 3 个采样点,分别进行采样分析。如因地形地貌、土地利用方式、污染物扩散迁移特征等因素致使土壤特征有明显差别或采样条件受到限制时,监测点位可根据实际情况进行调整。

3) 对照监测点位应尽量选择在一定时间内未经外界扰动的裸露土壤,应采集表层土壤样品,采样深度尽可能与场地表层土壤采样深度相同。如有必要也应采集深层土壤样品。

**6.1.2 地下水监测点位布设方法**

场地内如有地下水,应在疑似污染严重的区域布点,同时考虑在场地内地下水径流的下游布点。如需要通过地下水的监测了解场地的污染特征,则在一定距离内的地下水径流下游汇水区内布点。

**6.1.3 地表水监测点位布设方法**

如果场地内有流经的或汇集的地表水,则在疑似污染严重区域的地表水布点,同时考虑在地表水径流的下游布点。

**6.1.4 环境空气监测点位布设方法**

在场地中心和场地当时下风向主要环境敏感点布点。对于场地中存在的生产车间、原料或废渣贮存场等污染比较集中的区域,应在这些区域内布点;对于有机污染、恶臭污染、汞污染等类型场地,应在疑似污染较重的区域布点。

**6.1.5 场地内残余废弃物监测点位布设方法**

在疑似为危险废物的残余废弃物及与当地土壤特征有明显区别的可疑物质所在区域进行布点。

**6.2 场地环境调查监测点位的布设**

**6.2.1 土壤监测点位的布设**

**6.2.1.1 场地环境调查初步采样监测点位的布设**

1) 可根据原场地使用功能和污染特征,选择可能污染较重的若干地块,作为土壤污染物识别的监测地块。原则上监测点位应选择地块的中央或有明显污染的部位,如生产车间、污水管线、废弃物堆放处等。

2) 对于污染较均匀的场地(包括污染物种类和污染程度)和地貌严重破坏的场地(包括拆迁性破坏、历史变更性破坏),可根据场地的形状采用系统随机布点法,在每个地块的中心采样。

3) 监测点位的数量与采样深度应根据场地面积、污染类型及不同使用功能区域等调查结论确定。

4) 对于每个监测地块,表层土壤和深层土壤垂直方向层次的划分应综合考虑污染物迁移情况、构筑物及管线破损情况、土壤特征等因素确定。采样深度应扣除地表非土壤硬化层厚度,原则上建议 3 m 以内深层土壤的采样间隔为 0.5 m,3 m ~ 6 m 采样间隔为 1 m,6 m 至地下水采样间隔为 2 m,具体间隔可根据实际情况适当调整。

5) 一般情况下,应根据场地环境调查结论及现场情况确定深层土壤的采样深度,最大深度应直至未受污染的深度为止。

**6.2.1.2 场地环境调查详细采样监测点位的布设**

1) 对于污染较均匀的场地(包括污染物种类和污染程度)和地貌严重破坏的场地(包括拆迁性破坏、历史变更性破坏),可采用系统布点法划分监测地块,在每个地块的中心采样。

2) 如场地不同区域的使用功能或污染特征存在明显差异,则可根据环境调查获得的原使用功能和污染特征等信息,采用分区布点法划分监测地块,在每个地块的中心采样。

3) 单个监测地块的面积可根据实际情况确定,原则上不应超过 1600 m$^2$。对于面积较小的场地,应不少于 5 个监测地块。采样深度应至环境调查初步采样监测确定的最大深度，深度间隔参见 6.2.1.1 中相关要求。

4）如需采集土壤混合样，可根据每个监测地块的污染程度和地块面积，将其分成 1～9 个均等面积的网格，在每个网格中心进行采样，将同层的土样制成混合样（挥发性有机物污染的场地除外）。

### 6.2.2 地下水监测点位的布设

1）对于地下水流向及地下水位，可结合环境调查结论间隔一定距离按三角形或四边形至少布置 3～4 个点位监测判断。

2）地下水监测点位应沿地下水流向布设，可在地下水流向上游、地下水可能污染较严重区域和地下水流向下游分别布设监测点位。确定地下水污染程度和污染范围时，应参照详细监测阶段土壤的监测点位，根据实际情况确定，并在污染较重区域加密布点。

3）应根据监测目的、所处含水层类型及其埋深和相对厚度来确定监测井的深度，且不穿透浅层地下水底板。地下水监测目的层与其他含水层之间要有良好止水性。

4）一般情况下采样深度应在监测井水面下 0.5 m 以下。对于低密度非水溶性有机物污染，监测点位应设置在含水层顶部；对于高密度非水溶性有机物污染，监测点位应设置在含水层底部和不透水层顶部。

5）一般情况下，应在地下水流向上游的一定距离设置对照监测井。

6）如场地面积较大，地下水污染较重，且地下水较丰富，可在场地内地下水径流的上游和下游各增加 1～2 个监测井。

7）如果场地内没有符合要求的浅层地下水监测井，则可根据调查结论在地下水径流的下游布设监测井。

8）如果场地地下岩石层较浅，没有浅层地下水富集，则在径流的下游方向可能的地下蓄水处布设监测井。

9）若前期监测的浅层地下水污染非常严重，且存在深层地下水时，可在做好分层止水条件下增加一口深井至深层地下水，以评价深层地下水的污染情况。

### 6.2.3 地表水监测点位的布设

1）考察污染场地的地表径流对地表水的影响时，可分别在降雨期和非降雨期进行采样。如需反映场地污染源对地表水的影响，可根据地表水流量分别在枯水期、丰水期和平水期进行采样。

2）在监测污染物浓度的同时，还应监测地表水的径流量，以判定污染物向地表水的迁移量。

3）如有必要可在地表水上游一定距离布设对照监测点位。

4）具体监测点位布设要求参照 HJ/T 91。

### 6.2.4 环境空气监测点位的布设

1）如需确定场地内环境空气污染水平，可根据实际情况在场地疑似污染区域中心、当时下风向场地边界及边界外 500 m 内的主要环境敏感点分别布设监测点位，监测点位距地面 1.5～2.0 m。

2）一般情况下，应同时在污染场地的上风向设置对照监测点位。

3）对于有机污染、汞污染等类型场地，尤其是挥发性有机污染场地，如有需要可选择污染最重的地块中心部位，剥离地表 0.2 m 的表层土壤后进行环境空气采样监测。

### 6.2.5 场地残余废弃物监测点位的布设

1）场地环境调查初步采样监测阶段，应根据前期调查结果对可能为危险废物的残余废弃物直接采样。

2）场地环境调查详细采样监测阶段，对已确定为危险废物的应按照 HJ/T 298 相关要求布点采样；对可疑的残余物进行系统布点采样时，应将每一种特征相同或相似的残余物划分成数量相等的若干份，对每一份进行采样，以确定残余废弃物的数量及空间分布。

### 6.3 污染场地治理修复监测点位的布设

#### 6.3.1 场地残余危险废物和具有危险废物特征土壤清理效果的监测

6.3.1.1 在场地残余危险废物和具有危险废物特征土壤的清理作业结束后，应对清理界面的土壤进行布点采样。根据界面的特征和大小将其分成面积相等的若干地块，单块面积不应超过 100 m²。可在每个地块中均匀分布地采集 9 个表层土壤样品制成混合样（测定挥发性有机物项目的样品除外）。

6.3.1.2 如监测结果仍超过相应的治理目标值，应根据监测结果确定二次清理的边界，二次清理后再次进行监测，直至清理达到标准。

6.3.1.3 残余危险废物和具有危险废物特征土壤清理效果的监测结果可作为修复工程验收结果的组成部分。

#### 6.3.2 污染土壤清挖效果的监测

6.3.2.1 对完成污染土壤清挖后界面的监测，包括界面的四周侧面和底部。根据地块大小和污染的强度，应将四周的侧面等分成段，每段最大长度不应超过 40 m，在每段均匀采集 9 个表层土壤样品制成混合样（测定挥发性有机物项目的样品除外）；将底部均分成块，单块的最大面积不应超过 400 m²，在每个地块中均匀分布地采集 9 个表层土壤样品制成混合样（测定挥发性有机物项目的样品除外）。

6.3.2.2 对于超标区域根据监测结果确定二次清挖的边界，二次清挖后再次进行监测，直至达到相应要求。

6.3.2.3 污染土壤清挖效果的监测可作为修复工程验收结果的组成部分。

#### 6.3.3 污染土壤治理修复的监测

6.3.3.1 治理修复过程中的监测点位或监测频率，应根据工程设计中规定的原位治理修复工艺技术要求确定，每个样品代表的土壤体积应不超过 500 m³。

6.3.3.2 应对治理修复过程中可能排放的物质进行布点监测，如治理修复过程中设置废水、废气排放口则应在排放口布设监测点位。

6.3.4 治理修复过程中，如需对地下水、地表水和环境空气进行监测，监测点位应按照工程环境影响评价或修复工程设计的要求布设。

### 6.4 污染场地修复工程验收监测点位的布设

6.4.1 对治理修复后的场地土壤进行验收监测时，一般应采用系统布点法布设监测点位，原则上每个监测地块面积不应超过 1600 m²，也可参照环境调查详细采样监测阶段的监测点位布设。

6.4.2 对原位治理修复工程措施（如隔离、防迁移扩散等）效果的监测，应依据工程设计相关要求进行监测点位的布设。

6.4.3 对原地异位治理修复工程措施效果的监测，处理后土壤应布设一定数量监测点位，每个样品代表的土壤体积应不超过 500 m³。

6.4.4 工程验收监测过程中，如发现未达到治理修复目标的地块，则应在二次治理修复后再次进行工程验收监测。

6.4.5 对地下水、地表水和环境空气进行监测，监测点位分别与 6.2.2、6.2.3、6.2.4 的监测点位相同，可考虑原位修复工程的相关要求适当增设监测点位。

6.4.6 对地下水进行验收监测，可利用场地环境调查、评价和修复过程建设的监测井，但原监测井数量不应超过验收时监测井总数的 60%，新增监测井位置布设在地下水污染最严重区域。

### 6.5 污染场地回顾性评估监测点位的布设

6.5.1 对土壤进行定期回顾性评估监测，应综合考虑环境调查详细采样监测、治理修复监测及工程验收监测中相关点位进行监测点位布设。

6.5.2 对地下水、地表水及环境空气进行定期监测，监测点位可参照 6.2.2、6.2.3、6.2.4 监测点位布设方法。

6.5.3 对原位治理修复工程措施（如隔离、防迁移扩散等）效果的监测，应针对工程设计的相关要求进行监测点位的布设。

6.5.4 长期治理修复工程可能影响的区域范围也应布设一定数量的监测点位。

# 7 样品采集

## 7.1 土壤样品的采集

7.1.1 表层土壤样品的采集

7.1.1.1 表层土壤样品的采集一般采用挖掘方式进行，一般采用锹、铲及竹片等简单工具，也可进行钻孔取样。

7.1.1.2 土壤采样的基本要求为尽量减少土壤扰动，保证土壤样品在采样过程不被二次污染。

7.1.2 深层土壤样品的采集

7.1.2.1 深层土壤的采集以钻孔取样为主，也可采用槽探的方式进行采样。

7.1.2.2 钻孔取样可采用人工或机械钻孔后取样。手工钻探采样的设备包括螺纹钻、管钻、管式采样器等。机械钻探包括实心螺旋钻、中空螺旋钻、套管钻等。

7.1.2.3 槽探一般靠人工或机械挖掘采样槽，然后用采样铲或采样刀进行采样。槽探的断面呈长条形，根据场地类型和采样数量设置一定的断面宽度。槽探取样可通过锤击敞口取土器取样和人工刻切块状土取样。

7.1.3 原位治理修复工程措施处理土壤样品的采集

对原位治理修复工程措施效果（如客土、隔离、防迁移扩散等）的监测采样，应根据工程设计提出的要求进行。

7.1.4 挥发性有机物污染、易分解有机物污染、恶臭污染土壤的采样，应采用无扰动式的采样方法和工具。钻孔取样可采用快速击入法、快速压入法及回转法，主要工具包括土壤原状取土器和回转取土器。槽探可采用人工刻切块状土取样。采样后立即将样品装入密封的容器，以减少暴露时间。

7.1.5 如需采集土壤混合样时，将等量各点采集的土壤样品充分混拌后四分法取得到土壤混合样。易挥发、易分解及含恶臭的样品必须进行单独采样，禁止对样品进行均质化处理，不得采集混合样。

7.1.6 土壤样品的保存与流转

7.1.6.1 挥发性有机物污染的土壤样品和恶臭污染土壤的样品应采用密封性的采样瓶封装，样品应充满容器整个空间；含易分解有机物的待测定样品，可采取适当的封闭措施（如甲醇或水液封等方式保存于采样瓶中）。样品应置于 4 ℃以下的低温环境（如冰箱）中运输、保存，避免运输、保存过程中的挥发损失，送至实验室后应尽快分析测试。

7.1.6.2 挥发性有机物浓度较高的样品装瓶后应密封在塑料袋中，避免交叉污染，应通过运输空白样来控制运输和保存过程中交叉污染情况。

7.1.6.3 具体土壤样品的保存与流转应按照 HJ/T 166 的要求进行。

## 7.2 地下水样品的采集

7.2.1 地下水采样时应依据场地的水文地质条件，结合调查获取的污染源及污染土壤特征，应利用最低的采样频次获得最有代表性的样品。

7.2.2 监测井可采用空心钻杆螺纹钻、直接旋转钻、直接空气旋转钻、钢丝绳套管直接旋转钻、双壁反循环钻等进行钻井。

7.2.3 设置监测井时，应避免采用外来的水及流体，同时在地面井口处采取防渗措施。

7.2.4 监测井的井管材料应有一定强度，耐腐蚀，对地下水无污染。

7.2.5 低密度非水溶性有机物样品应用可调节采样深度的采样器采集，对于高密度非水溶性有机物样品可以应用可调节采样深度的采样器或潜水式采样器采集。

7.2.6 在监测井建设完成后必须进行洗井。所有的污染物或钻井产生的岩层破坏以及来自天然岩层的细小颗粒都必须去除，以保证流出的地下水中没有颗粒。常见的方法包括超量抽水、反冲、汲取及气洗等。

7.2.7 地下水采样应在洗井后两小时进行为宜。测试项目中有挥发性有机物时，应适当减缓流速，避免冲击产生气泡，一般不超过 0.1 L/min。

7.2.8 地下水采样的对照样品应与目标样品来自相同含水层的同一深度。

7.2.9 具体地下水样品的采集、保存与流转应按照 HJ/T 164 的要求进行。

### 7.3 地表水样品的采集

7.3.1 采集地表水样品时，应避免搅动水底沉积物。

7.3.2 为反映地表水与地下水的水力联系，地表水的采样频次与采样时间应尽量与地下水采样保持一致。

7.3.3 地表水样品的采集、保存与流转具体应按照 HJ/T 91、HJ 493 的要求进行。

### 7.4 环境空气样品的采集

7.4.1 对于 6.2.4 中 3）的环境空气样品采样，可根据分析仪器的检出限，设置具有一定体积并装有抽气孔的封闭仓（采样时扣置在已剥离表层土壤的场地地面，四周用土封闭以保持封闭仓的密闭性），封闭 12 h 后进行气体样品采集。

7.4.2 具体环境空气样品的采集、保存与流转应按照 HJ/T 194 的要求进行。

### 7.5 场地残余废弃物样品的采集

7.5.1 场地内残余的固态废弃物可选用尖头铁锹、钢锤、采样钻、取样铲等采样工具进行采样。

7.5.2 场地内残余的液态废弃物可选用采样勺、采样管、采样瓶、采样罐、搅拌器等工具进行采样。

7.5.3 场地内残余的半固态废弃污染物应根据废物流动性按照固态废弃物采样或液态废弃物的采样规定进行样品采集。

7.5.4 具体残余废弃物样品的采集、保存与流转应按照 HJ/T 20 及 HJ/T 298 的要求进行。

## 8 样品分析

### 8.1 现场样品分析

8.1.1 在现场样品分析过程中，可采用便携式分析仪器设备进行定性和半定量分析。

8.1.2 水样的温度须在现场进行分析测试，溶解氧、pH、电导率、色度、浊度等监测项目亦可在现场进行分析测试，并应保持监测时间一致性。

8.1.3 采用便携式仪器设备对挥发性有机物进行定性分析，可将污染土壤置于密闭容器中，稳定一定时间后测试容器中顶部的气体。

### 8.2 实验室样品分析

#### 8.2.1 土壤样品分析

土壤样品关注污染物的分析测试应参照 HJ/T 166 中的指定方法。土壤的常规理化特征土壤 pH、粒径分布、密度、孔隙度、有机质含量、渗透系数、阳离子交换量等的分析测试应按照 GB 50021 执行。污染土壤的危险废物特征鉴别分析，应按照 GB 5085 和 HJ/T 298 中的指定方法。

#### 8.2.2 其他样品分析

地下水样品、地表水样品、环境空气样品、残余废弃物样品的分析应分别按照 HJ/T 164、HJ/T 91、GB 3095、GB 14554、GB 5085 和 HJ/T 298 中的指定方法进行。

## 9 质量控制与质量保证

### 9.1 采样过程

在样品的采集、保存、运输、交接等过程应建立完整的管理程序。为避免采样设备及外部环境条件等因素对样品产生影响，应注重现场采样过程中的质量保证和质量控制。

9.1.1 应防止采样过程中的交叉污染。钻机采样过程中，在第一个钻孔开钻前要进行设备清洗；进行连续多次钻孔的钻探设备应进行清洗；同一钻机在不同深度采样时，应对钻探设备、取样装置进行清洗；与土壤接触的其他采样工具重复利用时也应清洗。一般情况下可用清水清理，也可用待采土样或清洁土壤进行清洗；必要时或特殊情况下，可采用无磷去垢剂溶液、高压自来水、去离子水（蒸馏水）或10% 硝酸进行清洗。

9.1.2 采集现场质量控制样是现场采样和实验室质量控制的重要手段。质量控制样一般包括平行样、空白样及运输样，质控样品的分析数据可从采样到样品运输、贮存和数据分析等不同阶段反映数据质量。

9.1.3 在采样过程中，同种采样介质，应采集至少一个样品采集平行样。样品采集平行样是从相同的点位收集并单独封装和分析的样品。

9.1.4 采集土壤样品用于分析挥发性有机物指标时，建议每次运输应采集至少一个运输空白样，即从实验室带到采样现场后，又返回实验室的与运输过程有关，并与分析无关的样品，以便了解运输途中是否受到污染和样品是否损失。

9.1.5 现场采样记录、现场监测记录可使用表格描述土壤特征、可疑物质或异常现象等，同时应保留现场相关影像记录，其内容、页码、编号要齐全便于核查，如有改动应注明修改人及时间。

### 9.2 样品分析及其他过程

土壤、地下水、地表水、环境空气、残余废弃物的样品分析及其他过程的质量控制与质量保证技术要求按照 HJ/T 166、HJ/T 164、HJ/T 91、HJ 493、HJ/T 194、HJ/T 20 中相关要求进行，对于特殊监测项目应按照相关标准要求在限定时间内进行监测。

## 10 监测报告编制

### 10.1 监测报告的主要内容

监测报告应包括但不限于以下内容：报告名称、任务来源、编制目的及依据、监测范围、污染源调查与分析、监测对象、监测项目、监测频次、布点原则与方法、监测点位图、采样与分析方法和时间、质量控制与质量保证、评价标准与方法、监测结果汇总表等。同时还应包括实验室名称、报告编号、报告每页和总页数，采样者，分析者，报告编制、复核、审核和签发者及时间等相关信息。

### 10.2 数据处理

监测数据的处理应参照 HJ/T 166、HJ/T 164、HJ/T 194、HJ/T 91、HJ/T 298 中的相关要求进行。

### 10.3 监测结果

监测结果可按照污染场地环境调查、治理修复、工程验收及回顾性评估等不同阶段的要求与相关标准的技术要求，进行监测数据的汇总分析。

# 中华人民共和国国家环境保护标准

HJ 25.4—2014

代替 HJ/T 25—1999

## 污染场地土壤修复技术导则

## Technical guidelines for site soil remediation

## （发布稿）

本电子版为发布稿。请以中国环境科学出版社出版的正式标准文本为准。

2014-02-19 发布　　　　　　　　　　2014-07-01 实施

# 环　境　保　护　部　发　布

# 前　言

　　根据《中华人民共和国环境保护法》，为保护生态环境，保障人体健康，加强污染场地环境监督管理，规范污染场地土壤修复技术方案编制，制定本标准。

　　本标准与以下标准同属污染场地系列环境保护标准：

　　《场地环境调查技术导则》（HJ 25. 1—2014）

　　《场地环境监测技术导则》（HJ 25. 2—2014）

　　《污染场地风险评估技术导则》（HJ 25. 3—2014）

　　自以上标准实施之日起，《工业企业土壤环境质量风险评价基准》（HJ/T 25—1999）废止。

　　本标准规定了污染场地土壤修复技术方案编制的基本原则、程序、内容和技术要求。

　　本标准由环境保护部科技标准司组织制订。

　　本标准主要起草单位：上海市环境科学研究院、环境保护部南京环境科学研究所、环境保护部环境标准研究所、轻工业环境保护研究所、沈阳环境科学研究院。

　　本标准环境保护部 2014 年 2 月 19 日批准。

　　本标准自 2014 年 7 月 1 日起实施。

　　本标准由环境保护部解释。

# 污染场地土壤修复技术导则

## 1 适用范围

本标准规定了污染场地土壤修复技术方案编制的基本原则、程序、内容和技术要求。

本标准适用于污染场地土壤修复技术方案的制定。地下水修复技术导则另行公布。

本标准不适用于放射性污染和致病性生物污染场地的土壤修复。

## 2 规范性引用文件

本标准内容引用了下列文件中的条款。凡是不注明日期的引用文件，其有效版本适用于本标准。

HJ 25.1　　　　场地环境调查技术导则

HJ 25.2　　　　场地环境监测技术导则

HJ 25.3　　　　污染场地风险评估技术导则

## 3 术语和定义

下列术语和定义适用于本标准。

### 3.1 场地 site

某一地块范围内的土壤、地下水、地表水以及地块内所有构筑物、设施和生物的总和。

### 3.2 污染场地 contaminated site

对潜在污染场地进行调查和风险评估后，确认污染危害超过人体健康或生态环境可接受风险水平的场地，又称污染地块。

### 3.3 土壤修复 soil remediation

采用物理、化学或生物的方法固定、转移、吸收、降解或转化场地土壤中的污染物，使其含量降低到可接受水平，或将有毒有害的污染物转化为无害物质的过程。

### 3.4 场地修复目标 site remediation goal

由场地环境调查和风险评估确定的目标污染物对人体健康和生态受体不产生直接或潜在危害，或不具有环境风险的污染修复终点。

### 3.5 修复可行性研究 feasibility study for remediation

从技术、条件、成本效益等方面对可供选择的修复技术进行评估和论证，提出技术可行、经济可行的修复方案。

### 3.6 修复模式 remediation strategy

对污染场地进行修复的总体思路，包括原地修复、异地修复、异地处置、自然修复、污染阻隔、居民防护和制度控制等，又称修复策略。

## 4 基本原则和工作程序

### 4.1 基本原则

#### 4.1.1 科学性原则

采用科学的方法,综合考虑污染场地修复目标、土壤修复技术的处理效果、修复时间、修复成本、修复工程的环境影响等因素,制定修复方案。

#### 4.1.2 可行性原则

制定的污染场地土壤修复方案要合理可行,要在前期工作的基础上,针对污染场地的污染性质、程度、范围以及对人体健康或生态环境造成的危害,合理选择土壤修复技术,因地制宜制定修复方案,使修复目标可达,修复工程切实可行。

#### 4.1.3 安全性原则

制定污染场地土壤修复方案要确保污染场地修复工程实施安全,防止对施工人员、周边人群健康以及生态环境产生危害和二次污染。

### 4.2 工作程序

污染场地土壤修复方案编制的工作程序如图1所示。

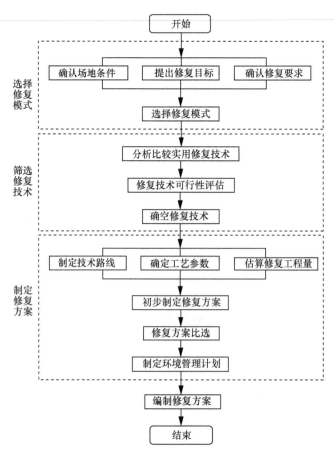

**图1 污染场地土壤修复方案编制程序**

污染场地土壤修复方案编制分为以下三个阶段：

### 4.2.1 选择修复模式

在分析前期污染场地环境调查和风险评估资料的基础上，根据污染场地特征条件、目标污染物、修复目标、修复范围和修复时间长短，选择确定污染场地修复总体思路。

### 4.2.2 筛选修复技术

根据污染场地的具体情况，按照确定的修复模式，筛选实用的土壤修复技术，开展必要的实验室小试和现场中试，或对土壤修复技术应用案例进行分析，从适用条件、对本场地土壤修复效果、成本和环境安全性等方面进行评估。

### 4.2.3 制定修复方案

根据确定的修复技术，制定土壤修复技术路线，确定土壤修复技术的工艺参数，估算污染场地土壤修复的工程量，提出初步修复方案。从主要技术指标、修复工程费用以及二次污染防治措施等方面进行方案可行性比选，确定经济、实用和可行的修复方案。

## 5 选择修复模式

### 5.1 确认场地条件

#### 5.1.1 核实场地相关资料

审阅前期按照 HJ 25.1 和 HJ 25.2 完成的场地环境调查报告和按照 HJ 25.3 完成的污染场地风险评估报告等相关资料，核实场地相关资料的完整性和有效性，重点核实前期场地信息和资料是否能反映场地目前实际情况。

#### 5.1.2 现场考察场地状况

考察场地目前现状情况，特别关注与前期场地环境调查和风险评估时发生的重大变化，以及周边环境保护敏感目标的变化情况。现场考察场地修复工程施工条件，特别关注场地用电、用水、施工道路、安全保卫等情况，为修复方案的工程施工区布局提供基础信息。

#### 5.1.3 补充相关技术资料

通过核查场地已有资料和现场考察场地状况，如发现已有资料不能满足修复方案编制基础信息要求，应适当补充相关资料。必要时应适当开展补充监测，甚至进行补充性场地环境调查和风险评估，相关技术要求参考 HJ 25.1、HJ 25.2 和 HJ 25.3。

### 5.2 提出修复目标

通过对前期获得的场地环境调查和风险评估资料进行分析，结合必要的补充调查，确认污染场地土壤修复的目标污染物、修复目标值和修复范围。

#### 5.2.1 确认目标污染物

确认前期场地环境调查和风险评估提出的土壤修复目标污染物，分析其与场地特征污染物的关联性和与相关标准的符合程度。

#### 5.2.2 提出修复目标值

分析比较按照 HJ 25.3 计算的土壤风险控制值和场地所在区域土壤中目标污染物的背景含量和国家有关标准中规定的限值，合理提出土壤目标污染物的修复目标值。

#### 5.2.3 确认修复范围

确认前期场地环境调查与风险评估提出的土壤修复范围是否清楚，包括四周边界和污染土层深度分布，特别要关注污染土层异常分布情况，比如非连续性自上而下分布。依据土壤目标污染物的修复目标值，分析和评估需要修复的土壤量。

### 5.3 确认修复要求

与场地利益相关方进行沟通，确认对土壤修复的要求，如修复时间、预期经费投入等。

### 5.4 选择修复模式

根据污染场地特征条件、修复目标和修复要求，选择确定污染场地修复总体思路。永久性处理修复优先于处置，即显著地减少污染物数量、毒性和迁移性。鼓励采用绿色的、可持续的和资源化修复。

## 6 筛选修复技术

### 6.1 分析比较实用修复技术

结合污染场地污染特征、土壤特性和选择的修复模式，从技术成熟度、适合的目标污染物和土壤类型、修复的效果、时间和成本等方面分析比较现有的土壤修复技术优缺点，重点分析各修复技术工程应用的实用性。可以采用列表描述修复技术原理、适用条件、主要技术指标、经济指标和技术应用的优缺点等方面进行比较分析，也可以采用权重打分的方法。通过比较分析，提出1种或多种备选修复技术进行下一步可行性评估。

### 6.2 修复技术可行性评估

#### 6.2.1 实验室小试

可以采用实验室小试进行土壤修复技术可行性评估。实验室小试应要采集污染场地的污染土壤进行试验，针对试验修复技术的关键环节和关键参数，制定实验室试验方案。

#### 6.2.2 现场中试

如对土壤修复技术适用性不确定，应在污染场地开展现场中试，验证试验修复技术的实际效果，同时考虑工程管理和二次污染防范等。中试试验应尽量兼顾到场地中不同区域、不同污染浓度和不同土壤类型，获得土壤修复工程设计所需要的参数。

#### 6.2.3 应用案例分析

土壤修复技术可行性评估也可以采用相同或类似污染场地修复技术的应用案例分析进行，必要时可现场考察和评估应用案例实际工程。

### 6.3 确定修复技术

在分析比较土壤修复技术优缺点和开展技术可行性试验的基础上，从技术的成熟度、适用条件、对污染场地土壤修复的效果、成本、时间和环境安全性等方面对各备选修复技术进行综合比较，选择确定修复技术，以进行下一步的制定修复方案阶段。

## 7 制定修复方案

### 7.1 制定土壤修复技术路线

根据确定的场地修复模式和土壤修复技术，制定土壤修复技术路线，可以采用一种修复技术制定，也可以采用多种修复技术进行优化组合集成。修复技术路线应反映污染场地修复总体思路和修复方式、修复工艺流程和具体步骤，还应包括场地土壤修复过程中受污染水体、气体和固体废物等的无害化处理处置等。

### 7.2 确定土壤修复技术的工艺参数

土壤修复技术的工艺参数应通过实验室小试和/或现场中试获得。工艺参数包括但不限于修复材料投加量或比例、设备影响半径、设备处理能力、处理需要时间、处理条件、能耗、设备占地面积或作业区面积等。

**7.3　估算污染场地土壤修复的工程量**

根据技术路线，按照确定的单一修复技术或修复技术组合的方案，结合工艺流程和参数，估算每个修复方案的修复工程量。根据修复方案的不同，修复工程量可能是调查和评估阶段确定的土壤处理和处置所需工程量，也可能是方案涉及的工程量，还应考虑土壤修复过程中受污染水体、气体和固体废物等的无害化处理处置的工程量。

**7.4　修复方案比选**

从确定的单一修复技术及多种修复技术组合方案的主要技术指标、工程费用估算和二次污染防治措施等方面进行比选，最后确定最佳修复方案。

7.4.1　主要技术指标

结合场地土壤特征和修复目标，从符合法律法规、长期和短期效果、修复时间、成本和修复工程的环境影响等方面，比较不同修复方案主要技术指标的合理性。

7.4.2　修复工程费用

根据场地修复工程量，估算并比较不同修复方案所产生的修复费用，包括直接费用和间接费用。直接费用主要包括修复工程主体设备、材料、工程实施等费用，间接费用包括修复工程监测、工程监理、质量控制、健康安全防护和二次污染防范措施等费用。

7.4.3　二次污染防范措施

污染场地修复工程的实施，应首先分析工程实施的环境影响，并应根据土壤修复工艺过程和施工设备清洗等环节产生的废水、废气、固体废物，噪声和扬尘等环境影响，制定相关的收集、处理和处置技术方案，提出二次污染防范措施。综合比较不同修复方案二次污染防范措施有效性和可实施性。

**7.5　制定环境管理计划**

污染场地土壤修复工程环境管理计划包括修复工程环境监测计划和环境应急安全计划。

7.5.1　修复工程环境监测计划

修复工程环境监测计划包括修复工程环境监理、二次污染监控和修复工程验收中的环境监测。应根据确定的最佳修复方案，结合场地污染特征和场地所处环境条件，有针对性地制定修复工程环境监测计划。相关技术要求按照 HJ 25.2 执行。

7.5.2　环境应急安全计划

为确保场地修复过程中施工人员与周边居民的安全，应制定周密的场地修复工程环境应急安全计划，内容包括安全问题识别、需要采取的预防措施、突发事故时的应急措施、必须配备的安全防护装备和安全防护培训等。

# 8　编制修复方案

**8.1　总体要求**

修复方案要全面和准确地反映出全部工作内容。报告中的文字应简洁和准确，并尽量采用图、表和照片等形式描述各种关键技术信息，以利于施工方制定污染场地土壤修复工程施工方案。

**8.2　主要内容**

修复方案应根据污染场地的环境特征和污染场地修复工程的特点选择附录 A 全部或部分内容进行编制。

# 附录 A

## 污染场地土壤修复方案编制大纲

1 总论
    1.1 任务由来
    1.2 编制依据
    1.3 编制内容
2 场地问题识别
    2.1 所在区域概况
    2.2 场地基本信息
    2.3 场地环境特征
    2.4 场地污染特征
    2.5 土壤污染风险
3 场地修复模式
    3.1 场地修复总体思路
    3.2 场地修复范围
    3.3 场地修复目标
4 修复技术筛选
    4.1 土壤修复技术简述
    4.2 土壤修复技术可行性评估
5 修复方案设计
    5.1 修复技术路线
    5.2 修复技术工艺参数
    5.3 修复工程量估算
    5.4 修复工程费用估算
    5.5 修复方案比选
6 环境管理计划
    6.1 修复工程监理
    6.2 二次污染防范
    6.3 工程验收监测
    6.4 环境应急方案
7 修复工程设计
8 成本效益分析
    8.1 修复费用
    8.2 环境效益、经济效益、社会效益
9 结论
    9.1 可行性研究结论
    9.2 问题和建议

# 中华人民共和国国家环境保护标准

HJ 25.5—2018

# 污染地块风险管控与土壤修复
# 效果评估技术导则
# （试行）

Technical Guideline for Verification of Risk Control and Soil
Remediation of Contaminated Site

（发布稿）

本电子版为发布稿。请以中国环境科学出版社出版的正式标准文本为准。

2018-12-29 发布　　　　　　　　　　　　2018-12-29 实施

生　态　环　境　部　发布

# 前　言

根据《中华人民共和国环境保护法》和《中华人民共和国土壤污染防治法》，保护生态环境，保障人体健康，加强污染地块环境监督管理，规范污染地块风险管控与土壤修复效果评估工作，制定本标准。

本标准与以下标准同属污染地块系列环境保护标准：

《场地环境调查技术导则》（HJ 25.1-2014）；

《场地环境监测技术导则》（HJ 25.2-2014）；

《污染场地风险评估技术导则》（HJ 25.3-2014）；

《污染场地土壤修复技术导则》（HJ 25.4-2014）。

本标准规定了建设用地污染地块风险管控与土壤修复效果评估的内容、程序、方法和技术要求。

本标准的附录 A～附录 C 为资料性附录。

本标准为首次发布。

本标准由生态环境部土壤生态环境司、法规与标准司组织制订。

本标准主要起草单位：北京市环境保护科学研究院、中国环境科学研究院、固体废物与化学品管理技术中心、环境规划院、沈阳环境科学研究院、南方科技大学工程技术创新中心（北京）。

本标准生态环境部 2018 年 12 月 29 日批准。

本标准自 2018 年 12 月 29 日起实施。

本标准由生态环境部负责解释。

# 污染地块风险管控与土壤修复效果评估技术导则

## 1 适用范围

本标准规定了建设用地污染地块风险管控与土壤修复效果评估的内容、程序、方法和技术要求。

本标准适用于建设用地污染地块风险管控与土壤修复效果的评估。地下水修复效果评估技术导则另行公布。

本标准不适用于含有放射性物质与致病性生物污染地块治理与修复效果的评估。

## 2 规范性引用文件

本标准内容引用了下列文件中的条款。凡是不注明日期的引用文件，其有效版本适用于本标准。

GB 36600　　　　　　　　土壤环境质量建设用地土壤污染风险管控标准（试行）

GB/T 14848　　　　　　　地下水质量标准

HJ 25.1　　　　　　　　　场地环境调查技术导则

HJ 25.2　　　　　　　　　场地环境监测技术导则

HJ 25.3　　　　　　　　　污染场地风险评估技术导则

HJ 682　　　　　　　　　污染场地术语

## 3 术语和定义

下列术语和定义适用于本标准。

### 3.1　目标污染物　target contaminant

在地块环境中数量或浓度已达到对人体健康和环境具有实际或潜在不利影响的，需要进行风险管控与修复的污染物。

### 3.2　修复目标　remediation target

由地块环境调查和风险评估确定的目标污染物对人体健康和环境不产生直接或潜在危害，或不具有环境风险的污染修复终点。

### 3.3　评估标准　assessment criteria

评估地块是否达到环境和健康安全的标准或准则，本标准所指评估标准包括目标污染物浓度达到修复目标值、二次污染物不产生风险、工程性能指标达到规定要求等准则。

### 3.4　风险管控与土壤修复效果评估　verification of risk control and soil remediation

通过资料回顾与现场踏勘、布点采样与实验室检测，综合评估地块风险管控与土壤修复是否达到规定要求或地块风险是否达到可接受水平。

## 4 基本原则、工作内容与工作程序

### 4.1　基本原则

污染地块风险管控与土壤修复效果评估应对土壤是否达到修复目标、风险管控是否达到规定要求、地块风险是否达到可接受水平等情况进行科学、系统地评估，提出后期环境监管建议，为污染地块管理提供科学依据。

### 4.2 工作内容

污染地块风险管控与土壤修复效果评估的工作内容包括：更新地块概念模型、布点采样与实验室检测、风险管控与修复效果评估、提出后期环境监管建议、编制效果评估报告。

### 4.3 工作程序

#### 4.3.1 更新地块概念模型

应根据风险管控与修复进度，以及掌握的地块信息对地块概念模型进行实时更新，为制定效果评估布点方案提供依据。

#### 4.3.2 布点采样与实验室检测

布点方案包括效果评估的对象和范围、采样节点、采样周期和频次、布点数量和位置、检测指标等内容，并说明上述内容确定的依据。原则上应在风险管控与修复实施方案编制阶段编制效果评估初步布点方案，并在地块风险管控与修复效果评估工作开展之前，根据更新后的概念模型进行完善和更新。

根据布点方案，制定采样计划，确定检测指标和实验室分析方法，开展现场采样与实验室检测，明确现场和实验室质量保证与质量控制要求。

#### 4.3.3 风险管控与土壤修复效果评估

根据检测结果，评估土壤修复是否达到修复目标或可接受水平，评估风险管控是否达到规定要求。

对于土壤修复效果，可采用逐一对比和统计分析的方法进行评估，若达到修复效果，则根据情况提出后期环境监管建议并编制修复效果评估报告，若未达到修复效果，则应开展补充修复。

对于风险管控效果，若工程性能指标和污染物指标均达到评估标准，则判断风险管控达到预期效果，可继续开展运行与维护；若工程性能指标或污染物指标未达到评估标准，则判断风险管控未达到预期效果，须对风险管控措施进行优化或调整。

#### 4.3.4 提出后期环境监管建议

根据风险管控与修复工程实施情况与效果评估结论，提出后期环境监管建议。

#### 4.3.5 编制效果评估报告

汇总前述工作内容，编制效果评估报告，报告应包括风险管控与修复工程概况、环境保护措施落实情况、效果评估布点与采样、检测结果分析、效果评估结论及后期环境监管建议等内容。

污染地块风险管控与土壤修复效果评估工作程序见图1。

## 5 更新地块概念模型

### 5.1 总体要求

效果评估机构应收集地块风险管控与修复相关资料，开展现场踏勘工作，并通过与地块责任人、施工负责人、监理人员等进行沟通和访谈，了解地块调查评估结论、风险管控与修复工程实施情况、环境保护措施落实情况等，掌握地块地质与水文地质条件、污染物空间分布、污染土壤去向、风险管控与修复设施设置、风险管控与修复过程监测数据等关键信息，更新地块概念模型。

### 5.2 资料回顾

#### 5.2.1 资料回顾清单

5.2.1.1 在效果评估工作开展之前，应收集污染地块风险管控与修复相关资料。

5.2.1.2 资料清单主要包括地块环境调查报告、风险评估报告、风险管控与修复方案、工程实施方案、

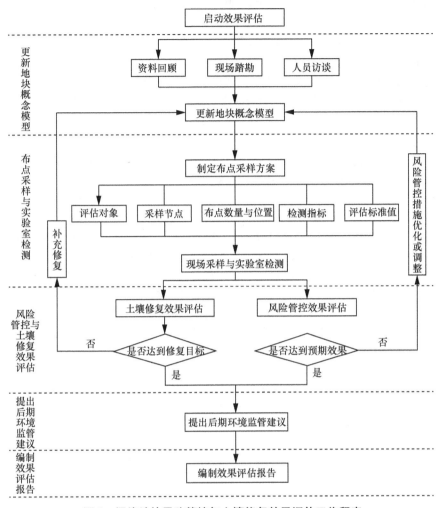

**图1 污染地块风险管控与土壤修复效果评估工作程序**

工程设计资料、施工组织设计资料、工程环境影响评价及其批复、施工与运行过程中监测数据、监理报告和相关资料、工程竣工报告、实施方案变更协议、运输与接收的协议和记录、施工管理文件等。

**5.2.2 资料回顾要点**

5.2.2.1 资料回顾要点主要包括风险管控与修复工程概况和环保措施落实情况。

5.2.2.2 风险管控与修复工程概况回顾主要通过风险管控与修复方案、实施方案，以及风险管控与修复过程中的其他文件，了解修复范围、修复目标、修复工程设计、修复工程施工、修复起始时间、运输记录、运行监测数据等，了解风险管控与修复工程实施的具体情况。

5.2.2.3 环保措施落实情况回顾主要通过对风险管控与修复过程中二次污染防治相关数据、资料和报告的梳理，分析风险管控与修复工程可能造成的土壤和地下水二次污染情况等。

**5.3 现场踏勘**

5.3.1 应开展现场踏勘工作，了解污染地块风险管控与修复工程情况、环境保护措施落实情况，包括修复设施运行情况、修复工程施工进度、基坑清理情况、污染土暂存和外运情况、地块内临时道路使用情况、修复施工管理情况等。

5.3.2 调查人员可通过照片、视频、录音、文字等方式，记录现场踏勘情况。

### 5.4 人员访谈

5.4.1 应开展人员访谈工作，对地块风险管控与修复工程情况、环境保护措施落实情况进行全面了解。

5.4.2 访谈对象包括地块责任单位、地块调查单位、地块修复方案编制单位、监理单位、修复施工单位等单位的参与人员。

### 5.5 更新地块概念模型

5.5.1 在资料回顾、现场踏勘、人员访谈的基础上，掌握地块风险管控与修复工程情况，结合地块地质与水文地质条件、污染物空间分布、修复技术特点、修复设施布局等，对地块概念模型进行更新，完善地块风险管控与修复实施后的概念模型。

5.5.2 地块概念模型一般包括下列信息：

a）地块风险管控与修复概况：修复起始时间、修复范围、修复目标、修复设施设计参数、修复过程运行监测数据、技术调整和运行优化、修复过程中废水和废气排放数据、药剂添加量等情况；

b）关注污染物情况：目标污染物原始浓度、运行过程中的浓度变化、潜在二次污染物和中间产物产生情况、土壤异位修复地块污染源清挖和运输情况、修复技术去除率、污染物空间分布特征的变化，以及潜在二次污染区域等情况；

c）地质与水文地质情况：关注地块地质与水文地质条件，以及修复设施运行前后地质和水文地质条件的变化、土壤理化性质变化等，运行过程是否存在优先流路径等；

d）潜在受体与周边环境情况：结合地块规划用途和建筑结构设计资料，分析修复工程结束后污染介质与受体的相对位置关系、受体的关键暴露途径等。

5.5.3 地块概念模型可用文字、图、表等方式表达，作为确定效果评估范围、采样节点、布点位置等的依据。

5.5.4 地块概念模型涉及信息及其作用见附录 A。

## 6 布点采样与实验室检测

### 6.1 土壤修复效果评估布点

6.1.1 基坑清理效果评估布点

6.1.1.1 评估对象

基坑清理效果评估对象为地块修复方案中确定的基坑。

6.1.1.2 采样节点

6.1.1.2.1 污染土壤清理后遗留的基坑底部与侧壁，应在基坑清理之后、回填之前进行采样。

6.1.1.2.2 若基坑侧壁采用基础围护，则宜在基坑清理同时进行基坑侧壁采样，或于基础围护实施后在围护设施外边缘采样。

6.1.1.2.3 可根据工程进度对基坑进行分批次采样。

6.1.1.3 布点数量与位置

6.1.1.3.1 基坑底部和侧壁推荐最少采样点数量见表1。

6.1.1.3.2 基坑底部采用系统布点法，基坑侧壁采用等距离布点法，布点位置参见图2。

6.1.1.3.3 当基坑深度大于 1 m 时，侧壁应进行垂向分层采样，应考虑地块土层性质与污染垂向分布特征，在污染物易富集位置设置采样点，各层采样点之间垂向距离不大于 3 m，具体根据实际情况确定。

6.1.1.3.4　基坑坑底和侧壁的样品以去除杂质后的土壤表层样为主（0～20 cm），不排除深层采样。

6.1.1.3.5　对于重金属和半挥发性有机物，在一个采样网格和间隔内可采集混合样，采样方法参照 HJ 25.2 执行。

表1　基坑底部和侧壁推荐最少采样点数量

| 基坑面积 m² | 坑底采样点数量/个 | 侧壁采样点数量/个 |
|---|---|---|
| $x<100$ | 2 | 4 |
| $100 \leqslant x<1000$ | 3 | 5 |
| $1000 \leqslant x<1500$ | 4 | 6 |
| $1500 \leqslant x<2500$ | 5 | 7 |
| $2500 \leqslant x<5000$ | 6 | 8 |
| $5000 \leqslant x<7500$ | 7 | 9 |
| $7500 \leqslant x<12\ 500$ | 8 | 10 |
| $x>12\ 500$ | 网格大小不超过 40 m × 40 m | 采样点间隔不超过 40 m |

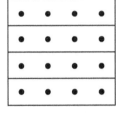
（1）基坑底部——系统布点法

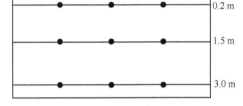
（2）基坑侧壁——等距离布点法

图2　基坑底部与侧壁布点示意图

## 6.1.2　土壤异位修复效果评估布点

### 6.1.2.1　评估对象
异位修复后土壤效果评估的对象为异位修复后的土壤堆体。

### 6.1.2.2　采样节点

6.1.2.2.1　异位修复后的土壤应在修复完成后、再利用之前采样。

6.1.2.2.2　按照堆体模式进行异位修复的土壤，宜在堆体拆除之前进行采样。

6.1.2.2.3　异位修复后的土壤堆体，可根据修复进度进行分批次采样。

### 6.1.2.3　布点数量与位置

6.1.2.3.1　修复后土壤原则上每个采样单元（每个样品代表的土方量）不应超过 500 m³；也可根据修复后土壤中污染物浓度分布特征参数计算修复差变系数，根据不同差变系数查询计算对应的推荐采样数量（见表2），差变系数计算方法见附录 B。

**表 2　修复后土壤最少采样点数量**

| 差变系数 | 采样单元大小/m³ |
|---|---|
| 0.05~0.20 | 100 |
| 0.20~0.40 | 300 |
| 0.40~0.60 | 500 |
| 0.60~0.80 | 800 |
| 0.80~1.00 | 1000 |

6.1.2.3.2　对于按批次处理的修复技术，在符合前述要求的同时，每批次至少采集 1 个样品。

6.1.2.3.3　对于按照堆体模式处理的修复技术，若在堆体拆除前采样，在符合前述要求的同时，应结合堆体大小设置采样点，推荐数量参见表 3。

**表 3　堆体模式修复后土壤最少采样点数量**

| 堆体体积/m³ | 采样单元数量/个 |
|---|---|
| <100 | 1 |
| 100~300 | 2 |
| 300~500 | 3 |
| 500~1000 | 4 |
| 每增加 500 | 增加 1 个 |

6.1.2.3.4　修复后土壤一般采用系统布点法设置采样点；同时应考虑修复效果空间差异，在修复效果薄弱区增设采样点。重金属和半挥发性有机物可在采样单元内采集混合样，采样方法参照 HJ 25.2 执行。

6.1.2.3.5　修复后土壤堆体的高度应便于修复效果评估采样工作的开展。

6.1.3　土壤原位修复效果评估布点

6.1.3.1　评估对象

土壤原位修复效果评估的对象为原位修复后的土壤。

6.1.3.2　采样节点

6.1.3.2.1　原位修复后的土壤应在修复完成后进行采样。

6.1.3.2.2　原位修复的土壤可按照修复进度、修复设施设置等情况分区域采样。

6.1.3.3　布点数量与位置

6.1.3.3.1　原位修复后的土壤水平方向上采用系统布点法，推荐采样数量参照表 1。

6.1.3.3.2　原位修复后的土壤垂直方向上采样深度应不小于调查评估确定的污染深度以及修复可能造成污染物迁移的深度，根据土层性质设置采样点，原则上垂向采样点之间距离不大于 3 m，具体根据实际情况确定。

6.1.3.3.3　应结合地块污染分布、土壤性质、修复设施设置等，在高浓度污染物聚集区、修复效果薄弱区、修复范围边界处等位置增设采样点。

6.1.4 土壤修复二次污染区域布点

6.1.4.1 评估范围

6.1.4.1.1 土壤修复效果评估范围应包括修复过程中的潜在二次污染区域。

6.1.4.1.2 潜在二次污染区域包括：污染土壤暂存区、修复设施所在区、固体废物或危险废物堆存区、运输车辆临时道路、土壤或地下水待检区、废水暂存处理区、修复过程中污染物迁移涉及的区域、其他可能的二次污染区域。

6.1.4.2 采样节点

6.1.4.2.1 潜在二次污染区域土壤应在此区域开发使用之前进行采样。

6.1.4.2.2 可根据工程进度对潜在二次污染区域进行分批次采样。

6.1.4.3 布点数量与位置

6.1.4.3.1 潜在二次污染区域土壤原则上根据修复设施设置、潜在二次污染来源等资料判断布点，也可采用系统布点法设置采样点，采样点数量参照表1。

6.1.4.3.2 潜在二次污染区域样品以去除杂质后的土壤表层样为主（0～20 cm），不排除深层采样。

**6.2 风险管控效果评估布点**

本标准所指风险管控包括固化/稳定化、封顶、阻隔填埋、地下水阻隔墙、可渗透反应墙等管控措施。

6.2.1 采样周期和频次

6.2.1.1 风险管控效果评估的目的是评估工程措施是否有效，一般在工程设施完工1年内开展。

6.2.1.2 工程性能指标应按照工程实施评估周期和频次进行评估。

6.2.1.3 污染物指标应采集4个批次的数据，建议每个季度采样一次。

6.2.2 布点数量与位置

6.2.2.1 需结合风险管控措施的布置，在风险管控范围上游、内部、下游，以及可能涉及的潜在二次污染区域设置地下水监测井。

6.2.2.2 可充分利用地块调查评估与修复实施等阶段设置的监测井，现有监测井须符合修复效果评估采样条件。

**6.3 现场采样与实验室检测**

6.3.1 检测指标

6.3.1.1 基坑土壤的检测指标一般为对应修复范围内土壤中目标污染物。存在相邻基坑时，应考虑相邻基坑土壤中的目标污染物。

6.3.1.2 异位修复后土壤的检测指标为修复方案中确定的目标污染物，若外运到其他地块，还应根据接收地环境要求增加检测指标。

6.3.1.3 原位修复后土壤的检测指标为修复方案中确定的目标污染物。

6.3.1.4 化学氧化/还原修复、微生物修复后土壤的检测指标应包括产生的二次污染物，原则上二次污染物指标应根据修复方案中的可行性分析结果确定。

6.3.1.5 风险管控效果评估指标包括工程性能指标和污染物指标。工程性能指标包括抗压强度、渗透性能、阻隔性能、工程设施连续性与完整性等；污染物指标包括关注污染物浓度、浸出浓度、土壤气、室内空气等。

6.3.1.6 必要时可增加土壤理化指标、修复设施运行参数等作为土壤修复效果评估的依据；可增加地下水水位、地下水流速、地球化学参数等作为风险管控效果的辅助判断依据。

6.3.2 现场采样与实验室检测

风险管控与修复效果评估现场采样与实验室检测按照 HJ 25.1 和 HJ 25.2 的规定执行。

## 7 风险管控与土壤修复效果评估

### 7.1 土壤修复效果评估

#### 7.1.1 土壤修复效果评估标准值

7.1.1.1 基坑土壤评估标准值为地块调查评估、修复方案或实施方案中确定的修复目标值。

7.1.1.2 异位修复后土壤的评估标准值应根据其最终去向确定

a）若修复后土壤回填到原基坑，评估标准值为调查评估、修复方案或实施方案中确定的目标污染物的修复目标值；

b）若修复后土壤外运到其他地块，应根据接收地土壤暴露情景进行风险评估确定评估标准值，或采用接收地土壤背景浓度与 GB 36600 中接收地用地性质对应筛选值的较高者作为评估标准值，并确保接收地的地下水和环境安全。风险评估可参照 HJ 25.3 执行。

7.1.1.3 原位修复后土壤的评估标准值为地块调查评估、修复方案或实施方案中确定的修复目标值。

7.1.1.4 化学氧化/还原修复、微生物修复潜在二次污染物的评估标准值可参照 GB 36600 中一类用地筛选值执行，或根据暴露情景进行风险评估确定其评估标准值，风险评估可参照 HJ 25.3 执行。

#### 7.1.2 土壤修复效果评估方法

7.1.2.1 可采用逐一对比和统计分析的方法进行土壤修复效果评估。

7.1.2.2 当样品数量<8 个时，应将样品检测值与修复效果评估标准值逐个对比：

a）若样品检测值低于或等于修复效果评估标准值，则认为达到修复效果；

b）若样品检测值高于修复效果评估标准值，则认为未达到修复效果。

7.1.2.3 当样品数量≥8 个时，可采用统计分析方法进行修复效果评估。一般采用样品均值的 95% 置信上限与修复效果评估标准值进行比较，下述条件全部符合方可认为地块达到修复效果：

a）样品均值的 95% 置信上限小于等于修复效果评估标准值；

b）样品浓度最大值不超过修复效果评估标准值的 2 倍。

7.1.2.4 若采用逐个对比方法，当同一污染物平行样数量≥4 组时，可结合 $t$ 检验（附录 C）分析采样和检测过程中的误差，确定检测值与修复效果评估标准值的差异：

a）若各样品的检测值显著低于修复效果评估标准值或与修复效果评估标准值差异不显著，则认为该地块达到修复效果；

b）若某样品的检测结果显著高于修复效果评估标准值，则认为地块未达到修复效果。

7.1.2.5 原则上统计分析方法应在单个基坑或单个修复范围内分别进行。

7.1.2.6 对于低于报告限的数据，可用报告限数值进行统计分析。

### 7.2 风险管控效果评估

#### 7.2.1 风险管控效果评估标准

7.2.1.1 风险管控工程性能指标应满足设计要求或不影响预期效果。

7.2.1.2 风险管控措施下游地下水中污染物浓度应持续下降，固化/稳定化后土壤中污染物的浸出浓度应达到接收地地下水用途对应标准值或不会对地下水造成危害。

#### 7.2.2 风险管控效果评估方法

7.2.2.1 若工程性能指标和污染物指标均达到评估标准，则判断风险管控达到预期效果，可对风险管控措施继续开展运行与维护。

7.2.2.2 若工程性能指标或污染物指标未达到评估标准，则判断风险管控未达到预期效果，须对风险管控措施进行优化或修理。

## 8 提出后期环境监管建议

### 8.1 后期环境监管要求

8.1.1 下列情景下，应提出后期环境监管建议：

——修复后土壤中污染物浓度未达到 GB 36600 第一类用地筛选值的地块；

——实施风险管控的地块。

8.1.2 后期环境监管的方式一般包括长期环境监测与制度控制，两种方式可结合使用。

8.1.3 原则上后期环境监管直至地块土壤中污染物浓度达到 GB 36600 第一类用地筛选值、地下水中污染物浓度达到 GB/T 14848 中地下水使用功能对应标准值为止。

### 8.2 长期环境监测

8.2.1 实施风险管控的地块应开展长期监测。

8.2.2 一般通过设置地下水监测井进行周期性采样和检测，也可设置土壤气监测井进行土壤气样品采集和检测，监测井位置应优先考虑污染物浓度高的区域、敏感点所处位置等。

8.2.3 应充分利用地块内符合采样条件的监测井。

8.2.4 原则上长期监测 1~2 年开展一次，可根据实际情况进行调整。

### 8.3 制度控制

8.3.1 条款 8.1.1 所述的两种情景均需开展制度控制。

8.3.2 制度控制包括限制地块使用方式、限制地下水利用方式、通知和公告地块潜在风险、制定限制进入或使用条例等方式，多种制度控制方式可同时使用。

## 9 编制效果评估报告

**9.1** 效果评估报告应当包括风险管控与修复工程概况、环境保护措施落实情况、效果评估布点与采样、检测结果分析、效果评估结论及后期环境监管建议等内容。

**9.2** 效果评估报告的格式参见附录 C。

# 附录 A

（资料性附录）
地块概念模型涉及信息及其作用

**表 A.1　地块概念模型涉及信息及其作用**

| 地块概念模型涉及信息 | 在修复效果评估中的作用 |
|---|---|
| 地理位置 | 了解背景情况 |
| 地块历史 | 了解背景情况 |
| 地块调查评估活动 | 了解背景情况 |
| 地块土层分布 | 确定采样深度 |
| 水位变化情况 | 采样点设置 |
| 地块地质与水文地质情况 | 采样点设置 |
| 污染物分布情况 | 了解地块污染情况 |
| 目标污染物、修复目标 | 明确评估指标和标准 |
| 土壤修复范围 | 确定评估对象和范围 |
| 地下水污染羽 | 确定评估对象和范围 |
| 修复方式及工艺 | 制定效果评估方案 |
| 修复实施方案有无变更及变更情况 | 制定效果评估方案 |
| 施工周期与进度 | 确定效果评估采样节点 |
| 异位修复基坑清理范围与深度 | 采样点设置 |
| 异位修复基坑放坡方式、基坑护壁方式 | 采样点设置 |
| 修复后土壤土方量及最终去向 | 采样点设置、采样节点 |
| 修复设施平面布置 | 采样点设置 |
| 修复系统运行监测计划及已有数据 | 采样点设置、采样节点 |
| 目标污染物浓度变化情况 | 采样点设置、采样节点 |
| 地块内监测井位置及建井结构 | 判断是否可供效果评估采样使用 |
| 二次污染排放记录及监测报告 | 辅助资料 |
| 地块修复实施涉及的单位和机构 | 辅助资料 |

# 附录 B

## （资料性附录）
## 差变系数计算方法

差变系数指的是"修复后地块污染物平均浓度与修复目标值的差异"与"估计标准差"的比值，用 $\tau$ 表示。差异越大、估计标准差越小，则差变系数越大，所需样本量越小。

计算方法如下：

$$\tau = \frac{(Cs - \mu_1)}{\sigma}$$

其中，

$Cs$ 为修复目标值；

$\mu_1$ 为估计的总体均值，通常用已有样品的均值来估算；

$\sigma$ 为估计标准差，根据前期资料和先验知识估计或计算，具体如下：①从修复中试试验或其他先验数据中选择简单随机样本，样本量不少于 20 个，确定 20 个样本的浓度；若不是简单随机样本，则样本点应覆盖整个区域、能够代表采样区；若样本量少于 20 个，应补充样本量或采用其他的统计分析方法进行计算；②计算 20 个样本的标准差，作为估计标准差。

# 附录 C

## （资料性附录）
## 效果评估报告提纲

1  项目背景

简要描述污染地块基本信息，调查评估及修复的时间节点与概况、相关批复情况等。简明列出以下信息：项目名称、项目地址、业主单位、调查评估单位、修复单位、监理单位、修复效果评估单位。

2  工作依据

  2.1  法律法规

  2.2  标准规范

  2.3  项目文件

3  地块概况

  3.1  地块调查评价结论

  3.2  风险管控或修复方案

  3.3  风险管控或修复实施情况

  3.4  环境保护措施落实情况

4  地块概念模型

  4.1  资料回顾

  4.2  现场踏勘

  4.3  人员访谈

  4.4  地块概念模型

5  效果评估布点方案

  5.1  土壤修复效果评估布点

    5.1.1  评估范围

    5.1.2  采样节点

    5.1.3  布点数量与位置

    5.1.4  检测指标

    5.1.5  评估标准值

  5.2  风险管控效果评估布点

    5.2.1  检测指标和标准

    5.2.2  采样周期和频次

    5.2.3  布点数量与位置

6  现场采样与实验室检测

  6.1  样品采集

ICS
Z

# 中华人民共和国国家环境保护标准

GB36600—2018

## 土壤环境质量
## 建设用地土壤污染风险管控标准
## （试行）

**Soil environmental quality**
**Risk control standard for soil contamination of development land**

（发布稿）

2018-06-22 发布　　　　　　　　　　2018-08-01 实施

# 生 态 环 境 部
# 国家市场监督管理总局　发 布

# 前　言

为贯彻落实《中华人民共和国环境保护法》，加强建设用地土壤环境监管，管控污染地块对人体健康的风险，保障人居环境安全，制定本标准。

本标准规定了保护人体健康的建设用地土壤污染风险筛选值和管制值，以及监测、实施与监督要求。

本标准为首次发布。

以下标准为配套本标准的建设用地土壤环境调查、监测、评估和修复系列标准：

HJ 25.1　场地环境调查技术导则

HJ 25.2　场地环境监测技术导则

HJ 25.3　污染场地风险评估技术导则

HJ 25.4　污染场地土壤修复技术导则

自本标准实施之日起，《展览会用地土壤环境质量评价标准（暂行）》（HJ 350-2007）废止。

本标准由生态环境部土壤环境管理司、科技标准司组织制订。

本标准主要起草单位：生态环境部南京环境科学研究所、中国环境科学研究院。

本标准生态环境部 2018 年 5 月 17 日批准。

本标准自 2018 年 8 月 1 日起实施。

本标准由生态环境部解释。

# 土壤环境质量
# 建设用地土壤污染风险管控标准

## 1 适用范围

本标准规定了保护人体健康的建设用地土壤污染风险筛选值和管制值，以及监测、实施与监督要求。

本标准适用于建设用地土壤污染风险筛查和风险管制。

## 2 规范性引用文件

本标准内容引用了下列文件或其中的条款。凡是不注明日期的引用文件，其最新版本适用于本标准。

| | |
|---|---|
| GB/T 14550 | 土壤质量 六六六和滴滴涕的测定 气相色谱法 |
| GB/T17136 | 土壤质量 总汞的测定 冷原子吸收分光光度法 |
| GB/T 17138 | 土壤质量 铜、锌的测定 火焰原子吸收分光光度法 |
| GB/T 17139 | 土壤质量 镍的测定 火焰原子吸收分光光度法 |
| GB/T 17141 | 土壤质量 铅、镉的测定 石墨炉原子吸收分光光度法 |
| GB/T 22105 | 土壤质量 总汞、总砷、总铅的测定 原子荧光法 |
| GB 50137 | 城市用地分类与规划建设用地标准 |
| HJ 25.1 | 场地环境调查技术导则 |
| HJ 25.2 | 场地环境监测技术导则 |
| HJ 25.3 | 污染场地风险评估技术导则 |
| HJ 25.4 | 污染场地土壤修复技术导则 |
| HJ 77.4 | 土壤和沉积物 二噁英类的测定 同位素稀释高分辨气相色谱-高分辨质谱法 |
| HJ 605 | 土壤和沉积物 挥发性有机物的测定 吹扫捕集/气相色谱-质谱法 |
| HJ 642 | 土壤和沉积物 挥发性有机物的测定 顶空/气相色谱-质谱法 |
| HJ 680 | 土壤和沉积物 汞、砷、硒、铋、锑的测定 微波消解/原子荧光法 |
| HJ 703 | 土壤和沉积物 酚类化合物的测定 气相色谱法 |
| HJ 735 | 土壤和沉积物 挥发性卤代烃的测定 吹扫捕集/气相色谱-质谱法 |
| HJ 736 | 土壤和沉积物 挥发性卤代烃的测定 顶空/气相色谱-质谱法 |
| HJ 737 | 土壤和沉积物 铍的测定 石墨炉原子吸收分光光度法 |
| HJ 741 | 土壤和沉积物 挥发性有机物的测定 顶空/气相色谱法 |
| HJ 742 | 土壤和沉积物 挥发性芳香烃的测定 顶空/气相色谱法 |
| HJ 743 | 土壤和沉积物 多氯联苯的测定 气相色谱-质谱法 |
| HJ 745 | 土壤 氰化物和总氰化物的测定 分光光度法 |
| HJ 780 | 土壤和沉积物 无机元素的测定 波长色散 X 射线荧光光谱法 |
| HJ 784 | 土壤和沉积物 多环芳烃的测定 高效液相色谱法 |

| HJ 803 | 土壤和沉积物 12 种金属元素的测定 王水提取−电感耦合等离子体质谱法 |
| HJ 805 | 土壤和沉积物 多环芳烃的测定 气相色谱−质谱法 |
| HJ 834 | 土壤和沉积物 半挥发性有机物的测定 气相色谱−质谱法 |
| HJ 835 | 土壤和沉积物 有机氯农药的测定 气相色谱−质谱法 |
| HJ 921 | 土壤和沉积物 有机氯农药的测定 气相色谱法 |
| HJ 922 | 土壤和沉积物 多氯联苯的测定 气相色谱法 |
| HJ 923 | 土壤和沉积物 总汞的测定 催化热解−冷原子吸收分光光度法 |
| CJJ/T 85 | 城市绿地分类标准 |

## 3 术语和定义

下列术语和定义适用于本标准。

**3.1**

**建设用地 development land**

指建造建筑物、构筑物的土地，包括城乡住宅和公共设施用地、工矿用地、交通水利设施用地、旅游用地、军事设施用地等。

**3.2**

**建设用地土壤污染风险 soil contamination risk of development land**

指建设用地上居住、工作人群长期暴露于土壤中污染物，因慢性毒性效应或致癌效应而对健康产生的不利影响。

**3.3**

**暴露途径 exposure pathway**

指建设用地土壤中污染物迁移到达和暴露于人体的方式。主要包括：（1）经口摄入土壤；（2）皮肤接触土壤；（3）吸入土壤颗粒物；（4）吸入室外空气中来自表层土壤的气态污染物；（5）吸入室外空气中来自下层土壤的气态污染物；（6）吸入室内空气中来自下层土壤的气态污染物。

**3.4**

**建设用地土壤污染风险筛选值 risk screening values for soil contamination of development land**

指在特定土地利用方式下，建设用地土壤中污染物含量等于或者低于该值的，对人体健康的风险可以忽略；超过该值的，对人体健康可能存在风险，应当开展进一步的详细调查和风险评估，确定具体污染范围和风险水平。

**3.5**

**建设用地土壤污染风险管制值 risk intervention values for soil contamination of development land**

指在特定土地利用方式下，建设用地土壤中污染物含量超过该值的，对人体健康通常存在不可接受风险，应当采取风险管控或修复措施。

**3.6**

**土壤环境背景值 environmental background values of soil**

指基于土壤环境背景含量的统计值。通常以土壤环境背景含量的某一分位值表示。其中土壤环境背景含量是指在一定时间条件下，仅受地球化学过程和非点源输入影响的土壤中元素或化合物的含量。

## 4 建设用地分类

4.1 建设用地中，城市建设用地根据保护对象暴露情况的不同，可划分为以下两类。

4.1.1 第一类用地：包括 GB 50137 规定的城市建设用地中的居住用地（R），公共管理与公共服务用地中的中小学用地（A33）、医疗卫生用地（A5）和社会福利设施用地（A6），以及公园绿地（G1）中的社区公园或儿童公园用地等。

4.1.2 第二类用地：包括 GB 50137 规定的城市建设用地中的工业用地（M），物流仓储用地（W），商业服务业设施用地（B），道路与交通设施用地（S），公用设施用地（U），公共管理与公共服务用地（A）（A33、A5、A6 除外），以及绿地与广场用地（G）（G1 中的社区公园或儿童公园用地除外）等。

4.2 建设用地中，其他建设用地可参照 4.1 划分类别。

## 5 建设用地土壤污染风险筛选值和管制值

5.1 保护人体健康的建设用地土壤污染风险筛选值和管制值见表 1 和表 2，其中表 1 为基本项目，表 2 为其他项目。本标准考虑的暴露途径见 3.3。

### 表 1 建设用地土壤污染风险筛选值和管制值（基本项目）

单位：mg/kg

| 序号 | 污染物项目 | CAS 编号 | 筛选值 | | 管制值 | |
|---|---|---|---|---|---|---|
| | | | 第一类用地 | 第二类用地 | 第一类用地 | 第二类用地 |
| 重金属和无机物 | | | | | | |
| 1 | 砷 | 7440-38-2 | 20① | 60① | 120 | 140 |
| 2 | 镉 | 7440-43-9 | 20 | 65 | 47 | 172 |
| 3 | 铬（六价） | 18540-29-9 | 3.0 | 5.7 | 30 | 78 |
| 4 | 铜 | 7440-50-8 | 2000 | 18000 | 8000 | 36000 |
| 5 | 铅 | 7439-92-1 | 400 | 800 | 800 | 2500 |
| 6 | 汞 | 7439-97-6 | 8 | 38 | 33 | 82 |
| 7 | 镍 | 7440-02-0 | 150 | 900 | 600 | 2000 |
| 挥发性有机物 | | | | | | |
| 8 | 四氯化碳 | 56-23-5 | 0.9 | 2.8 | 9 | 36 |
| 9 | 氯仿 | 67-66-3 | 0.3 | 0.9 | 5 | 10 |
| 10 | 氯甲烷 | 74-87-3 | 12 | 37 | 21 | 120 |
| 11 | 1,1-二氯乙烷 | 75-34-3 | 3 | 9 | 20 | 100 |
| 12 | 1,2-二氯乙烷 | 107-06-2 | 0.52 | 5 | 6 | 21 |
| 13 | 1,1-二氯乙烯 | 75-35-4 | 12 | 66 | 40 | 200 |
| 14 | 顺-1,2-二氯乙烯 | 156-59-2 | 66 | 596 | 200 | 2000 |

| 序号 | 污染物项目 | CAS 编号 | 筛选值 | | 管制值 | |
|---|---|---|---|---|---|---|
| | | | 第一类用地 | 第二类用地 | 第一类用地 | 第二类用地 |
| 15 | 反-1,2-二氯乙烯 | 156-60-5 | 10 | 54 | 31 | 163 |
| 16 | 二氯甲烷 | 75-09-2 | 94 | 616 | 300 | 2000 |
| 17 | 1,2-二氯丙烷 | 78-87-5 | 1 | 5 | 5 | 47 |
| 18 | 1,1,1,2-四氯乙烷 | 630-20-6 | 2.6 | 10 | 26 | 100 |
| 19 | 1,1,2,2-四氯乙烷 | 79-34-5 | 1.6 | 6.8 | 14 | 50 |
| 20 | 四氯乙烯 | 127-18-4 | 11 | 53 | 34 | 183 |
| 21 | 1,1,1-三氯乙烷 | 71-55-6 | 701 | 840 | 840 | 840 |
| 22 | 1,1,2-三氯乙烷 | 79-00-5 | 0.6 | 2.8 | 5 | 15 |
| 23 | 三氯乙烯 | 79-01-6 | 0.7 | 2.8 | 7 | 20 |
| 24 | 1,2,3-三氯丙烷 | 96-18-4 | 0.05 | 0.5 | 0.5 | 5 |
| 25 | 氯乙烯 | 75-01-4 | 0.12 | 0.43 | 1.2 | 4.3 |
| 26 | 苯 | 71-43-2 | 1 | 4 | 10 | 40 |
| 27 | 氯苯 | 108-90-7 | 68 | 270 | 200 | 1000 |
| 28 | 1,2-二氯苯 | 95-50-1 | 560 | 560 | 560 | 560 |
| 29 | 1,4-二氯苯 | 106-46-7 | 5.6 | 20 | 56 | 200 |
| 30 | 乙苯 | 100-41-4 | 7.2 | 28 | 72 | 280 |
| 31 | 苯乙烯 | 100-42-5 | 1290 | 1290 | 1290 | 1290 |
| 32 | 甲苯 | 108-88-3 | 1200 | 1200 | 1200 | 1200 |
| 33 | 间二甲苯+对二甲苯 | 108-38-3,106-42-3 | 163 | 570 | 500 | 570 |
| 34 | 邻二甲苯 | 95-47-6 | 222 | 640 | 640 | 640 |
| 半挥发性有机物 | | | | | | |
| 35 | 硝基苯 | 98-95-3 | 34 | 76 | 190 | 760 |
| 36 | 苯胺 | 62-53-3 | 92 | 260 | 211 | 663 |
| 37 | 2-氯酚 | 95-57-8 | 250 | 2256 | 500 | 4500 |

| 序号 | 污染物项目 | CAS 编号 | 筛选值 | | 管制值 | |
|---|---|---|---|---|---|---|
| | | | 第一类用地 | 第二类用地 | 第一类用地 | 第二类用地 |
| 38 | 苯并[a]蒽 | 56-55-3 | 5.5 | 15 | 55 | 151 |
| 39 | 苯并[a]芘 | 50-32-8 | 0.55 | 1.5 | 5.5 | 15 |
| 40 | 苯并[b]荧蒽 | 205-99-2 | 5.5 | 15 | 55 | 151 |
| 41 | 苯并[k]荧蒽 | 207-08-9 | 55 | 151 | 550 | 1500 |
| 42 | 䓛 | 218-01-9 | 490 | 1293 | 4900 | 12900 |
| 43 | 二苯并[a,h]蒽 | 53-70-3 | 0.55 | 1.5 | 5.5 | 15 |
| 44 | 茚并[1,2,3-cd]芘 | 193-39-5 | 5.5 | 15 | 55 | 151 |
| 45 | 萘 | 91-20-3 | 25 | 70 | 255 | 700 |

注：具体地块土壤中污染物检测含量超过筛选值，但等于或者低于土壤环境背景值（见3.6）水平的，不纳入污染地块管理。土壤环境背景值可参见附录A。

### 表2 建设用地土壤污染风险筛选值和管制值（其他项目）

单位：mg/kg

| 序号 | 污染物项目 | CAS 编号 | 筛选值 | | 管制值 | |
|---|---|---|---|---|---|---|
| | | | 第一类用地 | 第二类用地 | 第一类用地 | 第二类用地 |
| 重金属和无机物 | | | | | | |
| 1 | 锑 | 7440-36-0 | 20 | 180 | 40 | 360 |
| 2 | 铍 | 7440-41-7 | 15 | 29 | 98 | 290 |
| 3 | 钴 | 7440-48-4 | 20[①] | 70[①] | 190 | 350 |
| 4 | 甲基汞 | 22967-92-6 | 5.0 | 45 | 10 | 120 |
| 5 | 钒 | 7440-62-2 | 165[①] | 752 | 330 | 1500 |
| 6 | 氰化物 | 57-12-5 | 22 | 135 | 44 | 270 |
| 挥发性有机物 | | | | | | |
| 7 | 一溴二氯甲烷 | 75-27-4 | 0.29 | 1.2 | 2.9 | 12 |
| 8 | 溴仿 | 75-25-2 | 32 | 103 | 320 | 1030 |

续表

| 序号 | 污染物项目 | CAS 编号 | 筛选值 | | 管制值 | |
|---|---|---|---|---|---|---|
| | | | 第一类用地 | 第二类用地 | 第一类用地 | 第二类用地 |
| 9 | 二溴氯甲烷 | 124-48-1 | 9.3 | 33 | 93 | 330 |
| 10 | 1,2-二溴乙烷 | 106-93-4 | 0.07 | 0.24 | 0.7 | 2.4 |
| 半挥发性有机物 | | | | | | |
| 11 | 六氯环戊二烯 | 77-47-4 | 1.1 | 5.2 | 2.3 | 10 |
| 12 | 2,4-二硝基甲苯 | 121-14-2 | 1.8 | 5.2 | 18 | 52 |
| 13 | 2,4-二氯酚 | 120-83-2 | 117 | 843 | 234 | 1690 |
| 14 | 2,4,6-三氯酚 | 88-06-2 | 39 | 137 | 78 | 560 |
| 15 | 2,4-二硝基酚 | 51-28-5 | 78 | 562 | 156 | 1130 |
| 16 | 五氯酚 | 87-86-5 | 1.1 | 2.7 | 12 | 27 |
| 17 | 邻苯二甲酸二(2-乙基己基)酯 | 117-81-7 | 42 | 121 | 420 | 1210 |
| 18 | 邻苯二甲酸丁基苄酯 | 85-68-7 | 312 | 900 | 3120 | 9000 |
| 19 | 邻苯二甲酸二正辛酯 | 117-84-0 | 390 | 2812 | 800 | 5700 |
| 20 | 3,3′-二氯联苯胺 | 91-94-1 | 1.3 | 3.6 | 13 | 36 |
| 有机农药类 | | | | | | |
| 21 | 阿特拉津 | 1912-24-9 | 2.6 | 7.4 | 26 | 74 |
| 22 | 氯丹[2] | 12789-03-6 | 2.0 | 6.2 | 20 | 62 |
| 23 | p,p′-滴滴滴 | 72-54-8 | 2.5 | 7.1 | 25 | 71 |
| 24 | p,p′-滴滴伊 | 72-55-9 | 2.0 | 7.0 | 20 | 70 |
| 25 | 滴滴涕[3] | 50-29-3 | 2.0 | 6.7 | 21 | 67 |
| 26 | 敌敌畏 | 62-73-7 | 1.8 | 5.0 | 18 | 50 |
| 27 | 乐果 | 60-51-5 | 86 | 619 | 170 | 1240 |
| 28 | 硫丹[4] | 115-29-7 | 234 | 1687 | 470 | 3400 |
| 29 | 七氯 | 76-44-8 | 0.13 | 0.37 | 1.3 | 3.7 |
| 30 | α-六六六 | 319-84-6 | 0.09 | 0.3 | 0.9 | 3 |

续表

| 序号 | 污染物项目 | CAS 编号 | 筛选值 | | 管制值 | |
|---|---|---|---|---|---|---|
| | | | 第一类<br>用地 | 第二类<br>用地 | 第一类<br>用地 | 第二类<br>用地 |
| 31 | β-六六六 | 319-85-7 | 0.32 | 0.92 | 3.2 | 9.2 |
| 32 | γ-六六六 | 58-89-9 | 0.62 | 1.9 | 6.2 | 19 |
| 33 | 六氯苯 | 118-74-1 | 0.33 | 1 | 3.3 | 10 |
| 34 | 灭蚁灵 | 2385-85-5 | 0.03 | 0.09 | 0.3 | 0.9 |
| 多氯联苯、多溴联苯和二噁英类 | | | | | | |
| 35 | 多氯联苯(总量)⑤ | — | 0.14 | 0.38 | 1.4 | 3.8 |
| 36 | 3,3′,4,4′,5-五氯联苯<br>(PCB 126) | 57465-28-8 | $4\times10^{-5}$ | $1\times10^{-4}$ | $4\times10^{-4}$ | $1\times10^{-3}$ |
| 37 | 3,3′,4,4′,5,5′-六氯联苯(PCB 169) | 32774-16-6 | $1\times10^{-4}$ | $4\times10^{-4}$ | $1\times10^{-3}$ | $4\times10^{-3}$ |
| 38 | 二噁英类(总毒性当量) | – | $1\times10^{-5}$ | $4\times10^{-5}$ | $1\times10^{-4}$ | $4\times10^{-4}$ |
| 39 | 多溴联苯(总量) | – | 0.02 | 0.06 | 0.2 | 0.6 |
| 石油烃类 | | | | | | |
| 40 | 石油烃($C_{10}-C_{40}$) | – | 826 | 4500 | 5000 | 9000 |

注：①具体地块土壤中污染物检测含量超过筛选值，但等于或者低于土壤环境背景值(见3.6)水平的，不纳入污染地块管理。土壤环境背景值可参见附录A。

②氯丹为α-氯丹、γ-氯丹两种物质含量总和。

③滴滴涕为o,p′-滴滴涕、p,p′-滴滴涕两种物质含量总和。

④硫丹为α-硫丹、β-硫丹两种物质含量总和。

⑤多氯联苯(总量)为PCB 77、PCB 81、PCB105、PCB114、PCB118、PCB123、PCB 126、PCB156、PCB157、PCB167、PCB169、PCB189 十二种物质含量总和。

**5.2　建设用地土壤污染风险筛选污染物项目的确定**

5.2.1　表1中所列项目为初步调查阶段建设用地土壤污染风险筛选的必测项目。

5.2.2　初步调查阶段建设用地土壤污染风险筛选的选测项目依据HJ 25.1、HJ 25.2及相关技术规定确定，可以包括但不限于表2中所列项目。

**5.3　建设用地土壤污染风险筛选值和管制值的使用**

5.3.1　建设用地规划用途为第一类用地的，适用表1和表2中第一类用地的筛选值和管制值；规划用途为第二类用地的，适用表1和表2中第二类用地的筛选值和管制值。规划用途不明确的，适用表1和表2中第一类用地的筛选值和管制值。

5.3.2 建设用地土壤中污染物含量等于或者低于风险筛选值的，建设用地土壤污染风险一般情况下可以忽略。

5.3.3 通过初步调查确定建设用地土壤中污染物含量高于风险筛选值，应当依据 HJ 25.1、HJ 25.2 等标准及相关技术要求，开展详细调查。

5.3.4 通过详细调查确定建设用地土壤中污染物含量等于或者低于风险管制值，应当依据 HJ 25.3 等标准及相关技术要求，开展风险评估，确定风险水平，判断是否需要采取风险管控或修复措施。

5.3.5 通过详细调查确定建设用地土壤中污染物含量高于风险管制值，对人体健康通常存在不可接受风险，应当采取风险管控或修复措施。

5.3.6 建设用地若需采取修复措施，其修复目标应当依据 HJ 25.3、HJ 25.4 等标准及相关技术要求确定，且应当低于风险管制值。

5.3.7 表 1 和表 2 中未列入的污染物项目，可依据 HJ 25.3 等标准及相关技术要求开展风险评估，推导特定污染物的土壤污染风险筛选值。

## 6 监测要求

6.1 建设用地土壤环境调查与监测按 HJ 25.1、HJ 25.2 及相关技术规定要求执行。

6.2 土壤污染物分析方法按表 3 执行。暂未制定分析方法标准的污染物项目，待相应分析方法标准发布后实施。

表 3 土壤污染物分析方法

| 序号 | 污染物项目 | 分析方法 | 标准编号 |
|---|---|---|---|
| 1 | 砷 | 土壤和沉积物 汞、砷、硒、铋、锑的测定 微波消解/原子荧光法 | HJ 680 |
| | | 土壤和沉积物 12 种金属元素的测定 王水提取-电感耦合等离子体质谱法 | HJ 803 |
| | | 土壤质量 总汞、总砷、总铅的测定 原子荧光法第 2 部分：土壤中总砷的测定 | GB/T 22105.2 |
| 2 | 镉 | 土壤质量 铅、镉的测定 石墨炉原子吸收分光光度法 | GB/T 17141 |
| 3 | 铬（六价） | 土壤和沉积物 六价铬的测定 碱溶液提取/原子吸收分光光度法 | — |
| 4 | 铜 | 土壤质量 铜、锌的测定 火焰原子吸收分光光度法 | GB/T 17138 |
| | | 土壤和沉积物 无机元素的测定 波长色散 X 射线荧光光谱法 | HJ 780 |
| 5 | 铅 | 土壤质量 铅、镉的测定 石墨炉原子吸收分光光度法 | GB/T 17141 |
| | | 土壤和沉积物 无机元素的测定 波长色散 X 射线荧光光谱法 | HJ 780 |
| 6 | 汞 | 土壤和沉积物 汞、砷、硒、铋、锑的测定 微波消解/原子荧光法 | HJ 680 |
| | | 土壤质量 总汞、总砷、总铅的测定 原子荧光法第 1 部分：土壤中总汞的测定 | GB/T 22105.1 |
| | | 土壤质量 总汞的测定 冷原子吸收分光光度法 | GB/T 17136 |
| | | 土壤和沉积物 总汞的测定 催化热解-冷原子吸收分光光度法 | HJ 923 |

| 序号 | 污染物项目 | 分析方法 | 标准编号 |
|---|---|---|---|
| 7 | 镍 | 土壤质量 镍的测定 火焰原子吸收分光光度法 | GB/T 17139 |
| | | 土壤和沉积物 无机元素的测定 波长色散 X 射线荧光光谱法 | HJ 780 |
| 8 | 四氯化碳 | 土壤和沉积物 挥发性有机物的测定 顶空/气相色谱-质谱法 | HJ 642 |
| | | 土壤和沉积物 挥发性卤代烃的测定 顶空/气相色谱-质谱法 | HJ 736 |
| | | 土壤和沉积物 挥发性有机物的测定 吹扫捕集/气相色谱-质谱法 | HJ 605 |
| | | 土壤和沉积物 挥发性卤代烃的测定 吹扫捕集/气相色谱-质谱法 | HJ 735 |
| | | 土壤和沉积物 挥发性有机物的测定 顶空/气相色谱法 | HJ 741 |
| 9 | 氯仿 | 土壤和沉积物 挥发性有机物的测定 顶空/气相色谱-质谱法 | HJ 642 |
| | | 土壤和沉积物 挥发性卤代烃的测定 顶空/气相色谱-质谱法 | HJ 736 |
| | | 土壤和沉积物 挥发性有机物的测定 吹扫捕集/气相色谱-质谱法 | HJ 605 |
| | | 土壤和沉积物 挥发性卤代烃的测定 吹扫捕集/气相色谱-质谱法 | HJ 735 |
| | | 土壤和沉积物 挥发性有机物的测定 顶空/气相色谱法 | HJ 741 |
| 10 | 氯甲烷 | 土壤和沉积物 挥发性卤代烃的测定 顶空/气相色谱-质谱法 | HJ 736 |
| | | 土壤和沉积物 挥发性有机物的测定 吹扫捕集/气相色谱-质谱法 | HJ 605 |
| | | 土壤和沉积物 挥发性卤代烃的测定 吹扫捕集/气相色谱-质谱法 | HJ 735 |
| 11 | 1，1-二氯乙烷 | 土壤和沉积物 挥发性有机物的测定 顶空/气相色谱-质谱法 | HJ 642 |
| | | 土壤和沉积物 挥发性卤代烃的测定 顶空/气相色谱-质谱法 | HJ 736 |
| | | 土壤和沉积物 挥发性有机物的测定 吹扫捕集/气相色谱-质谱法 | HJ 605 |
| | | 土壤和沉积物 挥发性卤代烃的测定 吹扫捕集/气相色谱-质谱法 | HJ 735 |
| | | 土壤和沉积物 挥发性有机物的测定 顶空/气相色谱法 | HJ 741 |
| 12 | 1，2-二氯乙烷 | 土壤和沉积物 挥发性有机物的测定 顶空/气相色谱-质谱法 | HJ 642 |
| | | 土壤和沉积物 挥发性卤代烃的测定 顶空/气相色谱-质谱法 | HJ 736 |
| | | 土壤和沉积物 挥发性有机物的测定 吹扫捕集/气相色谱-质谱法 | HJ 605 |
| | | 土壤和沉积物 挥发性卤代烃的测定 吹扫捕集/气相色谱-质谱法 | HJ 735 |
| | | 土壤和沉积物 挥发性有机物的测定 顶空/气相色谱法 | HJ 741 |
| 13 | 1，1-二氯乙烯 | 土壤和沉积物 挥发性有机物的测定 顶空/气相色谱-质谱法 | HJ 642 |
| | | 土壤和沉积物 挥发性卤代烃的测定 顶空/气相色谱-质谱法 | HJ 736 |
| | | 土壤和沉积物 挥发性有机物的测定 吹扫捕集/气相色谱-质谱法 | HJ 605 |
| | | 土壤和沉积物 挥发性卤代烃的测定 吹扫捕集/气相色谱-质谱法 | HJ 735 |
| | | 土壤和沉积物 挥发性有机物的测定 顶空/气相色谱法 | HJ 741 |

| 序号 | 污染物项目 | 分析方法 | 标准编号 |
|------|-----------|---------|---------|
| 14 | 顺-1,2-二氯乙烯 | 土壤和沉积物 挥发性有机物的测定 顶空/气相色谱-质谱法 | HJ 642 |
| | | 土壤和沉积物 挥发性卤代烃的测定 顶空/气相色谱-质谱法 | HJ 736 |
| | | 土壤和沉积物 挥发性有机物的测定 吹扫捕集/气相色谱-质谱法 | HJ 605 |
| | | 土壤和沉积物 挥发性卤代烃的测定 吹扫捕集/气相色谱-质谱法 | HJ 735 |
| | | 土壤和沉积物 挥发性有机物的测定 顶空/气相色谱法 | HJ 741 |
| 15 | 反-1,2-二氯乙烯 | 土壤和沉积物 挥发性有机物的测定 顶空/气相色谱-质谱法 | HJ 642 |
| | | 土壤和沉积物 挥发性卤代烃的测定 顶空/气相色谱-质谱法 | HJ 736 |
| | | 土壤和沉积物 挥发性有机物的测定 吹扫捕集/气相色谱-质谱法 | HJ 605 |
| | | 土壤和沉积物 挥发性卤代烃的测定 吹扫捕集/气相色谱-质谱法 | HJ 735 |
| | | 土壤和沉积物 挥发性有机物的测定 顶空/气相色谱法 | HJ 741 |
| 16 | 二氯甲烷 | 土壤和沉积物 挥发性有机物的测定 顶空/气相色谱-质谱法 | HJ 642 |
| | | 土壤和沉积物 挥发性卤代烃的测定 顶空/气相色谱-质谱法 | HJ 736 |
| | | 土壤和沉积物 挥发性有机物的测定 吹扫捕集/气相色谱-质谱法 | HJ 605 |
| | | 土壤和沉积物 挥发性卤代烃的测定 吹扫捕集/气相色谱-质谱法 | HJ 735 |
| | | 土壤和沉积物 挥发性有机物的测定 顶空/气相色谱法 | HJ 741 |
| 17 | 1,2-二氯丙烷 | 土壤和沉积物 挥发性有机物的测定 顶空/气相色谱-质谱法 | HJ 642 |
| | | 土壤和沉积物 挥发性卤代烃的测定 顶空/气相色谱-质谱法 | HJ 736 |
| | | 土壤和沉积物 挥发性有机物的测定 吹扫捕集/气相色谱-质谱法 | HJ 605 |
| | | 土壤和沉积物 挥发性卤代烃的测定 吹扫捕集/气相色谱-质谱法 | HJ 735 |
| | | 土壤和沉积物 挥发性有机物的测定 顶空/气相色谱法 | HJ 741 |
| 18 | 1,1,1,2-四氯乙烷 | 土壤和沉积物 挥发性有机物的测定 顶空/气相色谱-质谱法 | HJ 642 |
| | | 土壤和沉积物 挥发性卤代烃的测定 顶空/气相色谱-质谱法 | HJ 736 |
| | | 土壤和沉积物 挥发性有机物的测定 吹扫捕集/气相色谱-质谱法 | HJ 605 |
| | | 土壤和沉积物 挥发性卤代烃的测定 吹扫捕集/气相色谱-质谱法 | HJ 735 |
| | | 土壤和沉积物 挥发性有机物的测定 顶空/气相色谱法 | HJ 741 |
| 19 | 1,1,2,2-四氯乙烷 | 土壤和沉积物 挥发性有机物的测定 顶空/气相色谱-质谱法 | HJ 642 |
| | | 土壤和沉积物 挥发性卤代烃的测定 顶空/气相色谱-质谱法 | HJ 736 |
| | | 土壤和沉积物 挥发性有机物的测定 吹扫捕集/气相色谱-质谱法 | HJ 605 |
| | | 土壤和沉积物 挥发性卤代烃的测定 吹扫捕集/气相色谱-质谱法 | HJ 735 |
| | | 土壤和沉积物 挥发性有机物的测定 顶空/气相色谱法 | HJ 741 |

续表

| 序号 | 污染物项目 | 分析方法 | 标准编号 |
|---|---|---|---|
| 20 | 四氯乙烯 | 土壤和沉积物 挥发性有机物的测定 顶空/气相色谱-质谱法 | HJ 642 |
| | | 土壤和沉积物 挥发性卤代烃的测定 顶空/气相色谱-质谱法 | HJ 736 |
| | | 土壤和沉积物 挥发性有机物的测定 吹扫捕集/气相色谱-质谱法 | HJ 605 |
| | | 土壤和沉积物 挥发性卤代烃的测定 吹扫捕集/气相色谱-质谱法 | HJ 735 |
| | | 土壤和沉积物 挥发性有机物的测定 顶空/气相色谱法 | HJ 741 |
| 21 | 1，1，1-三氯乙烷 | 土壤和沉积物 挥发性有机物的测定 顶空/气相色谱-质谱法 | HJ 642 |
| | | 土壤和沉积物 挥发性卤代烃的测定 顶空/气相色谱-质谱法 | HJ 736 |
| | | 土壤和沉积物 挥发性有机物的测定 吹扫捕集/气相色谱-质谱法 | HJ 605 |
| | | 土壤和沉积物 挥发性卤代烃的测定 吹扫捕集/气相色谱-质谱法 | HJ 735 |
| | | 土壤和沉积物 挥发性有机物的测定 顶空/气相色谱法 | HJ 741 |
| 22 | 1，1，2-三氯乙烷 | 土壤和沉积物 挥发性有机物的测定 顶空/气相色谱-质谱法 | HJ 642 |
| | | 土壤和沉积物 挥发性卤代烃的测定 顶空/气相色谱-质谱法 | HJ 736 |
| | | 土壤和沉积物 挥发性有机物的测定 吹扫捕集/气相色谱-质谱法 | HJ 605 |
| | | 土壤和沉积物 挥发性卤代烃的测定 吹扫捕集/气相色谱-质谱法 | HJ 735 |
| | | 土壤和沉积物 挥发性有机物的测定 顶空/气相色谱法 | HJ 741 |
| 23 | 三氯乙烯 | 土壤和沉积物 挥发性有机物的测定 顶空/气相色谱-质谱法 | HJ 642 |
| | | 土壤和沉积物 挥发性卤代烃的测定 顶空/气相色谱-质谱法 | HJ 736 |
| | | 土壤和沉积物 挥发性有机物的测定 吹扫捕集/气相色谱-质谱法 | HJ 605 |
| | | 土壤和沉积物 挥发性卤代烃的测定 吹扫捕集/气相色谱-质谱法 | HJ 735 |
| | | 土壤和沉积物 挥发性有机物的测定 顶空/气相色谱法 | HJ 741 |
| 24 | 1，2，3-三氯丙烷 | 土壤和沉积物 挥发性有机物的测定 顶空/气相色谱-质谱法 | HJ 642 |
| | | 土壤和沉积物 挥发性卤代烃的测定 顶空/气相色谱-质谱法 | HJ 736 |
| | | 土壤和沉积物 挥发性有机物的测定 吹扫捕集/气相色谱-质谱法 | HJ 605 |
| | | 土壤和沉积物 挥发性卤代烃的测定 吹扫捕集/气相色谱-质谱法 | HJ 735 |
| | | 土壤和沉积物 挥发性有机物的测定 顶空/气相色谱法 | HJ 741 |
| 25 | 氯乙烯 | 土壤和沉积物 挥发性有机物的测定 顶空/气相色谱-质谱法 | HJ 642 |
| | | 土壤和沉积物 挥发性卤代烃的测定 顶空/气相色谱-质谱法 | HJ 736 |
| | | 土壤和沉积物 挥发性有机物的测定 吹扫捕集/气相色谱-质谱法 | HJ 605 |
| | | 土壤和沉积物 挥发性卤代烃的测定 吹扫捕集/气相色谱-质谱法 | HJ 735 |
| | | 土壤和沉积物 挥发性有机物的测定 顶空/气相色谱法 | HJ 741 |

| 序号 | 污染物项目 | 分析方法 | 标准编号 |
|---|---|---|---|
| 26 | 苯 | 土壤和沉积物 挥发性有机物的测定 顶空/气相色谱-质谱法 | HJ 642 |
| | | 土壤和沉积物 挥发性有机物的测定 吹扫捕集/气相色谱-质谱法 | HJ 605 |
| | | 土壤和沉积物 挥发性有机物的测定 顶空/气相色谱法 | HJ 741 |
| | | 土壤和沉积物 挥发性芳香烃的测定 顶空/气相色谱法 | HJ 742 |
| 27 | 氯苯 | 土壤和沉积物 挥发性有机物的测定 顶空/气相色谱-质谱法 | HJ 642 |
| | | 土壤和沉积物 挥发性有机物的测定 吹扫捕集/气相色谱-质谱法 | HJ 605 |
| | | 土壤和沉积物 挥发性有机物的测定 顶空/气相色谱法 | HJ 741 |
| | | 土壤和沉积物 挥发性芳香烃的测定 顶空/气相色谱法 | HJ 742 |
| 28 | 1，2-二氯苯 | 土壤和沉积物 挥发性有机物的测定 顶空/气相色谱-质谱法 | HJ 642 |
| | | 土壤和沉积物 挥发性有机物的测定 吹扫捕集/气相色谱-质谱法 | HJ 605 |
| | | 土壤和沉积物 半挥发性有机物的测定 气相色谱-质谱法 | HJ 834 |
| | | 土壤和沉积物 挥发性有机物的测定 顶空/气相色谱法 | HJ 741 |
| | | 土壤和沉积物 挥发性芳香烃的测定 顶空/气相色谱法 | HJ 742 |
| 29 | 1，4-二氯苯 | 土壤和沉积物 挥发性有机物的测定 顶空/气相色谱-质谱法 | HJ 642 |
| | | 土壤和沉积物 挥发性有机物的测定 吹扫捕集/气相色谱-质谱法 | HJ 605 |
| | | 土壤和沉积物 半挥发性有机物的测定 气相色谱-质谱法 | HJ 834 |
| | | 土壤和沉积物 挥发性有机物的测定 顶空/气相色谱法 | HJ 741 |
| | | 土壤和沉积物 挥发性芳香烃的测定 顶空/气相色谱法 | HJ 742 |
| 30 | 乙苯 | 土壤和沉积物 挥发性有机物的测定 顶空/气相色谱-质谱法 | HJ 642 |
| | | 土壤和沉积物 挥发性有机物的测定 吹扫捕集/气相色谱-质谱法 | HJ 605 |
| | | 土壤和沉积物 挥发性有机物的测定 顶空/气相色谱法 | HJ 741 |
| | | 土壤和沉积物 挥发性芳香烃的测定 顶空/气相色谱法 | HJ 742 |
| 31 | 苯乙烯 | 土壤和沉积物 挥发性有机物的测定 顶空/气相色谱-质谱法 | HJ 642 |
| | | 土壤和沉积物 挥发性有机物的测定 吹扫捕集/气相色谱-质谱法 | HJ 605 |
| | | 土壤和沉积物 挥发性有机物的测定 顶空/气相色谱法 | HJ 741 |
| | | 土壤和沉积物 挥发性芳香烃的测定 顶空/气相色谱法 | HJ 742 |
| 32 | 甲苯 | 土壤和沉积物 挥发性有机物的测定 顶空/气相色谱-质谱法 | HJ 642 |
| | | 土壤和沉积物 挥发性有机物的测定 吹扫捕集/气相色谱-质谱法 | HJ 605 |
| | | 土壤和沉积物 挥发性有机物的测定 顶空/气相色谱法 | HJ 741 |
| | | 土壤和沉积物 挥发性芳香烃的测定 顶空/气相色谱法 | HJ 742 |

续表

| 序号 | 污染物项目 | 分析方法 | 标准编号 |
|---|---|---|---|
| 33 | 间二甲苯+<br>对二甲苯 | 土壤和沉积物 挥发性有机物的测定 顶空/气相色谱–质谱法 | HJ 642 |
| | | 土壤和沉积物 挥发性有机物的测定 吹扫捕集/气相色谱–质谱法 | HJ 605 |
| | | 土壤和沉积物 挥发性有机物的测定 顶空/气相色谱法 | HJ 741 |
| | | 土壤和沉积物 挥发性芳香烃的测定 顶空/气相色谱法 | HJ 742 |
| 34 | 邻二甲苯 | 土壤和沉积物 挥发性有机物的测定 顶空/气相色谱–质谱法 | HJ 642 |
| | | 土壤和沉积物 挥发性有机物的测定 吹扫捕集/气相色谱–质谱法 | HJ 605 |
| | | 土壤和沉积物 挥发性有机物的测定 顶空/气相色谱法 | HJ 741 |
| | | 土壤和沉积物 挥发性芳香烃的测定 顶空/气相色谱法 | HJ 742 |
| 35 | 硝基苯 | 土壤和沉积物 半挥发性有机物的测定 气相色谱–质谱法 | HJ 834 |
| 36 | 苯胺 | 土壤和沉积物 苯胺类和联苯胺类的测定 液相色谱–质谱法 | — |
| | | 土壤和沉积物 半挥发性有机物的测定 气相色谱–质谱法 | HJ 834 |
| 37 | 2-氯酚 | 土壤和沉积物 半挥发性有机物的测定 气相色谱–质谱法 | HJ 834 |
| | | 土壤和沉积物 酚类化合物的测定 气相色谱法 | HJ 703 |
| 38 | 苯并［a］<br>蒽 | 土壤和沉积物 多环芳烃的测定 高效液相色谱法 | HJ 784 |
| | | 土壤和沉积物 多环芳烃的测定 气相色谱–质谱法 | HJ 805 |
| | | 土壤和沉积物 半挥发性有机物的测定 气相色谱–质谱法 | HJ 834 |
| 39 | 苯并［a］<br>芘 | 土壤和沉积物 多环芳烃的测定 气相色谱–质谱法 | HJ 805 |
| | | 土壤和沉积物 多环芳烃的测定 高效液相色谱法 | HJ 784 |
| | | 土壤和沉积物 半挥发性有机物的测定 气相色谱–质谱法 | HJ 834 |
| 40 | 苯并［b］<br>荧蒽 | 土壤和沉积物 多环芳烃的测定 气相色谱–质谱法 | HJ 805 |
| | | 土壤和沉积物 多环芳烃的测定 高效液相色谱法 | HJ 784 |
| | | 土壤和沉积物 半挥发性有机物的测定 气相色谱–质谱法 | HJ 834 |
| 41 | 苯并［k］<br>荧蒽 | 土壤和沉积物 多环芳烃的测定 气相色谱–质谱法 | HJ 805 |
| | | 土壤和沉积物 多环芳烃的测定 高效液相色谱法 | HJ 784 |
| | | 土壤和沉积物 半挥发性有机物的测定 气相色谱–质谱法 | HJ 834 |
| 42 | 䓛 | 土壤和沉积物 多环芳烃的测定 气相色谱–质谱法 | HJ 805 |
| | | 土壤和沉积物 多环芳烃的测定 高效液相色谱法 | HJ 784 |
| | | 土壤和沉积物 半挥发性有机物的测定 气相色谱–质谱法 | HJ 834 |
| 43 | 二苯<br>并［a, h］<br>蒽 | 土壤和沉积物 多环芳烃的测定 气相色谱–质谱法 | HJ 805 |
| | | 土壤和沉积物 多环芳烃的测定 高效液相色谱法 | HJ 784 |
| | | 土壤和沉积物 半挥发性有机物的测定 气相色谱–质谱法 | HJ 834 |

| 序号 | 污染物项目 | 分析方法 | 标准编号 |
|---|---|---|---|
| 44 | 茚并［1，2，3-cd］芘 | 土壤和沉积物 多环芳烃的测定 气相色谱-质谱法 | HJ 805 |
| | | 土壤和沉积物 多环芳烃的测定 高效液相色谱法 | HJ 784 |
| | | 土壤和沉积物 半挥发性有机物的测定 气相色谱-质谱法 | HJ 834 |
| 45 | 萘 | 土壤和沉积物 多环芳烃的测定 气相色谱-质谱法 | HJ 805 |
| | | 土壤和沉积物 挥发性有机物的测定 吹扫捕集/气相色谱-质谱法 | HJ 605 |
| | | 土壤和沉积物 挥发性有机物的测定 顶空/气相色谱法 | HJ 741 |
| | | 土壤和沉积物 半挥发性有机物的测定 气相色谱-质谱法 | HJ 834 |
| 46 | 锑 | 土壤和沉积物 汞、砷、硒、铋、锑的测定 微波消解/原子荧光法 | HJ 680 |
| | | 土壤和沉积物 12 种金属元素的测定 王水提取-电感耦合等离子体质谱法 | HJ 803 |
| 47 | 铍 | 土壤和沉积物 铍的测定 石墨炉原子吸收分光光度法 | HJ 737 |
| 48 | 钴 | 土壤和沉积物 12 种金属元素的测定 王水提取-电感耦合等离子体质谱法 | HJ 803 |
| | | 土壤和沉积物 无机元素的测定 波长色散 X 射线荧光光谱法 | HJ 780 |
| 49 | 甲基汞 | 土壤和沉积物 烷基汞的测定 吹扫捕集/气相色谱原子荧光法 | — |
| 50 | 钒 | 土壤和沉积物 12 种金属元素的测定 王水提取-电感耦合等离子体质谱法 | HJ 803 |
| | | 土壤和沉积物 无机元素的测定 波长色散 X 射线荧光光谱法 | HJ 780 |
| 51 | 氰化物 | 土壤氰化物和总氰化物的测定 分光光度法 | HJ 745 |
| 52 | 一溴二氯甲烷 | 土壤和沉积物 挥发性有机物的测定 顶空/气相色谱-质谱法 | HJ 642 |
| | | 土壤和沉积物 挥发性卤代烃的测定 顶空/气相色谱-质谱法 | HJ 736 |
| | | 土壤和沉积物 挥发性有机物的测定 吹扫捕集/气相色谱-质谱法 | HJ 605 |
| | | 土壤和沉积物 挥发性卤代烃的测定 吹扫捕集/气相色谱-质谱法 | HJ 735 |
| | | 土壤和沉积物 挥发性有机物的测定 顶空/气相色谱法 | HJ 741 |
| 53 | 溴仿 | 土壤和沉积物 挥发性有机物的测定 顶空/气相色谱-质谱法 | HJ 642 |
| | | 土壤和沉积物 挥发性卤代烃的测定 顶空/气相色谱-质谱法 | HJ 736 |
| | | 土壤和沉积物 挥发性有机物的测定 吹扫捕集/气相色谱-质谱法 | HJ 605 |
| | | 土壤和沉积物 挥发性卤代烃的测定 吹扫捕集/气相色谱-质谱法 | HJ 735 |
| | | 土壤和沉积物 挥发性有机物的测定 顶空/气相色谱法 | HJ 741 |

续表

| 序号 | 污染物项目 | 分析方法 | 标准编号 |
|------|-----------|---------|---------|
| 54 | 二溴氯甲烷 | 土壤和沉积物 挥发性有机物的测定 顶空/气相色谱-质谱法 | HJ 642 |
| | | 土壤和沉积物 挥发性卤代烃的测定 顶空/气相色谱-质谱法 | HJ 736 |
| | | 土壤和沉积物 挥发性有机物的测定 吹扫捕集/气相色谱-质谱法 | HJ 605 |
| | | 土壤和沉积物 挥发性卤代烃的测定 吹扫捕集/气相色谱-质谱法 | HJ 735 |
| | | 土壤和沉积物 挥发性有机物的测定 顶空/气相色谱法 | HJ 741 |
| 55 | 1，2-二溴乙烷 | 土壤和沉积物 挥发性有机物的测定 顶空/气相色谱-质谱法 | HJ 642 |
| | | 土壤和沉积物 挥发性卤代烃的测定 顶空/气相色谱-质谱法 | HJ 736 |
| | | 土壤和沉积物 挥发性有机物的测定 吹扫捕集/气相色谱-质谱法 | HJ 605 |
| | | 土壤和沉积物 挥发性卤代烃的测定 吹扫捕集/气相色谱-质谱法 | HJ 735 |
| | | 土壤和沉积物 挥发性有机物的测定 顶空/气相色谱法 | HJ 741 |
| 56 | 六氯环戊二烯 | 土壤和沉积物 半挥发性有机物的测定 气相色谱-质谱法 | HJ 834 |
| 57 | 2，4-二硝基甲苯 | 土壤和沉积物 半挥发性有机物的测定 气相色谱-质谱法 | HJ 834 |
| 58 | 2，4-二氯酚 | 土壤和沉积物 半挥发性有机物的测定 气相色谱-质谱法 | HJ 834 |
| | | 土壤和沉积物 酚类化合物的测定 气相色谱法 | HJ 703 |
| 59 | 2，4，6-三氯酚 | 土壤和沉积物 半挥发性有机物的测定 气相色谱-质谱法 | HJ 834 |
| | | 土壤和沉积物 酚类化合物的测定 气相色谱法 | HJ 703 |
| 60 | 2，4-二硝基酚 | 土壤和沉积物 半挥发性有机物的测定 气相色谱-质谱法 | HJ 834 |
| | | 土壤和沉积物 酚类化合物的测定 气相色谱法 | HJ 703 |
| 61 | 五氯酚 | 土壤和沉积物 半挥发性有机物的测定 气相色谱-质谱法 | HJ 834 |
| | | 土壤和沉积物 酚类化合物的测定 气相色谱法 | HJ 703 |
| 62 | 邻苯二甲酸二（2-乙基己基）酯 | 土壤和沉积物 半挥发性有机物的测定 气相色谱-质谱法 | HJ 834 |
| 63 | 邻苯二甲酸丁基苄酯 | 土壤和沉积物 半挥发性有机物的测定 气相色谱-质谱法 | HJ 834 |
| 64 | 邻苯二甲酸二正辛酯 | 土壤和沉积物 半挥发性有机物的测定 气相色谱-质谱法 | HJ 834 |
| 65 | 3，3′-二氯联苯胺 | 土壤和沉积物 苯胺类和联苯胺类的测定 液相色谱-质谱法 | — |
| | | 土壤和沉积物 半挥发性有机物的测定 气相色谱-质谱法 | HJ 834 |
| 66 | 阿特拉津 | 土壤和沉积物 阿特拉津和西玛津的测定 液相色谱法 | — |

| 序号 | 污染物项目 | 分析方法 | 标准编号 |
|------|-----------|---------|---------|
| 67 | 氯丹 | 土壤和沉积物 有机氯农药的测定 气相色谱-质谱法 | HJ 835 |
| | | 土壤和沉积物 有机氯农药的测定 气相色谱法 | HJ 921 |
| 68 | p，p′-滴滴滴 | 土壤和沉积物 有机氯农药的测定 气相色谱-质谱法 | HJ 835 |
| | | 土壤和沉积物 有机氯农药的测定 气相色谱法 | HJ 921 |
| | | 土壤质量 六六六和滴滴涕的测定 气相色谱法 | GB/T 14550 |
| 69 | p，p′-滴滴伊 | 土壤和沉积物 有机氯农药的测定 气相色谱-质谱法 | HJ 835 |
| | | 土壤和沉积物 有机氯农药的测定 气相色谱法 | HJ 921 |
| | | 土壤质量 六六六和滴滴涕的测定 气相色谱法 | GB/T 14550 |
| 70 | 滴滴涕 | 土壤和沉积物 有机氯农药的测定 气相色谱-质谱法 | HJ 835 |
| | | 土壤和沉积物 有机氯农药的测定 气相色谱法 | HJ 921 |
| | | 土壤质量 六六六和滴滴涕的测定 气相色谱法 | GB/T 14550 |
| 71 | 敌敌畏 | 土壤和沉积物 杀虫剂 气相色谱法、气相色谱-质谱法或高效液相色谱法 | — |
| 72 | 乐果 | 土壤和沉积物 杀虫剂 气相色谱法、气相色谱-质谱法或高效液相色谱法 | — |
| 73 | 硫丹 | 土壤和沉积物 有机氯农药的测定 气相色谱-质谱法 | HJ 835 |
| | | 土壤和沉积物 有机氯农药的测定 气相色谱法 | HJ 921 |
| 74 | 七氯 | 土壤和沉积物 有机氯农药的测定 气相色谱-质谱法 | HJ 835 |
| 75 | α-六六六 | 土壤和沉积物 有机氯农药的测定 气相色谱-质谱法 | HJ 835 |
| | | 土壤和沉积物 有机氯农药的测定 气相色谱法 | HJ 921 |
| | | 土壤质量 六六六和滴滴涕的测定 气相色谱法 | GB/T 14550 |
| 76 | β-六六六 | 土壤和沉积物 有机氯农药的测定 气相色谱-质谱法 | HJ 835 |
| | | 土壤和沉积物 有机氯农药的测定 气相色谱法 | HJ 921 |
| | | 土壤质量 六六六和滴滴涕的测定 气相色谱法 | GB/T 14550 |
| 77 | γ-六六六 | 土壤和沉积物 有机氯农药的测定 气相色谱-质谱法 | HJ 835 |
| | | 土壤和沉积物 有机氯农药的测定 气相色谱法 | HJ 921 |
| | | 土壤质量 六六六和滴滴涕的测定 气相色谱法 | GB/T 14550 |
| 78 | 六氯苯 | 土壤和沉积物 有机氯农药的测定 气相色谱-质谱法 | HJ 835 |
| | | 土壤和沉积物 有机氯农药的测定 气相色谱法 | HJ 921 |
| 79 | 灭蚁灵 | 土壤和沉积物 有机氯农药的测定 气相色谱-质谱法 | HJ 835 |
| | | 土壤和沉积物 有机氯农药的测定 气相色谱法 | HJ 921 |

续表

| 序号 | 污染物项目 | 分析方法 | 标准编号 |
|---|---|---|---|
| 80 | 多氯联苯<br>（总量） | 土壤和沉积物 多氯联苯的测定 气相色谱-质谱法 | HJ 743 |
| | | 土壤和沉积物 多氯联苯的测定 气相色谱法 | HJ 922 |
| 81 | 3，3′，4，4′，<br>5-五氯联苯<br>（PCB 126） | 土壤和沉积物 多氯联苯的测定 气相色谱-质谱法 | HJ 743 |
| | | 土壤和沉积物 多氯联苯的测定 气相色谱法 | HJ 922 |
| 82 | 3，3′，4，<br>4′，5，<br>5′-六氯联苯<br>（PCB 169） | 土壤和沉积物 多氯联苯的测定 气相色谱-质谱法 | HJ 743 |
| | | 土壤和沉积物 多氯联苯的测定 气相色谱法 | HJ 922 |
| 83 | 二噁英<br>（总毒性当量） | 土壤和沉积物 二噁英类的测定 同位素稀释高分辨气相色谱-高分辨质谱法 | HJ 77.4 |
| 84 | 多溴联苯<br>（总量） | 土壤和沉积物 多溴联苯的测定 气相色谱-质谱法 | — |
| 85 | 石油烃<br>（$C_{10}$-$C_{40}$） | 土壤和沉积物 总石油烃的测定 气相色谱法 | — |

## 7  实施与监督

7.1  本标准由各级生态环境主管部门及其他相关主管部门监督实施。

# 附录 A

（资料性附录）
## 砷、钴和钒的土壤环境背景值

### 表 A.1 各主要类型土壤中砷的背景值

| 土壤类型 | 砷背景值（mg/kg） |
|---|---|
| 绵土、娄土、黑垆土、黑土、白浆土、黑钙土、潮土、绿洲土、砖红壤、褐土、灰褐土、暗棕壤、棕色针叶林土、灰色森林土、棕钙土、灰钙土、灰漠土、灰棕漠土、棕漠土、草甸土、磷质石灰土、紫色土、风沙土、碱土 | 20 |
| 水稻土、红壤、黄壤、黄棕壤、棕壤、栗钙土、沼泽土、盐土、黑毡土、草毡土、巴嘎土、莎嘎土、高山漠土、寒漠土 | 40 |
| 赤红壤、燥红土、石灰（岩）土 | 60 |

### 表 A.2 各主要类型土壤中钴的背景值

| 土壤类型 | 钴背景值（mg/kg） |
|---|---|
| 白浆土、潮土、赤红壤、风沙土、高山漠土、寒漠土、黑垆土、黑土、灰钙土、灰色森林土、碱土、栗钙土、磷质石灰土、娄土、绵土、莎嘎土、盐土、棕钙土 | 20 |
| 暗棕壤、巴嘎土、草甸土、草毡土、褐土、黑钙土、黑毡土、红壤、黄壤、黄棕壤、灰褐土、灰漠土、灰棕漠土、绿洲土、水稻土、燥红土、沼泽土、紫色土、棕漠土、棕壤、棕色针叶林土 | 40 |
| 石灰（岩）土、砖红壤 | 70 |

### 表 A.3 各主要类型土壤中钒的背景值

| 土壤类型 | 钒背景值（mg/kg） |
|---|---|
| 磷质石灰土 | 10 |
| 风沙土、灰钙土、灰漠土、棕漠土、娄土、黑垆土、灰色森林土、高山漠土、棕钙土、灰棕漠土、绿洲土、棕色针叶林土、栗钙土、灰褐土、沼泽土 | 100 |

续表

| 土壤类型 | 钒背景值（mg/kg） |
|---|---|
| 莎嘎土、黑土、绵土、黑钙土、草甸土、草毡土、盐土、潮土、暗棕壤、褐土、巴嘎土、黑毡土、白浆土、水稻土、紫色土、棕壤、寒漠土、黄棕壤、碱土、燥红土、赤红壤 | 200 |
| 红壤、黄壤、砖红壤、石灰（岩）土 | 300 |